LMW/MA 73:
Lehrbücher und Monographien
aus dem Gebiete der exakten Wissenschaften
Mathematische Reihe, Band 73

Birkhäuser Verlag
Basel · Boston · Stuttgart

François Fricker
Einführung in die Gitterpunktlehre

1982

Birkhäuser Verlag
Basel · Boston · Stuttgart

Anschrift des Autors

Prof. Dr. F. Fricker
Justus-Liebig-Universität
Mathematisches Institut
Arndtstrasse 2
D-6300 *Giessen*

AMS Subject Classifications:
10J25; 10A21, 10B05, 10H25, 10J05

CIP-Kurztitelaufnahme der Deutschen Bibliothek

Fricker, François:
Einführung in die Gitterpunktlehre / François
Fricker. — Basel ; Boston ; Stuttgart :
Birkhäuser, 1982.
  (Lehrbücher und Monographien aus dem Gebiete
  der exakten Wissenschaften ; Math. Reihe ; Bd. 73)
  ISBN-13: 978-3-7643-1236-7
NE: Lehrbücher und Monographien aus dem Gebiete
der exakten Wissenschaften / Mathematische Reihe

Library of Congress Cataloging in Publication Data

Fricker, François
  Einführung in die Gitterpunktlehre.
  (Lehrbücher und Monographien aus dem
Gebiete der exakten Wissenschaften. Mathe-
matische Reihe ; Bd. 73
  1. Lattice point theory
I. Title. II. Series.
QA241.5.F74   512'.7   81-21646
ISBN-13: 978-3-7643-1236-7   e-ISBN-13: 978-3-0348-7185-3
DOI: 10.1007/ 978-3-0348-7185-3

Die vorliegende Publikation ist urheberrechtlich geschützt.
Alle Rechte, insbesondere das der Übersetzung in andere Sprachen, vorbehalten.
Kein Teil dieses Buches darf ohne schriftliche Genehmigung des Verlages in
irgendeiner Form — durch Fotokopie, Mikrofilm oder andere Verfahren — reproduziert
oder in eine von Maschinen, insbesondere Datenverarbeitungsanlagen, verwendbare
Sprache übertragen werden.

© 1982 Birkhäuser Verlag Basel
Softcover reprint of the hardcover 1st edition 1982
ISBN-13: 978-3-7643-1236-7

Für Rita Jeltsch

> ..., weil der Abstraktionsfähigkeit
> und der schlackenlosen Ästhetik der Mathematik
> — ausser der Musik, die sich ihr zu nähern vermag —
> keine Kunst gewachsen ist, ...
> FRIEDRICH DÜRRENMATT, *1979*

Vorwort

Sowohl über den Gegenstand der Gitterpunktlehre als auch ihre historische Entwicklung wird in § 1 berichtet. Ich beschränke mich deshalb in diesem Vorwort darauf, dem Leser einige Tips für den Umgang mit dem vorliegenden Buch zu geben.

An Vorkenntnissen werden die üblichen Grundlagen der Infinitesimalrechnung und Funktionentheorie erwartet. Ausserdem sollte der Leser über die elementarsten Kenntnisse der Zahlentheorie (also: Teilbarkeit, Kongruenzen, Quadratische Reste) verfügen können. Informationen über weitere Hilfsmittel kann der Anfänger von Fall zu Fall auch aus dem »Anhang« beziehen. Es ist aber sinnvoll, sich vor der eigentlichen Lektüre mit den §§ 23–24 auseinanderzusetzen.

Wegen dieser Konzessionen an den weniger routinierten Leser werden andere Leser natürlich manches überschlagen können. Sie mögen aber ihr Augenmerk auf die »Anmerkungen« richten, die jedem Kapitel beigefügt sind. Dort kann man sich über den aktuellen Stand der behandelten Probleme informieren.

In diesem Zusammenhang sei auch auf die »Bibliographie« verwiesen. Sie erhebt, obwohl recht umfangreich, keinen Anspruch auf Vollständigkeit. Dies darf wohl angesichts der neuerdings vorzüglichen Konzeption der einschlägigen Referatenorgane gestattet sein. Im übrigen beachte man die von LEVEQUE [1974] geordneten Reviews[1].

Beim Zustandekommen dieses Buches hat mich PROF. DR. RITA JELTSCH (Kassel) massgeblich unterstützt: durch die Lektüre des gesamten Manuskriptes sowie viele wertvolle Änderungsvorschläge. Ihr fühle ich mich zu grossem Dank verpflichtet.

Danken möchte ich auch PROF. DR. A.M. OSTROWSKI (Basel und Montagnola), der mir während der Herstellung des Manuskriptes viele ältere, schwer zugängliche Sonderdrucke überlassen hat.

Mein Dank geht schliesslich auch an den Verleger, vertreten durch C. EINSELE (Basel) sowie DR. K. und A. PETERS (Boston).

Giessen, Dezember 1981　　　　　　　　　　　　　　　　　　FRANÇOIS FRICKER

---

[1] Hier und auch im folgenden verweist ein in Kapitälchen ausgedruckter Name mit anschliessender in eckigen Klammern gesetzter Jahreszahl auf die Bibliographie.

Bezeichnungen

1.   Das Buch ist in fortlaufend numerierte *Paragraphen* eingeteilt. Sie zerfallen ihrerseits in *Absätze*, deren Numerierung in jedem Paragraphen wieder von vorne beginnt. Ebenso sind die *Formeln* und *Sätze* paragraphenweise numeriert. Innerhalb eines Paragraphen wird ohne Angabe der Paragraphennummer auf eine Formel zurückverwiesen. Wird hingegen etwa in §17 die Formel (13.4) zitiert, so ist damit die Formel (4) von §13 gemeint. Analog wird bei den Zitaten von Sätzen und Absätzen verfahren.

2.   Die vorkommenden Buchstaben haben, falls sie beim jeweiligen Gebrauch nicht ausdrücklich anders erklärt sind, folgende Bedeutung.

3.   In den §§ 1–8 bezeichnen

b, d, i, j, k, n, r, s	natürliche Zahlen,
u, v	ungerade natürliche Zahlen,
p, q	positive Primzahlen,
l, m	nicht-negative ganze Zahlen,
a, c, f, g, h, x, y, z	ganze Zahlen,
$\gamma, \varepsilon, \zeta, \eta, \lambda, \xi, \tau, \omega$	reelle Zahlen,
t	eine positive reelle Zahl.

4.   In den §§ 9–14 bezeichnen

d, k, n, p, q	natürliche Zahlen,
j, h, r	nicht-negative ganze Zahlen,
$a, b, c, u, v, s, \delta, \varepsilon, \eta, \lambda, \rho, \xi, \omega$	reelle Zahlen,
t	eine positive reelle Zahl,
z	eine komplexe Zahl,
i	die imaginäre Einheit.

5.   In den §§ 15–18 bezeichnen

k, n, d	natürliche Zahlen,
j	eine nicht-negative ganze Zahl,
l, x, m	ganze Zahlen,
$a, c, u, w, \eta, \lambda, \xi, \rho, \omega$	reelle Zahlen,
t	eine positive reelle Zahl,
s	eine komplexe Zahl,
σ	den Realteil von s,
i	die imaginäre Einheit.

6. In den §§ 19–22 bezeichnen

k, m, n, q	natürliche Zahlen,
g, h, l, w, x, y, z	ganze Zahlen,
kleine griechische Buchstaben sowie a, c, u, v	reelle Zahlen,
t	eine positive reelle Zahl,
s	eine komplexe Zahl,
σ	den Realteil von s,
i	die imaginäre Einheit,
$W; X, Y, Z$	Gitterpunkte (siehe Absatz 19.1),
grosse griechische Buchstaben sowie U	Punkte von $\mathbb{R}^k$ (siehe Absatz 19.1).

7. Die in den §§ 23–32 (Anhang) benutzten Buchstaben werden dort paragraphenweise direkt erklärt.

8. Alle diese Buchstaben ändern ihre Bedeutung nicht, falls sie mit Indizes, Strichen oder dergl. versehen werden.

9. Ausserdem bezeichnen stets

e	die Basis der natürlichen Logarithmen,
π	den Umfang des Kreises mit dem Durchmeser 1,
γ	(mit Ausnahme der §§ 1–8) die EULERsche Konstante (siehe Absatz 29.6).

10. Für reelles u bezeichnet

$$[u]$$

die eindeutig bestimmte ganze Zahl mit $u - 1 < [u] \leqslant u$ (sog. *ganzer Teil*). Sind x und y ganze Zahlen, so bezeichnet

$$(x; y)$$

den *grössten gemeinsamen Teiler* von x und y. Ist a eine ganze Zahl, p eine ungerade positive Primzahl mit $p \nmid a$, so bezeichnet

$$\left(\frac{a}{p}\right)$$

das zu a und p gehörige LEGENDREsymbol. Ist $c \neq 0$ eine ganze Zahl, p eine positive Primzahl und l eine nicht-negative ganze Zahl, so bedeutet

$$p^l \| c,$$

Bezeichnungen XIII

dass $p^l|c$, aber $p^{l+1}\nmid c$. Sind a und b reelle Zahlen ($a < b$), so bezeichnen

$$[a,b], \quad (a,b), \quad (a,b], \quad [a,b)$$

bzw. das entsprechende *abgeschlossene, offene* und *halboffene Intervall.* Das offene Intervall (a,b) wird äusserlich nicht unterschieden vom *Paar* (a,b), da Missverständnisse ausgeschlossen sind. Das einer Menge unmittelbar vorangestellte Symbol

$$\#$$

soll die *Elemente* der betr. Menge *zählen.* Die Operationen

$$\Gamma \Lambda, \quad \|\Gamma\|, \quad \Gamma \circ \Lambda$$

sind im Absatz 19.1 erklärt.

11. Die folgende Liste enthält dauernd benutzte Abkürzungen mit Angabe der Seite, wo die betr. Abkürzung definiert wird.

$\mathbb{R}^k$	1	$\zeta(s)$	105
$A_k(t)$	3	$Q(U)$	113
$V_k(t)$	3	$D(Q)$	114
β_k	3	$A_Q(t)$	114
α_k	5	$V_Q(t)$	114
$r_k(n)$	6	$P_Q(t)$	114
$v_k(n)$	6	α_Q	115
$r(n)$	8	$A_{Q,\Lambda}(t)$	116
$\chi(n)$	15	$\delta(\Lambda)$	116
$\tau_1(n)$	16	$\vartheta(Q;\Gamma,\Lambda)$	117
$\tau_3(n)$	16	$Q^*(U)$	118
$\tau(n)$	17	$\vartheta_{Q;\Gamma;\Lambda}(s)$	122
$A(t)$	19	f_Q	152
$\sigma(n)$	29	$\|\xi\|$	154
$\sigma_u(n)$	34	$\gamma(\xi)$	154
$\psi(u)$	41	$\gamma(\xi_1,\xi_2,\ldots,\xi_\sigma)$	155
$e(u)$	44	$M_Q(t)$	158
$D(t)$	67	$P_\rho(t)$	159
ϑ	69	$f(\rho)$	159
$D_k(t)$	100	$\Gamma(t)$	176
$\tau_k(n)$	100	$J_n(z)$	195
ϑ_k	105		

Inhaltsverzeichnis

§ 1	Problemstellung	1
Anmerkungen		7

Kapitel 1: Quadratsummen 8

§ 2	Die Formel von GAUSS	8
§ 3	Zweiter Beweis der Formel von GAUSS	13
§ 4	Folgerungen aus der Formel von GAUSS	15
§ 5	Der Dreiquadratesatz	20
§ 6	Folgerungen aus dem Dreiquadratesatz	25
§ 7	Die Formel von JACOBI	26
§ 8	Folgerungen aus der Formel von JACOBI	32
Anmerkungen		38

Kapitel 2: Das Kreisproblem und andere Gitterpunktprobleme der Ebene . . . 41

§ 9	Der Satz von SIERPIŃSKI	41
§ 10	Der Satz von VAN DER CORPUT	44
§ 11	Die Methode von LANDAU	52
§ 12	Der Satz von ERDÖS-FUCHS	58
§ 13	Das Teilerproblem	67
§ 14	Weitere Gitterpunktprobleme der Ebene	71
Anmerkungen		86

Kapitel 3: Das Kugelproblem und andere Gitterpunktprobleme des Raumes . . . 94

§ 15	Der Fall $k \geq 4$	94
§ 16	Der Fall $k = 3$	97
§ 17	Das PILTZsche Teilerproblem	100
§ 18	Weitere Gitterpunktprobleme des Raumes	108
Anmerkungen		110

Kapitel 4: Das Ellipsoidproblem . . . 113

§ 19	Problemstellung	113
§ 20	Thetafunktionen	116
§ 21	Rationale Ellipsoide	123
§ 22	Irrationale Ellipsoide	142
Anmerkungen		161

Anhang 164

§ 23 Das Summenzeichen 164
§ 24 Asymptotische Aussagen 168
§ 25 Kugelvolumen und Gammafunktion 174
§ 26 FAREYbrüche 181
§ 27 Der Primzahlsatz von DIRICHLET 183
§ 28 Der zweite Mittelwertsatz der Integralrechnung . . . 184
§ 29 Die EULERsche Summenformel 185
§ 30 FOURIERreihen 191
§ 31 BESSELfunktionen 195
§ 32 Die Zetafunktion 198

Bibliographie 202

Sachverzeichnis 214

§ 1 Problemstellung

1. Unter einem *Gitterpunkt* versteht man einen Punkt des k-dimensionalen euklidischen Raumes $\mathbb{R}^k$, dessen *Koordinaten sämtlich ganzzahlig* sind. Solche Punkte bezeichnen wir mit X, Y und Z, während wir mit O den Ursprung meinen, der natürlich ebenfalls ein Gitterpunkt ist. Im folgenden treffen wir einige Vorbereitungen, um eine ersten, berühmten Satz über Gitterpunkte formulieren und beweisen zu können.

2. Mit $\Gamma = (\gamma_1, \gamma_2, ..., \gamma_k)$ und $\Lambda = (\lambda_1, \lambda_2, ..., \lambda_k)$ meinen wir beliebige Punkte aus $\mathbb{R}^k$. *Summe, Differenz* und *Multiplikation mit einer reellen Zahl* τ werden wie üblich durch

$$\Gamma + \Lambda = (\gamma_1 + \lambda_1, \gamma_2 + \lambda_2, ..., \gamma_k + \lambda_k)$$
$$\Gamma - \Lambda = (\gamma_1 - \lambda_1, \gamma_2 - \lambda_2, ..., \gamma_k - \lambda_k)$$
$$\tau\Gamma = (\tau\gamma_1, \tau\gamma_2, ..., \tau\gamma_k)$$

definiert. Unter $-\Gamma$ ist die Differenz $O - \Gamma$ zu verstehen.

3. Teilmengen von $\mathbb{R}^k$ kürzen wir mit $\mathscr{M}$ und $\mathscr{N}$ ab und definieren

$$\mathscr{M} + \mathscr{N} = \{\Gamma + \Lambda \mid \Gamma \in \mathscr{M} \text{ und } \Lambda \in \mathscr{N}\}$$
$$\mathscr{M} - \mathscr{N} = \{\Gamma - \Lambda \mid \Gamma \in \mathscr{M} \text{ und } \Lambda \in \mathscr{N}\}$$
$$\tau.\mathscr{M} = \{\tau\Gamma \mid \Gamma \in \mathscr{M}\}.$$

Ist $\mathscr{M}$ messbar, so sei das *Mass* von $\mathscr{M}$ mit $i(\mathscr{M})$ bezeichnet. Mit $\mathscr{M}$ ist bekanntlich auch $\tau.\mathscr{M}$ messbar und es gilt

$$i(\tau.\mathscr{M}) = |\tau|^k i(\mathscr{M}).$$

$\mathscr{M}$ heisst *zentralsymmetrisch*, wenn mit $\Gamma \in \mathscr{M}$ auch $-\Gamma \in \mathscr{M}$. $\mathscr{M}$ heisst *konvex*, wenn $\mathscr{M}$ mit je zwei Punkten auch deren Verbindungsstrecke enthält, d.h. wenn aus $\Gamma \in \mathscr{M}$ und $\Lambda \in \mathscr{M}$ folgt: $\Gamma + \tau(\Lambda - \Gamma) \in \mathscr{M}$ für alle $\tau \in [0,1]$. Wird speziell $\tau = \frac{1}{2}$ genommen, so erhält man, dass ein konvexes $\mathscr{M}$ mit Γ und Λ auch $\frac{1}{2}(\Gamma + \Lambda)$ enthält.

Ist $\mathscr{M}$ zentralsymmetrisch und konvex, so ergibt sich aus dem eben Gesagten, dass mit $\Gamma \in \mathscr{M}$ und $\Lambda \in \mathscr{M}$ auch $\frac{1}{2}(\Gamma - \Lambda) = \frac{1}{2}(\Gamma + (-\Lambda)) \in \mathscr{M}$. Wird hier insbesondere $\Gamma = \Lambda$ genommen, so findet man, dass jedes nicht-leere, zentralsymmetrische und konvexe $\mathscr{M}$ mindestens einen Gitterpunkt, nämlich den Ursprung, enthält.

4. Über dieses triviale Resultat hinaus gilt der

Satz 1 (*Gitterpunktsatz von* MINKOWSKI). *Ist $\mathscr{M} \subset \mathbb{R}^k$ messbar, zentralsymmetrisch und konvex mit $i(\mathscr{M}) > 2^k$, so enthält $\mathscr{M}$ einen vom Ursprung verschiedenen Gitterpunkt.*

5. *Beweis.* Für das Mass von $\mathcal{N} = \frac{1}{2}\mathcal{M}$ gilt nach Voraussetzung

$$i(\mathcal{N}) = \frac{1}{2^k} i(\mathcal{M}) > 1.$$

Nun ordnen wir jedem Gitterpunkt $X = (x_1, x_2, ..., x_k)$ den Würfel

$$\mathcal{W}(X) = \{(\xi_1, \xi_2, ..., \xi_k) | x_j \leq \xi_j < x_j + 1 \text{ für } j = 1, 2, ..., k\}$$

zu und bilden (vgl. Figur 1, wo der Fall $k = 2$ illustriert ist)

$$\mathcal{N}(X) = \mathcal{N} \cap \mathcal{W}(X), \quad \mathcal{N}'(X) = \mathcal{N}(X) - \{X\}.$$

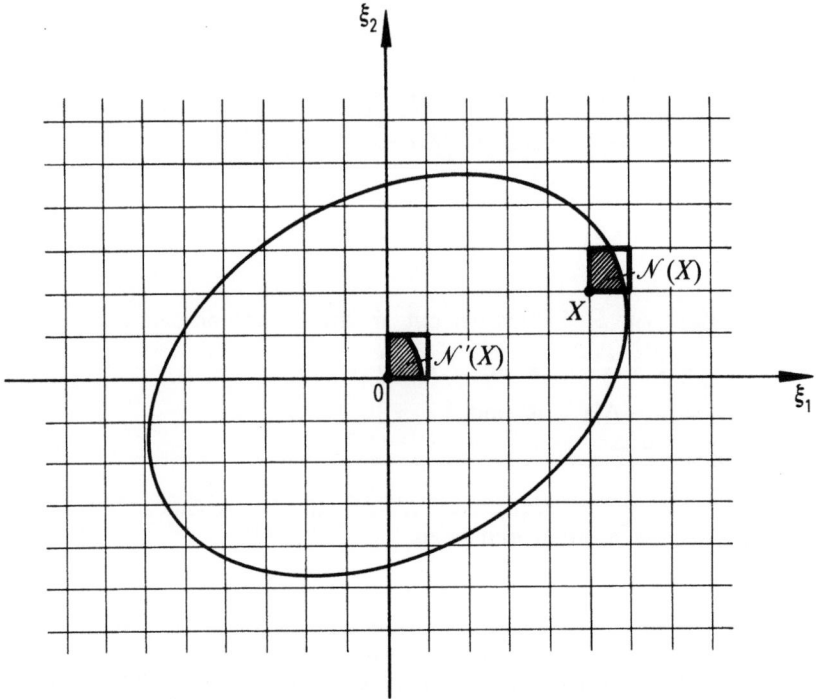

Figur 1.

Dann wird

$$\sum_X i(\mathcal{N}'(X)) = \sum_X i(\mathcal{N}(X)) = i(\mathcal{N}) > 1.$$

Da $\mathcal{N}'(X) \subset \mathcal{W}(O)$ für alle X und $i(\mathcal{W}(O)) = 1$, ist dies nur möglich, wenn es mindestens ein Paar überlappender $\mathcal{N}'(X)$ gibt, d.h., wenn mindestens ein Paar verschiedener Gitterpunkte X und Y mit $\mathcal{N}'(X) \cap \mathcal{N}'(Y) \neq \emptyset$ existiert. Daher muss es $\Gamma \in \mathcal{N}$ und $\Lambda \in \mathcal{N}$ derart geben, dass $\Gamma - X = \Lambda - Y$. Dann ist aber $Z = \Gamma - \Lambda = X - Y$ ein vom Ursprung verschiedener Gitterpunkt. Da mit $\mathcal{M}$ auch $\mathcal{N}$ zentralsymmetrisch und konvex ist (dies ist leicht zu verifizieren), ist nach Absatz 3 mit $\Gamma \in \mathcal{N}$ und $\Lambda \in \mathcal{N}$ auch

§ 1   Problemstellung

$$\frac{1}{2}Z = \frac{1}{2}(\Gamma - \Lambda) \in \mathcal{N}$$

d.h. $\frac{1}{2}Z \in \frac{1}{2}\mathcal{M}$ und somit $Z \in \mathcal{M}$.   q.e.d.

Wir halten noch fest, dass sich die Bedingung $i(\mathcal{M}) > 2^k$ nicht abschwächen lässt. Das zeigt der Würfel $\{(\xi_1, \xi_2, ..., \xi_k) | -1 < \xi_j < 1 \text{ für } j = 1, 2, ..., k\}$, der das Mass 2^k besitzt und ausser O keinen Gitterpunkt enthält.

6. Wir fragen nun genauer nach der Anzahl der Gitterpunkte, die in einem vorgegebenen $\mathcal{M}$ liegen. Ist etwa $\mathcal{M}$ ein achsenparalleles Parallelepiped, so wird dieses Problem trivial. Aber schon bei der *Kugel* treten erhebliche Schwierigkeiten auf. Um sie zu präzisieren, bezeichnen wir mit $A_k(t)$ die Anzahl der Gitterpunkte, die in der k-dimensionalen abgeschlossenen Kugel

$$\mathcal{K}(t) = \{(\xi_1, \xi_2, ..., \xi_k) | \xi_1^2 + \xi_2^2 + ... + \xi_k^2 \leq t\}$$

um den Nullpunkt mit dem Radius $\sqrt{t}$ *liegen.* Bezeichnen wir ferner mit $V_k(t)$ das Volumen dieser Kugel, so gilt (siehe Satz 25.2)

(1) $\quad V_k(t) = \beta_k t^{k/2} \text{ mit } \beta_k = \dfrac{\pi^{k/2}}{\Gamma\left(\dfrac{k}{2}+1\right)}$.

7. Um nun eine Aussage über $A_k(t)$ gewinnen zu können, ordnen wir jedem Gitterpunkt $X = (x_1, x_2, ..., x_k)$ neu (d.h. im Gegensatz zu Absatz 5) den Würfel

$$\mathcal{W}(X) = \left\{(\xi_1, \xi_2, ..., \xi_k) \Big| x_j - \frac{1}{2} \leq \xi_j \leq x_j + \frac{1}{2} \text{ für } j = 1, 2, ..., k\right\}$$

zu und bilden damit das Polyeder

$$\mathcal{P}(t) = \bigcup_{X \in \mathcal{K}(t)} \mathcal{W}(X),$$

dessen Volumen offensichtlich gleich $A_k(t)$ ist. Für dieses Polyeder besteht die Inklusion (es sei bereits $t > k/4$):

(2) $\quad \mathcal{K}\left(\left(\sqrt{t} - \dfrac{\sqrt{k}}{2}\right)^2\right) \subset \mathcal{P}(t) \subset \mathcal{K}\left(\left(\sqrt{t} + \dfrac{\sqrt{k}}{2}\right)^2\right).$

8. Diese im Fall $k = 2$ einleuchtende Tatsache (siehe Figur 2) beruht im wesentlichen darauf, dass

(3) $\quad d(\Gamma, X) = \sqrt{\sum_{j=1}^{k}(\gamma_j - x_j)^2} \leq \dfrac{\sqrt{k}}{2}$ für alle $\Gamma \in \mathcal{W}(X)$

($d(\Gamma, \Lambda)$: EUKLIDische Distanz von Γ und Λ).

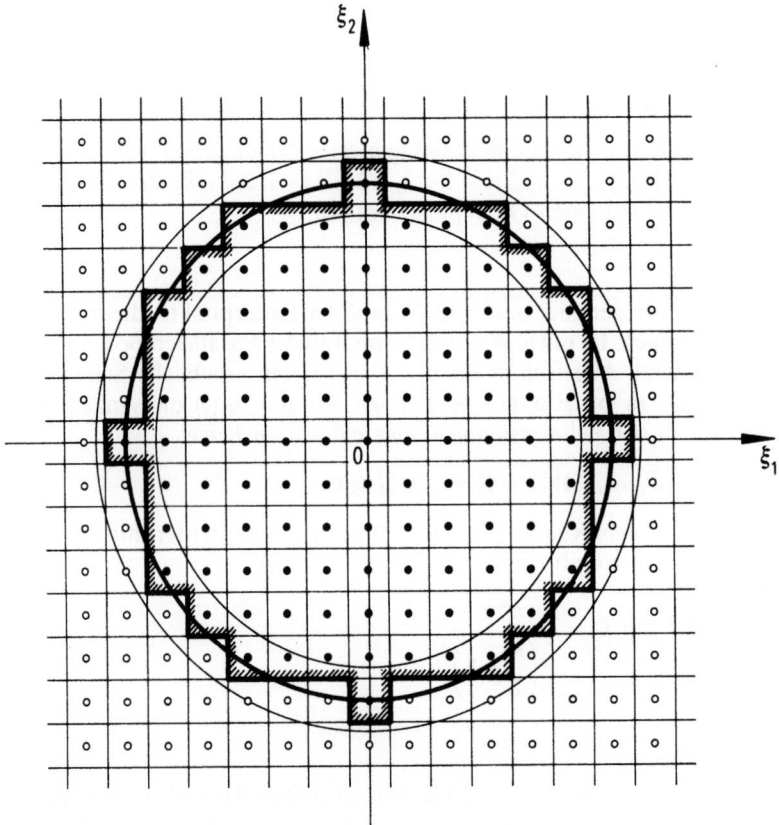

Figur 2.

Ist nämlich $\Gamma \in \mathscr{P}(t)$, so ist definitionsgemäss $\Gamma \in \mathscr{W}(X)$ mit einem $X \in \mathscr{K}(t)$, also nach der Dreiecksungleichung und (3)

$$d(\Gamma,O) \leqslant d(\Gamma,X) + d(X,O) \leqslant \frac{\sqrt{k}}{2} + \sqrt{t}.$$

Das impliziert in (2) die Inklusion rechts.

Um die Inklusion links zu beweisen, setze man $x_j = [\gamma_j + \tfrac{1}{2}]$ für $\Gamma \in \mathscr{K}((\sqrt{t} - \sqrt{k}/2)^2)$. Wegen $x_j \leqslant \gamma_j + \tfrac{1}{2} < x_j + 1$ ist dann $\Gamma \in \mathscr{W}(X)$ mit $X = (x_1, x_2, ..., x_k)$ und daher

$$d(X,O) \leqslant d(X,\Gamma) + d(\Gamma,O) \leqslant \frac{\sqrt{k}}{2} + \left(\sqrt{t} - \frac{\sqrt{k}}{2}\right) = \sqrt{t},$$

d.h. $X \in \mathscr{K}(t)$. Nach Definition von $\mathscr{P}(t)$ bedeutet dies $\mathscr{W}(X) \subset \mathscr{P}(t)$, also wegen $\Gamma \in \mathscr{W}(X)$ in der Tat $\Gamma \in \mathscr{P}(t)$.

9. Vergleichen wir nun in (2) die Masse der drei auftretenden Mengen, so erhalten wir

§ 1 Problemstellung

$$V_k\left(\left(\sqrt{t}-\frac{\sqrt{k}}{2}\right)^2\right) \leqslant A_k(t) \leqslant V_k\left(\left(\sqrt{t}+\frac{\sqrt{k}}{2}\right)^2\right),$$

also mit (1)

$$\beta_k\left(\sqrt{t}-\frac{\sqrt{k}}{2}\right)^k \leqslant A_k(t) \leqslant \beta_k\left(\sqrt{t}+\frac{\sqrt{k}}{2}\right)^k,$$

Damit haben wir nach (24.7)

Satz 2.

(4) $\quad A_k(t) = V_k(t) + O(t^{(k-1)/2}),$

in Worten: *Die Gitterpunktsanzahl $A_k(t)$ ist gleich dem Volumen der betreffenden Kugel plus einem Fehler von der Ordnung des Randes.*

10. Indem man nach der *Güte der Restabschätzung* in (4) fragt, gelangt man zum sogenannten *Kugelproblem* (im Falle $k=2$ spricht man vom *Kreisproblem*). Es besteht in der Bestimmung von

$$\alpha_k = \inf\{\xi \mid A_k(t) = V_k(t) + O(t^\xi)\}.$$

Neben dem trivialen Resultat $\alpha_1 = 0$ wissen wir bis jetzt nur

(5) $\quad \alpha_k \leqslant \dfrac{k}{2} - \dfrac{1}{2}.$

Eine Abschätzung nach unten, nämlich

(6) $\quad \alpha_k \geqslant \dfrac{k}{2} - 1,$

ist unmittelbare Folge von

Satz 3.

(7) $\quad A_k(t) = V_k(t) + \Omega(t^{\frac{k}{2}-1}).$

11. *Beweis.* Wir nehmen an, (7) sei falsch, also

(8) $\quad \lim\limits_{t \to +\infty} \dfrac{A_k(t) - V_k(t)}{t^{k/2-1}} = 0.$

Wegen $A_k(t) = A_k([t])$ (vgl. dazu auch Absatz 12) gilt für natürliches n

$$\frac{V_k(n+\tfrac{1}{2}) - V_k(n)}{n^{k/2-1}} = \frac{(A_k(n) - V_k(n)) - (A_k(n+\tfrac{1}{2}) - V_k(n+\tfrac{1}{2}))}{n^{k/2-1}}$$

$$= \frac{A_k(n) - V_k(n)}{n^{k/2-1}} - \frac{A_k(n+\tfrac{1}{2}) - V_k(n+\tfrac{1}{2})}{(n+\tfrac{1}{2})^{k/2-1}}\left(1 + \frac{1}{2n}\right)^{\frac{k}{2}-1}.$$

Aus (8) würde daher insbesondere folgen, dass

$$\lim_{n\to\infty} \frac{V_k(n+1/2) - V_k(n)}{n^{k/2-1}} = 0.$$

Das kann aber wegen (man benutze (24.7))

$$V_k(n+1/2) - V_k(n) = \beta_k(n+1/2)^{k/2} - \beta_k n^{k/2}$$

$$= \beta_k n^{k/2}\left(\left(1 + \frac{1}{2n}\right)^{k/2} - 1\right)$$

$$= \beta_k n^{k/2}\left(\frac{k}{4n} + O\left(\frac{1}{n^2}\right)\right)$$

$$= \frac{k\beta_k}{4} n^{k/2-1} + O(n^{k/2-2})$$

nicht stimmen. q.e.d.

12. Ein bestimmter Versuch, die zwischen (5) und (6) bestehende Lücke zu schliessen, ist ziemlich naheliegend. Sein Ausgangspunkt ist die zahlentheoretische Deutung von $A_k(t)$. Der Definition entsprechend kann ja $A_k(t)$ auch als *Lösungszahl der* DIOPHANT*ischen Ungleichung*

$$x_1^2 + x_2^2 + \ldots + x_k^2 \leqslant t$$

aufgefasst werden und darum als

(9) $A_k(t) = 1 + \sum_{n \leqslant t} r_k(n),$

wenn $r_k(n)$ die *Lösungszahl von*

(10) $x_1^2 + x_2^2 + \ldots + x_k^2 = n$

in ganzzahligen *k*-tupeln bezeichnet (dabei sind wohlverstanden zwei *k*-tupel $(x_1, x_2, \ldots, x_k)$ und $(x'_1, x'_2, \ldots, x'_k)$ nur dann als gleich anzusehen, wenn $x_j = x'_j$ für $j = 1, 2, \ldots, k$). Aus (9) ist übrigens unmittelbar $A_k(t) = A_k([t])$ ersichtlich.

13. Es sei noch bemerkt, dass vom rein arithmetischen — also nicht geometrischen — Standpunkt aus eine anders definierte Lösungszahl von (10) vernünftiger erscheint. Sie entsteht, indem man zwei Lösungen $(x_1, x_2, \ldots, x_k)$ und $(x'_1, x'_2, \ldots, x'_k)$ als *wesentlich verschieden* bezeichnet, wenn die $|x'_1|, |x'_2|, \ldots, |x'_k|$ nicht lediglich eine Permutation der $|x_1|, |x_2|, \ldots, |x_k|$ darstellen. Durch Abzählen der wesentlich verschiedenen Lösungen von (10) gelangt man zur Lösungszahl

$$v_k(n) = \#\{(x_1, x_2, \ldots, x_k) \mid 0 \leqslant x_1 \leqslant x_2 \ldots \leqslant x_k \text{ und } x_1^2 + x_2^2 + \ldots + x_k^2 = n\}.$$

So besitzt zum Beispiel $x^2 + y^2 = 25$ die wesentlich verschiedenen Lösungen $x = 3, y = 4$ und $x = 0, y = 5$. Alle anderen Lösungen entstehen daraus durch

Anmerkungen

Übergang zu nicht wesentlich verschiedenen Lösungen. Darum ist $v_2(25) = 2$, während $r_2(25) = 8 + 4 = 12$. Es ist aber klar, dass im Zusammenhang mit $A_k(t)$ die Benutzung von $r_k(n)$ gegenüber $v_k(n)$ zweckmässiger ist. Über Beziehungen zwischen $v_k(n)$ und $r_k(n)$ wird noch berichtet (siehe Satz 4.2 und Absätze 8.2–4).

14.   Auf Grund von (4) folgt aus (9)

(11) $\quad \lim\limits_{n \to \infty} \dfrac{r_k(1) + r_k(2) + \ldots + r_k(n)}{n^{k/2}} = \dfrac{\pi^{k/2}}{\Gamma\left(\dfrac{k}{2} + 1\right)}.$

Dieses Resultat ist durchaus bemerkenswert, da wir ja vorderhand für $r_k(n)$ selbst noch keine Formel zur Verfügung haben. Wäre nun aber umgekehrt eine Formel für $r_k(n)$ bekannt, so liesse ihr Einsetzen in (9) eine genauere Berechnung von $A_k(t)$ als bisher erwarten. Das Herleiten einer solchen Formel kann seinerseits als Gitterpunktproblem angesehen werden, da ja $r_k(n)$ die Gitterpunkte auf der *Sphäre* $\{(\xi_1, \xi_2, \ldots, \xi_k) | \xi_1^2 + \xi_2^2 + \ldots + \xi_k^2 = n\}$ zählt. Besonders handliche Formeln für $r_k(n)$ gibt es allerdings nur in gewissen Spezialfällen. Erwähnenswerte Beispiele sind $r_2(n)$ und $r_4(n)$, die wir im ersten Kapitel besprechen werden. Mit Hilfe der für $r_4(n)$ entstehenden Formel kann man in der Tat das Kugelproblem für $k = 4$ und von da aus durch einen Induktionsschritt für alle $k \geqslant 4$ lösen. In den Fällen $k = 2$ und $k = 3$ ist das Kugelproblem noch ungelöst, wiewohl Verbesserungen gegenüber (5) und (6) vorliegen, auf die wir ebenfalls eingehen werden.

15.   Eine völlig andere Methode zur Lösung des Kugelproblems wird im letzten Kapitel dargestellt. Sie erlaubt es, das Kugelproblem unter einem sehr viel allgemeineren Aspekt anzugreifen: *Ellipsoid anstelle der Kugel, Verallgemeinerung des Begriffes »Gitterpunkt« und Gewichtung der Gitterpunkte bei deren Abzählung.*

Anmerkungen

§ 1   *Problemstellung.* Satz 1, der in der sog. *Geometrie der Zahlen* (siehe z.B. HARDY-WRIGHT [1958] oder LEKKERKER [1969] sowie den Übersichtsartikel von HLAWKA [1980]) eine grundlegende Rolle spielt, stammt von MINKOWSKI [1892]. Die hier gegebene Beweisanordnung geht auf BLICHFELDT [1914] zurück, der sie seinerseits BIRKHOFF zuschreibt.

Satz 2 stammt von GAUSS [1801c], der ihn der damaligen Entwicklung entsprechend nur für $k = 2$ formuliert hat. So wie der Satz hier steht, ist er erstmals bei MINKOWSKI [1905] zu finden.

Satz 3 ist eine Bemerkung bei LANDAU [1925], wo JARNÍK als Urheber angegeben wird. GAUSS [1801c] hat (11) benutzt, um durch Abzählen der Gitterpunkte in immer grösser werdenden Kreisen die ersten Dezimalen von π zu bestimmen.

Kapitel 1

Quadratsummen

§ 2 Die Formel von GAUSS

1. Es ist zu erwarten, dass die Abzählung der Lösungsmenge
$$\mathscr{L}(n) = \{(x,y) | x^2 + y^2 = n\}$$
erleichtert wird, wenn man ihre Elemente zuerst nach $(x;y)$ klassifiziert. Deshalb führen wir die Mengen
$$\mathscr{L}_d(n) = \{(x,y) | (x,y) \in \mathscr{L}(n) \text{ und } (x;y) = d\}$$
ein. Ist $(x,y) \in \mathscr{L}_d(n)$, also $x = x'd$ und $y = y'd$ mit $(x';y') = 1$, so folgt aus $x^2 + y^2 = n$, dass $d^2 | n$ und damit $(x',y') \in \mathscr{L}_1(n/d^2)$. Ist umgekehrt $d^2 | n$ und $(x',y') \in \mathscr{L}_1(n/d^2)$, so ist $(x,y) \in \mathscr{L}_d(n)$, wenn $x = x'd$ und $y = y'd$ genommen wird. Zusammen besagt dies
$$\# \mathscr{L}_d(n) = \# \mathscr{L}_1\left(\frac{n}{d^2}\right) \text{ für } d^2 | n.$$

Setzen wir noch
$$\rho(n) = \# \mathscr{L}_1(n),$$
so erhalten wir (man schreibt $r(n)$ anstelle von $r_2(n)$)

(1) $\quad r(n) = \# \mathscr{L}(n) = \sum_{d^2 | n} \# \mathscr{L}_d(n) = \sum_{d^2 | n} \rho\left(\frac{n}{d^2}\right)$

und das Problem der Bestimmung von $r(n)$ ist zunächst auf dasjenige der Bestimmung von $\rho(n)$ verlagert.

2. Für $n = 1$ haben wir $\rho(1) = 4$. Sei also jetzt $n > 1$. Ist dann $(x,y) \in \mathscr{L}_1(n)$, so kann weder x noch y verschwinden, da andernfalls $(x;y) > 1$ wäre. Wir erhalten darum alle Elemente von $\mathscr{L}_1(n)$, wenn wir zu jedem Element $(x,y) \in \mathscr{L}_1(n)$ mit $x > 0$ und $y > 0$ noch die Elemente $(-x,y)$, $(x,-y)$, $(-x,-y)$ hinzufügen. Mit andern Worten: wird
$$\mathscr{L}_1^+(n) = \{(x,y) | (x,y) \in \mathscr{L}_1(n) \text{ mit } x > 0 \text{ und } y > 0\}$$
gesetzt, so gilt

(2) $\quad \rho(n) = 4(\# \mathscr{L}_1^+(n)).$

Denken wir uns $(x,y) \in \mathscr{L}_1^+(n)$ vorgegeben, so ist zunächst: $(x;n) = 1$. Wäre nämlich $(x;n) > 1$, so besässen x und n insbesondere einen gemeinsamen

§ 2   Die Formel von Gauss

Primteiler p. Aus $x^2 + y^2 = n$ würde dann $p|y$, also $(x;y) \geq p$ folgen — im Widerspruch zu $(x;y) = 1$.

Aus $(x;n) = 1$ folgt nun weiter die Existenz von h mit

(3) $xh \equiv y \bmod n$.

Für jedes solche h gilt dann wegen $x^2 + y^2 = n$

$$x^2(1 + h^2) \equiv 0 \bmod n,$$

also wiederum wegen $(x;n) = 1$

(4) $h^2 \equiv -1 \bmod n$.

Da $h \bmod n$ eindeutig festgelegt ist, haben wir durch (3) $\mathscr{L}_1^+(n)$ in die Menge derjenigen Restklassen mod n abgebildet, deren Repräsentanten h die Kongruenz (4) erfüllen. Der folgende Hilfssatz besagt, dass diese Abbildung bijektiv ist.

3.   **Hilfssatz 1.** *Ist $n > 1$ und $h^2 \equiv -1 \bmod n$, so existiert genau ein Element $(x,y) \in \mathscr{L}_1^+(n)$ mit $xh \equiv y \bmod n$.*

Beweis. I) (Existenz). In Satz 26.3 nehmen wir statt n die Zahl $[\sqrt{n}]$ und erhalten für ξ die Approximation

$$\left| \xi - \frac{a}{b} \right| \leq \frac{1}{b([\sqrt{n}] + 1)} < \frac{1}{b\sqrt{n}}$$

mit $0 < b \leq \sqrt{n}$. Für $\xi = -h/n$ heisst das

(5) $\left| \dfrac{-hb - na}{nb} \right| = \dfrac{|c|}{nb} < \dfrac{1}{b\sqrt{n}},$

wenn zur Abkürzung

(6) $hb + na = c$

gesetzt wird.

Aus (5) folgt $|c| < \sqrt{n}$. Da zudem $0 < b \leq \sqrt{n}$, wird

$$0 < b^2 + c^2 < 2n.$$

Andrerseits ist wegen (6) und der Voraussetzung über h

$$b^2 + c^2 \equiv b^2 + h^2 b^2 \equiv (1 + h^2) b^2 \equiv 0 \bmod n,$$

also sogar

(7) $b^2 + c^2 = n$.

Es ist weiter $(b;c) = 1$. Denn aus

$$n = b^2 + c^2 = b^2 + (hb + na)^2$$
$$= (1 + h^2) b^2 + 2hnab + n^2 a^2$$

folgt

$$1 = \frac{1+h^2}{n}b^2 + 2hab + na^2$$

$$= \left(\frac{1+h^2}{n}b + ha\right)b + a(hb + na)$$

$$= fb + ac,$$

also tatsächlich $(b;c) = 1$. Daraus folgt noch wegen (7) und $n > 1$, dass $c \neq 0$.
Jetzt erhält man durch $x = b$ und $y = c$, wenn $c > 0$, bzw. durch $x = -c$ und $y = b$, wenn $c < 0$, mit (x,y) jedenfalls ein Element von $\mathscr{L}_1^+(n)$.
Dass zusätzlich $xh \equiv y \bmod n$, beruht auf (6): Ist $c > 0$, so zeigt sich dies unmittelbar; ist $c < 0$, so zeigt dies die Rechnung

$$xh \equiv (-c)h \equiv -ch \equiv -bh^2 \equiv b \equiv y \bmod n.$$

II) (Eindeutigkeit). Es seien (x_1, y_1) und (x_2, y_2) Elemente der verlangten Art. Dann liefert die Ungleichung von Cauchy-Schwarz in der Form

(8) $\quad |x_1 x_2 + y_1 y_2|^2 \leqslant (x_1^2 + y_1^2)(x_2^2 + y_2^2)$

die Abschätzung

$$|x_1 x_2 + y_1 y_2| \leqslant n.$$

Daraus ergibt sich wegen

$$x_1 x_2 + y_1 y_2 \equiv x_1 x_2 + x_1 x_2 h^2 \equiv x_1 x_2 (1 + h^2) \equiv 0 \bmod n$$

und $x_1 x_2 + y_1 y_2 > 0$ schärfer

(9) $\quad x_1 x_2 + y_1 y_2 = n,$

d.h., in (8) besteht das Gleichheitszeichen. Dies ist bekanntlich nur für

(10) $\quad x_1 y_2 - x_2 y_1 = 0$

möglich. Aus (9) und (10) folgt nun weiter:

$$nx_1 = (x_1 x_2 + y_1 y_2) x_1 - (x_1 y_2 - x_2 y_1) y_1$$

$$= (x_1^2 + y_1^2) x_2$$

$$= nx_2,$$

also in der Tat $x_1 = x_2$ und damit automatisch auch $y_1 = y_2$. q.e.d.

4. Auf Grund von (2) und der Vorbemerkung zu dem eben bewiesenen Hilfssatz hat man unmittelbar den für $n = 1$ trivialerweise richtigen

Hilfssatz 2. *Ist $s(n)$ die Lösungszahl von $h^2 \equiv -1 \bmod n$, so gilt*

$$\rho(n) = 4s(n).$$

§ 2 Die Formel von GAUSS

Damit geht (1) in die folgende, vorläufige Formel für $r(n)$ über:

(11) $\quad r(n) = 4 \sum_{d^2 \mid n} s\left(\dfrac{n}{d^2}\right).$

Da $s(n)$ multiplikativ ist, folgt nun leicht

Hifssatz 3. *$r(n)/4$ ist multiplikativ.*

Beweis. Nach (11) is für $(n_1; n_2) = 1$

$$\frac{r(n_1 n_2)}{4} = \sum_{d^2 \mid n_1 n_2} s\left(\frac{n_1 n_2}{d^2}\right) = \sum_{d_1^2 \mid n_1,\, d_2^2 \mid n_2} s\left(\frac{n_1 n_2}{d_1^2 d_2^2}\right)$$

$$= \sum_{d_1^2 \mid n_1} s\left(\frac{n_1}{d_1^2}\right) \sum_{d_2^2 \mid n_2} s\left(\frac{n_2}{d_2^2}\right) = \frac{r(n_1)}{4} \frac{r(n_2)}{4}. \qquad \text{q.e.d.}$$

5. Aus diesem Grunde bestimmen wir vorerst $r(p^l)$. Dies wiederum gelingt, sobald $s(p^l)$, also die Lösungszahl von

(12) $\quad h^2 \equiv -1 \bmod p^l$

bekannt ist, da ja nach (11)

$$\frac{r(p^l)}{4} = \sum_{d^2 \mid p^l} s\left(\frac{p^l}{d^2}\right)$$

(13) $\quad = \begin{cases} s(p^l) + s(p^{l-2}) + \ldots + s(p^2) + s(1), \text{ falls } l \text{ gerade} \\ s(p^l) + s(p^{l-2}) + \ldots + s(p^3) + s(p), \text{ falls } l \text{ ungerade.} \end{cases}$

Hier besteht, vom trivialen Resultat $s(1) = 1$ abgesehen, der

Hilfssatz 4. *Für $l \geqslant 1$ gilt*:

$$s(p^l) = \begin{cases} 1, \text{ falls } p = 2 \text{ und } l = 1 \\ 0, \text{ falls } p = 2 \text{ und } l \geqslant 2 \\ 0, \text{ falls } p \equiv 3 \bmod 4 \\ 2, \text{ falls } p \equiv 1 \bmod 4. \end{cases}$$

Beweis. I) Im Falle $p = 2$ und $l = 1$ lautet (12): $h^2 \equiv -1 \bmod 2$ und diese Kongruenz hat als einzige Lösung $h \equiv 1 \bmod 2$.

II) Im Falle $p = 2$ und $l \geqslant 2$ ist $s(p^l) = 0$, da schon $h^2 \equiv -1 \bmod 2^2$ nicht lösbar ist.

III) Im Falle $p \equiv 3 \bmod 4$ und $l \geqslant 1$ ist $s(p^l) = 0$, da schon $h^2 \equiv -1 \bmod p$ nicht lösbar ist (-1 ist nämlich quadratischer Nichtrest mod p).

IV) Im Falle $p \equiv 1 \bmod 4$ ist $s(p^l) = 2$ jedenfalls für $l = 1$ richtig (-1 ist nämlich quadratischer Rest mod p). Wir führen nun den Beweis nach dem Prinzip der vollständigen Induktion zu Ende, indem wir zeigen: Ist $l \geq 2$ und $s(p^{l-1}) = 2$, so ist auch $s(p^l) = 2$. Es existiere also h mit $h^2 \equiv -1 \mod p^{l-1}$. Dies bedeutet die Existenz von f mit

(14) $\quad h^2 = -1 + fp^{l-1}$.

Wegen $(2h; p) = 1$ lässt sich g so bestimmen, dass

(15) $\quad 2hg \equiv -f \mod p$.

Jetzt erhält man mit

$$h_1 = h + gp^{l-1}$$

eine Lösung von (12), da auf Grund von (14) und (15)

$$h_1^2 \equiv h^2 + 2hgp^{l-1} \equiv -1 + (f + 2hg)p^{l-1} \equiv -1 \mod p^l.$$

Ist h_2 eine weitere Lösung von (12), so gilt $h_1^2 \equiv h_2^2 \mod p^l$, also $p^l | (h_1 - h_2)(h_1 + h_2)$. Hieraus ergibt sich, dass $p^l | (h_1 - h_2)$ oder $p^l | (h_1 + h_2)$, da $p | (h_1 - h_2)$ und $p | (h_1 + h_2)$ wegen $p \nmid h_1$ nicht gleichzeitig bestehen können. Die erste Alternative liefert die »alte« Lösung $h_2 \equiv h_1 \mod p^l$, die zweite als einzige weitere Lösung $h_2 \equiv -h_1 \mod p^l$. Somit ist in der Tat $s(p^l) = 2$.   q.e.d.

6.   Dank Hilfssatz 4 gewinnt man aus (13) für gerades l

(16) $\quad \dfrac{r(p^l)}{4} = \begin{cases} 0 + 0 + \ldots + 0 + 1 = 1, \text{ falls } p = 2 \\ 0 + 0 + \ldots + 0 + 1 = 1, \text{ falls } p \equiv 3 \mod 4 \\ 2 + 2 + \ldots + 2 + 1 = \dfrac{l}{2} 2 + 1 = l + 1, \text{ falls } p \equiv 1 \mod 4 \end{cases}$

und für ungerades l

(17) $\quad \dfrac{r(p^l)}{4} = \begin{cases} 0 + 0 + \ldots + 0 + 1 = 1, \text{ falls } p = 2 \\ 0 + 0 + \ldots + 0 + 0 = 0, \text{ falls } p \equiv 3 \mod 4 \\ 2 + 2 + \ldots + 2 + 2 = \dfrac{l+1}{2} 2 = l + 1, \text{ falls } p \equiv 1 \mod 4. \end{cases}$

Anhand dieser Liste kann man unter Ausnutzung der Multiplikativität von $r(n)/4$ die gesuchte Lösungszahl $r(n)$ wie folgt bestimmen.

Satz 1 (*Formel von* GAUSS). *Ist* $n = 2^l p_1^{l_1} p_2^{l_2} \ldots p_r^{l_r} q_1^{m_1} q_2^{m_2} \ldots q_s^{m_s}$ *die Primzerlegung von* n *mit* $p_i \equiv 1 \mod 4$ *für* $i = 1, 2, \ldots, r$ *und* $q_j \equiv 3 \mod 4$ *für* $j = 1, 2, \ldots, s$, *so gilt*

$$r(n) = \begin{cases} 4(l_1 + 1)(l_2 + 1) \ldots (l_r + 1), \text{ falls } m_1 \equiv m_2 \equiv \ldots \equiv m_r \equiv 0 \mod 2 \\ 0, \text{ sonst}. \end{cases}$$

In diesem Satz steckt noch das folgende

Korollar 1. $x^2 + y^2 = n$ *ist genau dann lösbar, wenn jeder Primfaktor* $\equiv 3 \bmod 4$ *in der Primzerlegung von n einen geraden Exponenten besitzt.*

7. *Beispiele.* I) Wegen $1225 = 5^2 7^2$ ist $x^2 + y^2 = 1225$ lösbar und die Lösungszahl ist $4 \cdot 3 = 12$. In der Tat besitzt diese Gleichung die zwei Lösungen $(0,35)$ und $(21,28)$, woraus durch Vertauschen von x und y und durch Vorzeichenwechsel insgesamt $4 + 8 = 12$ Lösungen entstehen.
II) Die Gleichung $x^2 + y^2 = 2^l n$ mit $n \equiv 3 \bmod 4$ ist nach dem Korollar nicht lösbar. Dies kann auch direkt eingesehen werden, indem man aus der Lösbarkeit von $x^2 + y^2 = 2^l n$ auf die Lösbarkeit von $x^2 + y^2 = n$ bzw. $x^2 + y^2 = 2n$ schliesst, je nachdem ob l gerade oder ungerade ist (aus $x^2 + y^2 = 2^l n$ mit $l \geqslant 2$ folgt durch Kongruenzbetrachtungen mod 4, dass $x = 2x'$ und $y = 2y'$, also $x'^2 + y'^2 = 2^{l-2} n$). Es ist aber stets $x^2 + y^2 \not\equiv 3 \bmod 4$ und $x^2 + y^2 \not\equiv 6 \bmod 8$.

§ 3 Zweiter Beweis der Formel von GAUSS

1. Die im Rahmen der elementaren Zahlentheorie etwas umständlich gewonnene Formel von GAUSS lässt sich *fast mechanisch herleiten*, wenn man sich etwas in der *Teilbarkeitstheorie des Ringes* $\mathbb{Z}[i] = \{x + iy | x \in \mathbb{Z} \text{ und } y \in \mathbb{Z}\}$ der *ganzen GAUSSschen Zahlen* auskennt (i bezeichne in diesem Paragraphen abweichend von den getroffenen Vereinbarungen die imaginäre Einheit). Um diese Herleitung lückenlos (vor allem in Hinblick auf die Bezeichnungen) bringen zu können, stellen wir die wenigen, benötigten Hilfsmittel (ohne Beweise) zusammen. Dabei seien die Buchstaben α, β, γ für die Bezeichnung von Zahlen aus $\mathbb{Z}[i]$ reserviert.

2. Genau dann heisst α *Teiler* von β, wenn γ mit $\beta = \alpha\gamma$ existiert.
1 besitzt genau die Teiler $1, i, -1, -i$. Sie heissen *Einheiten*. Man bekommt sie auch, indem man in i^l l die Werte 0, 1, 2, 3 annehmen lässt.

3. Genau dann heisst α *assoziiert* zu β (symbolisch: $\alpha \sim \beta$), wenn α aus β durch Multiplikation mit einer Einheit hervorgeht.
Jedes $\alpha \neq 0$, das keine Einheit ist, besitzt mindestens 8 Teiler, nämlich die vier Einheiten und die vier zu α assoziierten Zahlen.
Diese acht Zahlen sind die *trivialen Teiler* von α.

4. Genau dann heisst α *Primzahl*, wenn α nicht verschwindet, keine Einheit ist und nur triviale Teiler besitzt.
π und ρ seien im folgenden für die Bezeichnung von Primzahlen reserviert.

5.   Es besteht der *Satz von der eindeutigen Primzerlegung*, d.h. ist α weder die Null noch Einheit, so gilt:

I) *Es existieren $\pi_1, \pi_2, ..., \pi_r$ mit $\pi_j \not\sim \pi_{j'}$ für $j \neq j'$ und natürliche Zahlen $l_1, l_2, ..., l_r$ derart, dass*

(1) $$\alpha = i^l \pi_1^{l_1} \pi_2^{l_2} ... \pi_r^{l_r},$$

wobei $0 \leq l \leq 3$ (Existenz der Primzerlegung);

II) *Existieren zusätzlich $\rho_1, \rho_2, ..., \rho_s$ mit $\rho_j \not\sim \rho_{j'}$ für $j \neq j'$ und natürliche Zahlen $m_1, m_2, ..., m_s$ derart, dass auch*

$$\alpha = i^m \rho_1^{m_1} \rho_2^{m_2} ... \rho_s^{m_s},$$

so ist $s = r$ und nach eventueller Umnumerierung der $\rho_1, \rho_2, ..., \rho_s$

$$\rho_1 \sim \pi_1, \rho_2 \sim \pi_2, ..., \rho_s \sim \pi_s$$

sowie

$$m_1 = l_1, m_2 = l_2, ..., m_s = l_s$$

(*Eindeutigkeit der Primzerlegung*).

6.   Die Zerlegung (1) sieht *für die positiven Primzahlen von $\mathbb{Z}$* so aus:

$2 = i^3 (1+i)^2$,

$p = \pi \bar{\pi}$ für $p \equiv 1 \mod 4$

($\bar{\pi}$ ist die zu π konjugiert komplexe Zahl), während die $q \equiv 3 \mod 4$ auch in $\mathbb{Z}[i]$ Primzahlen sind.

7.   Man erhält aus (1) alle Teiler von α und zwar jeden genau einmal, indem man sämtliche Produkte

$$i^g \pi_1^{g_1} \pi_2^{g_2} ... \pi_r^{g_r}$$

mit $0 \leq g \leq 3$, $0 \leq g_1 \leq l_1$, $0 \leq g_2 \leq l_2$, ..., $0 \leq g_r \leq l_r$ bildet.

8. $n > 1$ sei nun wie in Satz 2.1 angesetzt. Die Primzerlegung (1) von n nimmt dann nach Absatz 6 folgende Gestalt an:

(2) $n = i^{3l}(1+i)^{2l} \pi_1^{l_1} \bar{\pi}_1^{l_1} ... \pi_r^{l_r} \bar{\pi}_r^{l_r} q_1^{m_1} ... q_s^{m_s}$.

Ist weiter $n = x^2 + y^2$, so wird $x + iy$ wegen $n = (x+iy)(x-iy)$ ein Teiler von n und besitzt daher nach Absatz 7 die Darstellung

(3) $x + iy = i^g (1+i)^{g'} \pi_1^{g_1} \bar{\pi}_1^{g'_1} ... \pi_r^{g_r} \bar{\pi}_r^{g'_r} q_1^{h_1} ... q_s^{h_s}$

mit

$0 \leq g \leq 3$, $0 \leq g' \leq 2l$; $0 \leq g_1, g'_1 \leq l_1; ...; 0 \leq g_r, g'_r \leq l_r;$

$0 \leq h_1 \leq m_1, ..., 0 \leq h_s \leq m_s$.

Durch Konjugieren von (3) entsteht

$$x - iy = i^{-g}i^{3g'}(1+i)^{g'}\pi_1^{g'_1}\bar\pi_1^{g_1}\ldots\pi_r^{g'_r}\bar\pi_r^{g_r}q_1^{h_1}\ldots q_s^{h_s},$$

was durch Multiplikation mit (3) wieder die Primzerlegung von n liefert. Der Vergleich dieses Produktes mit (2) verschärft die Bedingungen für die Exponenten in (3) zu

$$g' = l, g_1 + g'_1 = l_1, \ldots, g_r + g'_r = l_r, 2h_1 = m_1, \ldots, 2h_s = m_s.$$

$x^2 + y^2 = n$ ist also höchstens dann lösbar, wenn alle Exponenten $m_1, m_2, \ldots, m_s$ gerade sind. In diesem Fall ist für das Bestehen von $x^2 + y^2 = n$ notwendig und hinreichend:

(4) $\quad x + iy = i^g(1+i)^l \pi_1^{g_1}\bar\pi_1^{l_1-g_1}\ldots\pi_r^{g_r}\bar\pi_r^{l_r-g_r}q_1^{m_1/2}\ldots q_s^{m_s/2},$

wobei die Exponenten $g, g_1, \ldots, g_r$ innerhalb der Bedingungen

$$0 \leq g \leq 3, 0 \leq g_1 \leq l_1, \ldots, 0 \leq g_r \leq l_r$$

frei gewählt werden können. Diese Ungleichungen lassen vier Möglichkeiten für g und jeweils $l_j + 1$ Möglichkeiten für die g_j zu. $x^2 + y^2 = n$ besitzt also in diesem Fall $4(l_1 + 1)\ldots(l_r + 1)$ Lösungen und Satz 2.1 ist erneut bewiesen.

9. Im übrigen liefert (4) ein *Lösungsverfahren* von $x^2 + y^2 = n$, sobald (2) bekannt ist. Zur Illustration nehmen wir $n = 1225$. Es ist

$$n = 5^2 7^2 = (1+2i)^2(1-2i)^2 7^2,$$

so dass z.B. durch

$$x + iy = -(1-2i)^2 7 = 21 + 28i$$

eine Lösung gegeben wird, nämlich (21,28).

§ 4 Folgerungen aus der Formel von GAUSS

1. Wir bringen Satz 2.1 in eine für Anwendungen oft praktische Form. Zu diesem Zweck führen wir die zahlentheoretische Funktion

$$\chi(n) = \begin{cases} 0, & \text{falls } n \equiv 0 \bmod 2 \\ 1, & \text{falls } n \equiv 1 \bmod 4 \\ -1, & \text{falls } n \equiv 3 \bmod 4 \end{cases}$$

ein (sog. *Nicht-Hauptcharakter* mod 4). Mit ihrer Hilfe kann $r(n)$ folgendermassen ausgedrückt werden:

Satz 1.

(1) $\quad r(n) = 4 \sum_{d|n} \chi(d).$

Beweis. Es wurde bereits festgehalten, dass $r(n)/4$ multiplikativ ist. Andrerseits ist auch $\sum_{d|n} \chi(d)$ multiplikativ. Das folgt daraus, dass $\chi(d)$ multiplikativ ist (sogar absolut), was seinerseits leicht verifiziert werden kann. Es genügt deshalb zu zeigen, dass (1) für $n = p^l$ richtig ist. Dies gelingt durch Vergleich der folgenden Rechnung mit (2.16) und (2.17):

$$\sum_{d|p^l} \chi(d) = \chi(p^l) + \chi(p^{l-1}) + \ldots + \chi(p) + \chi(1)$$
$$= (\chi(p))^l + (\chi(p))^{l-1} + \ldots + \chi(p) + \chi(1),$$

also

$$\sum_{d|p^l} \chi(d) = \begin{cases} 0 + 0 + \ldots + 0 + 1 = 1, \text{ falls } p = 2 \\ 1 + 1 + \ldots + 1 + 1 = l+1, \text{ falls } p \equiv 1 \bmod 4 \\ 1 - 1 + \ldots - 1 + 1 = 1, \text{ falls } p \equiv 3 \bmod 4 \text{ und } l \text{ gerade} \\ -1 + 1 - \ldots - 1 + 1 = 0, \text{ falls } p \equiv 3 \bmod 4 \text{ und } l \text{ ungerade}. \end{cases}$$

q.e.d.

Führt man in (1) die Definition von $\chi(n)$ ein, so erhält man

(2) $\quad r(n) = 4(\tau_1(n) - \tau_3(n))$,

wo $\tau_1(n)$ die *Anzahl der positiven Teiler d von n mit* $d \equiv 1 \bmod 4$ und $\tau_3(n)$ die *Anzahl der positiven Teiler d von n mit* $d \equiv 3 \bmod 4$ bezeichnet. Zur Illustration betrachten wir wieder $n = 1225$. Diese Zahl besitzt die Teiler 1, 5, 7, 25, 35, 49, 175, 245, 1225, woraus $\tau_1(n) = 6$ und $\tau_3(n) = 3$ folgt. Damit erhalten wir erneut $r(1225) = 4(6-3) = 12$.

2. Wir interessieren uns noch für $v_2(n)$ (siehe Absatz 1.13). Um eine Formel für diese modifizierte Lösungszahl zu gewinnen, unterscheiden wir zwei Fälle: $x^2 + y^2 = n$ besitzt keine Lösung mit $x = 0$ oder $x = y$. In diesem Fall gehören zu jeder Lösung insgesamt acht nicht wesentlich verschiedene Lösungen, so dass $v_2(n) = r(n)/8$. Besitzt aber $x^2 + y^2 = n$ eine Lösung mit $x = 0$ oder $x = y$, so gehören zu einer solchen Lösung nur vier nicht wesentlich verschiedene Lösungen, während zu den restlichen Lösungen jeweils wiederum acht nicht wesentlich verschiedene Lösungen gehören. Deshalb ist hier $v_2(n) = ((r(n) - 4)/8) + 1$ und man erhält nach Satz 2.1:

Satz 2. *Ist* $n = 2^l p_1^{l_1} p_2^{l_2} \ldots p_r^{l_r} q_1^{m_1} q_2^{m_2} \ldots q_s^{m_s}$ *die Primzerlegung von n mit* $p_i \equiv 1 \bmod 4$ *für* $i = 1, 2, \ldots, r$ *und* $q_j \equiv 3 \bmod 4$ *für* $j = 1, 2, \ldots, s$, *so gilt*

$$v_2(n) = \begin{cases} \left[\dfrac{(l_1+1)(l_2+1)\ldots(l_r+1)+1}{2}\right], \text{ falls } m_1 \equiv m_2 \equiv \ldots \equiv m_r \equiv 0 \bmod 2 \\ 0, \text{ sonst.} \end{cases}$$

In diesem Satz steckt das

§ 4   Folgerungen aus der Formel von GAUSS

Korollar 1. *Genau dann ist* $x^2 + y^2 = n$ *im wesentlichen eindeutig lösbar, d.h., genau dann ist* $v_2(n) = 1$, *wenn* n *von der Gestalt*

$$n = 2^l m^2 \text{ oder } n = 2^l p m^2$$

ist, wobei $p \equiv 1 \bmod 4$ *und* m *nur Primteiler* $\equiv 3 \bmod 4$ *besitzt.*

3.   Es ist

$$\varliminf_{n \to \infty} r(n) = 0 \text{ und } \varlimsup_{n \to \infty} r(n) = +\infty,$$

da etwa $r(2^l m) = 0$ für $m \equiv 3 \bmod 4$ und $r(p^l) = 4(l+1)$ für $p \equiv 1 \bmod 4$. Präzisere Aussagen in dieser Richtung erhält man durch ein entsprechendes Studium der Funktion $\tau(n)$ (:*Anzahl der positiven Teiler von* n). Nach (2) ist ja $r(n) \leqslant 4\tau(n)$ und es tritt unendlich oft Gleichheit ein (nämlich genau dann, wenn n ungerade und $\tau_3(n) = 0$, d.h. genau dann, wenn n nur Primteiler $\equiv 1 \bmod 4$ besitzt).

4.   **Satz 3.** *Für jedes* $\varepsilon > 0$ *gilt*

$$\tau(n) = O(n^\varepsilon).$$

Beweis. Die Primzerlegung für beliebiges n sei gegeben durch $p_1^{l_1} p_2^{l_2} \ldots p_r^{l_r}$. Dann wird

$$\frac{\tau(n)}{n^\varepsilon} = \frac{\prod_{i=1}^{r}(l_i + 1)}{\prod_{i=1}^{r} p_i^{\varepsilon l_i}} = \prod_{i=1}^{r} \frac{l_i + 1}{p_i^{\varepsilon l_i}}.$$

Die Nenner der Faktoren rechts lassen sich durch

$$p_i^{\varepsilon l_i} \geqslant 2^{\varepsilon l_i} = e^{\varepsilon l_i \log 2} > \varepsilon l_i \log 2,$$

die Faktoren selbst also durch

$$\frac{l_i + 1}{p_i^{\varepsilon l_i}} < \frac{2 l_i}{\varepsilon l_i \log 2} < \frac{4}{\varepsilon}.$$

abschätzen. Diese Abschätzungen verwenden wir nur bei den Faktoren mit $p_i \leqslant 2^{1/\varepsilon}$ (es gibt höchstens $2^{1/\varepsilon}$ solche p_i). Für die restlichen Faktoren gilt sogar

$$\frac{l_i + 1}{p_i^{\varepsilon l_i}} = \frac{l_i + 1}{(p_i^\varepsilon)^{l_i}} < \frac{l_i + 1}{2^{l_i}} \leqslant 1,$$

so dass schliesslich

$$\frac{\tau(n)}{n^\varepsilon} < \left(\frac{4}{\varepsilon}\right)^{2^{1/\varepsilon}}.$$

Da rechts eine von n unabhängige Zahl steht, sind wir fertig.

q.e.d.

5. Als Gegenstück beweisen wir

Satz 4. *Für alle ω gilt*

$$\tau(n) \neq O((\log n)^\omega).$$

Beweis. Für $\omega \leq 0$ ist die Behauptung wegen $\overline{\lim_{n \to \infty}} \tau(n) = +\infty$ trivial. Ist $\omega > 0$, so betrachte man die durch

(3) $\qquad n(l,r) = (p_1 p_2 \cdots p_r)^l$

definierten natürlichen Zahlen (p_i sei die *i – te Primzahl*, wenn man sich die Primzahlen der Grösse nach geordnet denkt). Für diese $n = n(l,r)$ wird

$$\tau(n) = \tau(p_1^l p_2^l \cdots p_r^l) = (l+1)^r > l^r,$$

$$\tau(n) > c(r)(\log n)^r$$

mit

$$c(r) = (\log(p_1 p_2 \cdots p_r))^{-r}.$$

Jetzt wählen wir speziell $r_0 = [\omega] + 3$ und l_0 so gross, dass $c(r_0) \log n(l_0, r_0) > 1$. Dann hat man für die unendlich vielen $n = n(l) = n(l, r_0)$ mit $l \geq l_0$

$$\tau(n) > (\log n)^{[\omega]+2} > (\log n)^{\omega+1},$$

also

$$\frac{\tau(n)}{(\log n)^\omega} > \log n. \qquad\qquad \text{q.e.d.}$$

6. Aus Satz 3 folgt entsprechend der dort vorgängig gemachten Bemerkung sofort der

Satz 5. *Für jedes $\varepsilon > 0$ gilt*

$$r(n) = O(n^\varepsilon).$$

Hingegen lässt sich Satz 4 nicht unmittelbar übertragen, da für die bei seinem Beweis benutzten $n = n(l,r)$ nicht $r(n) = 4\tau(n)$ gilt. Diese Gleichheit ist aber garantiert, wenn man in (3) für p_i die $i - te$ Primzahl $\equiv 1 \mod 4$ nimmt. Da es unendlich viele solche Primzahlen gibt (siehe Satz 27.1), haben wir auch

Satz 6. *Für jedes ω gilt*

$$r(n) \neq O((\log n)^\omega).$$

7. Die Sätze 3–6 besagen insgesamt, dass sowohl das »*maximale Grössenwachstum*« von $\tau(n)$ als auch dasjenige von $r(n)$ stets zwischen das Wachstum von $(\log n)^\omega$ und n^ε fallen, wie gross auch immer ω und klein auch immer $\varepsilon > 0$

§ 4 Folgerungen aus der Formel von Gauss

gewählt werden. Mit Hilfe von Ergebnissen aus der Primzahltheorie kann man genauer zeigen, dass sowohl die »*maximale Grössenordnung*« von $\tau(n)$ als auch diejenige von $r(n)$ »in der Nähe« von

$$n^{\frac{\log 2}{\log \log n}}$$

liegt, und zwar in dem Sinne, dass für jedes $\varepsilon > 0$

(4) $\quad \tau(n)$ und $r(n) \begin{cases} < n^{(1+\varepsilon)\frac{\log 2}{\log \log n}}, \text{ falls } n \text{ genügend gross} \\ > n^{(1-\varepsilon)\frac{\log 2}{\log \log n}} \text{ für unendlich viele } n. \end{cases}$

8. Eine weitere Frage, die in diesem Zusammenhang gestellt werden kann, ist die Frage nach der Verteilung der n mit $r(n) > 0$. Genauer: Welches Verhalten zeigt die Anzahlfunktion

$$B(t) = \# \{n \mid n \leqslant t \text{ und } r(n) > 0\}$$

für $t \to +\infty$? Hier gilt

(5) $\quad B(t) = E \dfrac{t}{\sqrt{\log t}} + O\left(\dfrac{t}{\log^{3/4} t}\right)$

mit

$$E = \frac{1}{\sqrt{2}} \prod_{p \equiv 3 \bmod 4} \left(1 - \frac{1}{p^2}\right)^{-1/2}.$$

Der Beweis, auf den wir hier nicht eingehen können, stützt sich auf das Korollar 2.1, erfordert aber im übrigen genauere Kenntnisse von Methoden und Ergebnissen der Primzahltheorie.

9. Wir kommen jetzt zur Anwendung der Formel von Gauss auf das *Kreisproblem*. Nach Absatz 1.12, Satz 1 und (23.10) erhalten wir (man schreibt $A(t)$ anstelle von $A_2(t)$)

$$A(t) = 1 + \sum_{n \leqslant t} r(n)$$

$$= 1 + 4 \sum_{n \leqslant t} \sum_{d \mid n} \chi(d)$$

$$= 1 + 4 \sum_{n \leqslant t} \chi(n) \left[\frac{t}{n}\right],$$

also nach dem Muster der Absätze 24.12–14

(6) $\quad A(t) = 4Lt + O(\sqrt{t})$

mit

$$L = \sum_{n=1}^{\infty} \frac{\chi(n)}{n} = \sum_{l=0}^{\infty} \frac{(-1)^l}{2l+1}.$$

Verwendet man $L = \pi/4$ (siehe 30.8), so ist Satz 1.2 im Falle $k=2$ erneut bewiesen. Umgekehrt liefert ein Vergleich des Satzes 1.2 im Falle $k=2$ mit (6) einen zahlentheoretischen Beweis für $L = \pi/4$.

§ 5 Der Dreiquadratesatz

1. Obwohl Formeln für $r_3(n)$ bekannt sind, so sind sie doch für unsere Zwecke kaum tauglich. Wir begnügen uns daher mit der Diskussion von $r_3(n) > 0$, also mit der Frage, welche n in eine Summe von drei Quadraten ganzer Zahlen zerlegt werden können. Im übrigen kann dieser und der nächste Paragraph überschlagen werden. Wir machen von ihrem Inhalt später keinen Gebrauch.

2. Anhand der Tatsache, dass das Quadrat einer ganzen Zahl mod 8 nur die Reste 0, 1 oder 4 lassen kann, überlegt man sich leicht, dass stets $x^2 + y^2 + z^2 \not\equiv 7$ mod 8. Es ist also erst recht $r_3(n) = 0$ für $n \equiv 7$ mod 8.
Wir behaupten allgemeiner: $r_3(n) = 0$ für $n = 4^l(8m+7)$. Für $l=0$ ist das unser voriges Ergebnis. Sei daher $r_3(n) = 0$ für $n = 4^{l-1}(8m+7)$ und $l \geq 1$. Wäre nun (x_0, y_0, z_0) eine Lösung von $x^2 + y^2 + z^2 = 4^l(8m+7)$, so wäre insbesondere $x_0^2 + y_0^2 + z_0^2 \equiv 0$ mod 4, also $x_0 \equiv y_0 \equiv z_0 \equiv 0$ mod 2, d.h. $x_0 = 2x_1$, $y_0 = 2y_1$, $z_0 = 2z_1$. Dies würde $x_1^2 + y_1^2 + z_1^2 = 4^{l-1}(8m+7)$ bedeuten, was aber im Widerspruch zu unserer Annahme steht. Daher ist auch $r_3(4^l(8m+7)) = 0$ und unsere Behauptung ist bewiesen.

3. Interessanterweise haben wir damit bereits alle n mit $r_3(n) = 0$ gefunden. Es gilt nämlich der folgende, tiefliegende

Satz 1 (Dreiquadratesatz). *n ist genau dann Summe von drei Quadraten ganzer Zahlen, wenn $n \neq 4^l(8m+7)$.*
Beweis. Es muss »nur noch« die Hinlänglichkeit unseres Kriteriums bewiesen werden. Sei also $n \neq 4^l(8m+7)$.

4. Wir zerlegen n in $n = b^2 n'$ mit quadratfreiem n' und b seinerseits in $b = 2^l u$ mit ungeradem u. Dann wird $n = 4^l u^2 n'$. Wäre $n' \equiv 7$ mod 8, so auch $u^2 n' \equiv 7$ mod 8, also $n = 4^l(8m+7)$ im Gegensatz zu unserer Annahme. Daher ist $n' \not\equiv 7$ mod 8. Wäre nun $r_3(n') > 0$ schon bekannt, so folgte trivialerweise $r_3(n)$

§ 5 Der Dreiquadratesatz

$= r_3((2^l u)^2 n') > 0$. Es genügt daher zu zeigen: $r_3(n) > 0$ für quadratfreies $n \not\equiv 7$ mod 8, d.h. $r_3(n) > 0$ für alle *quadratfreien* n mit $n \equiv 1, 2, 3, 5$ oder 6 mod 8.

5. Wir behandeln zuerst den Fall $n \equiv 3$ mod 8. Die Primzerlegung von n sei $n = p_1 p_2 \ldots p_r$ (wo also $p_i > 2$ für $i = 1, 2, \ldots, r$ und $p_i \neq p_j$ für $i \neq j$). Da die Zahlen $4, p_1, p_2, \ldots, p_r$ paarweise teilerfremd sind, existiert ein nach dem Modul $4 p_1 p_2 \ldots p_r = 4n$ eindeutig bestimmtes x mit

(1) $x \equiv 1$ mod 4 und $x \equiv -2$ mod p_i für $i = 1, 2, \ldots, r$.

Es ist insbesondere $(x; 4) = 1$ und $(x; p_i) = 1$ für $i = 1, 2, \ldots, r$. Daraus folgt

$$(x; 4n) = (x; 4 p_1 p_2 \ldots p_r) = 1.$$

Nach dem DIRICHLETschen Primzahlsatz (Satz 27.1) existiert darum sogar eine Primzahl q, die das System (1) löst. Für dieses q gilt dann

$$\left(\frac{-1}{q}\right) = 1 \text{ und } \left(\frac{p_i}{q}\right) = \left(\frac{q}{p_i}\right) = \left(\frac{-2}{p_i}\right) \text{ für } i = 1, 2, \ldots, r,$$

also wegen $n \equiv 3$ mod 8

$$\left(\frac{-n}{q}\right) = \left(\frac{n}{q}\right) = \prod_{i=1}^{r} \left(\frac{p_i}{q}\right) = \prod_{i=1}^{r} \left(\frac{-2}{p_i}\right)$$

$$= (-1)^{\sum_{p_i \equiv 5 \bmod 8} 1 + \sum_{p_i \equiv 7 \bmod 8} 1} = 1.$$

Es existiert also ein a mit

(2) $a^2 \equiv -n$ mod q.

a kann als *ungerade* angenommen werde. Denn sollte a zunächst gerade sein, so nehme man $a + q$ anstelle von a.

(2) bedeutet: $a^2 + n = cq$. Da a ungerade ist, wird mit $n \equiv 3$ mod 4 und $q \equiv 1$ mod 4: $c \equiv 0$ mod 4, das heisst $c = 4h$,

(3) $a^2 + n = 4hq$.

6. Die Kongruenz

$$y^2 \equiv -2q \text{ mod } 2q$$

ist trivialerweise, die Kongruenz

$$y^2 \equiv -2q \text{ mod } p_i$$

wegen

(4) $\left(\dfrac{-2q}{p_i}\right) = \left(\dfrac{-2}{p_i}\right)\left(\dfrac{q}{p_i}\right) = \left(\dfrac{-2}{p_i}\right)^2 = 1$ für $i = 1, 2, \ldots, r$

für $i = 1, 2, \ldots, r$ lösbar. Da die Moduln $2q, p_1, p_2, \ldots, p_r$ paarweise teilerfremd sind, ist $y^2 \equiv -2q$ auch nach dem Modul $2qp_1p_2 \ldots p_r = 2qn$ lösbar. Es ist dann insbesondere $y^2 \equiv 0 \mod 2q$. also $y = 2qf$, $4q^2f^2 \equiv -2q \mod 2qn$,

(5) $\quad 2qf^2 \equiv -1 \mod n$.

7. Nun betrachten wir die Matrix

(6) $\quad M = \begin{pmatrix} 2qf & af & n \\ \sqrt{2q} & \dfrac{a}{\sqrt{2q}} & 0 \\ 0 & \sqrt{\dfrac{n}{2q}} & 0 \end{pmatrix}$.

Wegen $\det M = n^{3/2}$ ist M^{-1} erklärt. Die durch M^{-1} vermittelte lineare Abbildung des $\mathbb{R}^3$ in den $\mathbb{R}^3$ führe die offene Kugel $\mathcal{K} = \{(\xi, \zeta, \eta) | \xi^2 + \zeta^2 + \eta^2 < 2n\}$ in die Menge $\mathcal{K}'$ über. Mit $\mathcal{K}$ ist auch $\mathcal{K}'$ messbar, zentralsymmetrisch und konvex (das erste ist wohlbekannt, das weitere unschwer zu verifizieren). Da zudem $i(\mathcal{K}') = i(\mathcal{K}) n^{-3/2} = \tfrac{4}{3}\pi 2^{3/2} > 2^3$, enthält $\mathcal{K}'$ nach Satz 1.1 einen vom Ursprung verschiedenen Gitterpunkt (x_0, y_0, z_0). Sein Urbild in $\mathcal{K}$ werde mit (ξ_0, ζ_0, η_0) bezeichnet. Es ist also insbesondere

(7) $\quad 0 < \xi_0^2 + \zeta_0^2 + \eta_0^2 < 2n$.

Andrerseits ist nach Definition unserer Abbildung

$$\xi_0^2 + \zeta_0^2 + \eta_0^2 = (2qfx_0 + afy_0 + nz_0)^2 + \left(\sqrt{2q}\,x_0 + \frac{a}{\sqrt{2q}}y_0\right)^2 + \frac{n}{2q}y_0^2$$

(8) $\quad = (2qfx_0 + afy_0 + nz_0)^2 + 2qx_0^2 + 2ax_0y_0 + \dfrac{a^2 + n}{2q}y_0^2$.

Daran liest man ab, dass $\xi_0^2 + \zeta_0^2 + \eta_0^2$ ganz ist, da dies ja wegen (3) für die rechte Seite zutrifft. Wegen (5) und $(2q; n) = 1$ gilt sogar

$$\xi_0^2 + \zeta_0^2 + \eta_0^2 \equiv f^2(2qx_0 + ay_0)^2 + 2qx_0^2 + 2ax_0y_0 + \frac{a^2 + n}{2q}y_0^2$$

$$\equiv 2q(2qf^2 + 1)x_0^2 + 2a(2qf^2 + 1)x_0y_0 + \frac{a^2(2qf^2 + 1) + n}{2q}y_0^2$$

$$\equiv 0 \mod n.$$

Zusammen mit (7) bedeutet dies

(9) $\quad \xi_0^2 + \zeta_0^2 + \eta_0^2 = n$.

§ 5   Der Dreiquadratesatz

8.   Benutzt man in (8) Formel (3), so bekommt man auch

$$\xi_0^2 + \zeta_0^2 + \eta_0^2 = \xi_0^2 + 2(qx_0^2 + ax_0 y_0 + hy_0^2).$$

Wir setzen

(10) $w = qx_0^2 + ax_0 y_0 + hy_0^2$

und haben nunmehr mit (9)

(11) $n = \xi_0^2 + 2w$.

Da ξ_0 ganz ist, sind wir fertig, falls $r(2w) > 0$. Dies wiederum ist nach Korollar 2.1 genau dann der Fall, wenn für jeden Faktor $p > 2$, der in der Primzerlegung von w mit ungeradem Exponenten auftritt, $p \equiv 1 \bmod 4$ gilt. Wir zeigen, dass dies tatsächlich zutrifft.

Sei also $p > 2$ und $p^{2l+1} \| w$. Wir können noch $p \neq q$ annehmen, da sonst wegen $q \equiv 1 \bmod 4$ nichts zu beweisen wäre.

9.   Es sei zunächst: $p \nmid n$. Dann ist

(12) $\left(\dfrac{n}{p}\right) = 1$

wegen (11) und $p | w$. Nach (10) und (3) gilt

(13) $4qw = (2qx_0 + ay_0)^2 + ny_0^2$.

Auf Grund von $p^{2l+1} \| w$ bedeutet dies die Existenz von g_1, g_2 und d mit

(14) $dp^{2l+1} = g_1^2 + ng_2^2$ und $p \nmid d$.

Daraus erkennt man weiter, dass weder g_1 noch g_2 verschwinden kann, so dass m_1 und m_2 mit $p^{m_1} \| g_1$ und $p^{m_2} \| g_2$ wohl definiert sind. Wiederum anhand von (14) schliesst man auf $m_1 = m_2 \leq l$, also auf

$$dp^{2(l-m_1)+1} = g_1'^2 + ng_2'^2$$

mit $p \nmid g_1'$ und $p \nmid g_2'$. Daher ist

$$g_1'^2 \equiv -ng_2'^2 \bmod p$$

und man erhält neben (12) auch

$$\left(\frac{-n}{p}\right) = \left(\frac{-ng_2'^2}{p}\right) = \left(\frac{g_1'^2}{p}\right) = 1,$$

also

$$\left(\frac{-1}{p}\right) = \left(\frac{-1}{p}\right)\left(\frac{n}{p}\right) = \left(\frac{-n}{p}\right) = 1.$$

Daraus folgt aber in der Tat $p \equiv 1 \bmod 4$.

10. Ist aber $p|n$, so führt $p|w$ mit (11) zu

(15) $\quad p|\xi_0$

und mit (13) zu

$$p|(2qx_0+ay_0).$$

Damit kann wiederum auf Grund von (13) auf

$$4q\frac{w}{p} \equiv \frac{n}{p}y_0^2 \bmod p$$

geschlossen werden. Da andrerseits wegen (11) und (15)

$$\frac{n}{p} \equiv 2\frac{w}{p} \bmod p$$

gilt, hat man

$$2q\frac{n}{p} \equiv 4q\frac{w}{p} \equiv \frac{n}{p}y_0^2 \bmod p.$$

Daraus folgt wegen der Quadratfreiheit von n

$$y_0^2 \equiv 2q \bmod p,$$

also

$$\left(\frac{2q}{p}\right)=1.$$

Daneben haben wir nach (4) auch

$$\left(\frac{-2q}{p}\right)=1,$$

da ja p mit einem der p_i übereinstimmt. Insgesamt liefert das erneut

$$\left(\frac{-1}{p}\right)=\left(\frac{-1}{p}\right)\left(\frac{2q}{p}\right)=\left(\frac{-2q}{p}\right)=1,$$

also $p \equiv 1 \bmod 4$. Damit ist der Fall $n \equiv 3 \bmod 8$ vollständig erledigt

11. Diese Überlegungen lassen sich mit den folgenden, geringfügigen Modifikationen auch auf die restlichen Fälle übertragen. Ist $n \equiv 1$ oder $\equiv 5 \bmod 8$, so sei wiederum $n=p_1p_2\ldots p_r$, die Primzerlegung von n. Völlig analog dem Falle $n \equiv 3 \bmod 8$ überlegt man sich die Existenz von $q \equiv 1 \bmod 4$ mit $(p_i/q)=(-1/p_i)$ für $i=1,2,\ldots,r$. Dann folgt

$$\left(\frac{-n}{q}\right)=\left(\frac{n}{q}\right)=\prod_{i=1}^{r}\left(\frac{p_i}{q}\right)=\prod_{i=1}^{r}\left(\frac{-1}{p_i}\right)$$

$$=(-1)^{\sum_{p_i \equiv 3 \bmod 4} 1}=1$$

§ 6   Folgerungen aus dem Dreiquadratsatz   25

Ist $n \equiv 2$ oder $\equiv 6 \bmod 8$, so ist $n = 2n'$ mit $n' \equiv 1$ resp. $\equiv 3 \bmod 4$. Die Primzerlegung von n' sei durch $n' = p_1 p_2 \ldots p_r$ gegeben. Hier wähle man nun $q \equiv 1$ resp. $\equiv 5 \bmod 8$ mit $(p_i/q) = (-1/p_i)$ für $i = 1, 2, \ldots, r$. Dann folgt

$$\left(\frac{-n}{q}\right) = \left(\frac{n}{q}\right) = \left(\frac{2}{q}\right) \prod_{i=1}^{r}\left(\frac{p_i}{q}\right) = \left(\frac{2}{q}\right) \prod_{i=1}^{r}\left(\frac{-1}{p_i}\right)$$

$$= \left(\frac{2}{q}\right)(-1)^{\sum_{p_i \equiv 3 \bmod 4} 1}$$

$$= \left(\frac{2}{q}\right)^2 = 1.$$

Die Existenz von $q \equiv 1 \bmod 4$ mit $(p_i/q) = (-1/p_i)$ für $i = 1, 2, \ldots, r$ und $(-n/q) = 1$ ist also in all den vier Fällen $n \equiv 1, 2, 5$ und $6 \bmod 8$ gesichert. Daraus ergibt sich analog dem Falle $n \equiv 3 \bmod 8$ weiter die Existenz von a, h und f mit

$$a^2 + n = hq \text{ und } qf^2 \equiv -1 \bmod n.$$

Nun ersetze man in (6) q durch $q/2$. Die Determinante der Matrix bleibt dadurch unverändert. Von da ab verlaufen die Überlegungen, abgesehen von gewissen wegfallenden Faktoren 2 und 4, wörtlich wie im Falle $n \equiv 3 \bmod 8$.   q.e.d.

§ 6   Folgerungen aus dem Dreiquadratsatz

1.   Wie im Falle von zwei Quadraten fragen wir jetzt, wie sich die n mit $r_3(n) > 0$ verteilen, oder also wie sich

$$C(t) = \# \{n \mid n \leqslant t \text{ und } r_3(n) > 0\}$$

für $t \to +\infty$ verhält. Es ist zu erwarten, dass hier die Untersuchung einfacher wird, da ja das entsprechende Kriterium einfacher ausgefallen ist.

2.   Wir nehmen zuerst t als natürlich an. Dann ist nach Satz 5.1

$$t - C(t) = \# \{n \mid n \leqslant t \text{ und } r_3(n) = 0\}$$
$$= \# \{n \mid n \leqslant t \text{ und } n = 4^l(8m + 7)\}$$
$$= \# \{(l, m) \mid 4^l(8m + 7) \leqslant t\}.$$

Jetzt zählen wir die Menge rechts ab. Es folgt insbesondere $4^l \leqslant t$, also

$$l \leqslant \frac{\log t}{\log 4}$$

und weiter $8m + 7 \leqslant 4^{-l} t$, also

$$m \leqslant \frac{4^{-l}}{8} t - \frac{7}{8}.$$

Darum wird

$$t - C(t) = \sum_{l \leq \frac{\log t}{\log 4}} \left(\left[\frac{4^{-l}}{8} t - \frac{7}{8} \right] + 1 \right)$$

$$= \sum_{l \leq \frac{\log t}{\log 4}} \left(\frac{4^{-l}}{8} t + O(1) \right)$$

$$= \frac{t}{8} \sum_{l \leq \frac{\log t}{\log 4}} 4^{-l} + O(\log t).$$

Wegen (24.8) ist aber

$$\sum_{l \leq \frac{\log t}{\log 4}} 4^{-l} = \frac{4}{3} + O(4^{-\frac{\log t}{\log 4}}) = \frac{4}{3} + O(e^{-\log t})$$

$$= \frac{4}{3} + O\left(\frac{1}{t}\right).$$

Damit gelangt man schliesslich zu

$$C(t) = t - (t - C(t)) = t - \frac{1}{6} t + O(\log t)$$

$$= \frac{5}{6} t + O(\log t)$$

für natürliches t. Da $C(t) = C([t])$ für beliebiges t erhält man von da aus den

Satz 1.

$$C(t) = \frac{5}{6} t + O(\log t).$$

Deutet man $\lim_{t \to +\infty} C(t)/t$ als Wahrscheinlichkeit dafür, dass $r_3(n) > 0$ für ein beliebig herausgegriffenes n, so hat man als

Korollar 1. *Die Wahrscheinlichkeit dafür, dass eine beliebig herausgegriffene natürliche Zahl in eine Summe von drei Quadraten ganzer Zahlen zerfällt werden kann, beträgt 5/6.*

§ 7 Die Formel von JACOBI

1. Das Problem $r_4(n)$ zu bestimmen, erfährt durch den folgenden Hilfssatz eine erste Vereinfachung.

§ 7   Die Formel von Jacobi

Hilfssatz 1.

(1) $r_4(2^l n) = r_4(2n)$ *für* $l \geqslant 1$.

2.   *Beweis*. Es genügt,

(2) $r_4(4n) = r_4(2n)$

zu beweisen, da dann für $l \geqslant 1$

$$r_4(2^{l+1}n) = r_4(4 \cdot 2^{l-1}n) = r_4(2 \cdot 2^{l-1}n) = r_4(2^l n)$$

und somit (1) durch vollständige Induktion folgt.
Sei also

(3) $x_1^2 + x_2^2 + x_3^2 + x_4^2 = 4n$.

Das Betrachten dieser Gleichung mod 4 zeigt, dass notwendigerweise $x_1 \equiv x_2 \equiv x_3 \equiv x_4 \bmod 2$. Dann sind aber die Zahlen

(4) $x_1' = \dfrac{x_1 + x_2}{2}, x_2' = \dfrac{x_1 - x_2}{2}, x_3' = \dfrac{x_3 + x_4}{2}, x_4' = \dfrac{x_3 - x_4}{2}$

allesamt ganz und es wird wegen (3)

(5) $x_1'^2 + x_2'^2 + x_3'^2 + x_4'^2 = 2n$.

Damit ist jeder Lösung von (3) eine Lösung von (5) zugeordnet. Diese Zuordnung ist bijektiv. Denn ist eine Lösung von (5) gegeben, so sind die x_i wegen (4) durch

(6) $x_1 = x_1' + x_2', x_2 = x_1' - x_2', x_3 = x_3' + x_4', x_4 = x_3' - x_4'$

festgelegt und es gilt mit (5) tatsächlich wieder (3).   q.e.d.

3.   Da sich jedes n in die Gestalt $n = 2^l u$ bringen lässt, muss nun dank (1) nur noch $r_4(u)$ und $r_4(2u)$ bestimmt werden. Aber auch hier genügt es, einen der beiden Werte herauszubekommen. Den andern erhält man dann auf Grund von

Hilfssatz 2.

$r_4(2u) = 3 r_4(u)$.

4.   *Beweis*. Sei

(7) $x_1^2 + x_2^2 + x_3^2 + x_4^2 = 2u$.

Das Betrachten dieser Gleichung mod 4 zeigt, dass zwei der x_i gerade und die beiden andern ungerade sind. Insgesamt sind $\binom{4}{2} = 6$ solche Paarungen möglich. Bezeichnet darum $r_4'(u)$ die Lösungszahl von (7) mit geraden x_1, x_2 und ungeraden x_3, x_4, so ist

(8) $r_4(2u) = 6 r_4'(u)$.

Ist nun (x_1, x_2, x_3, x_4) eine Lösung von (7) der besagten Art, so bestimme man die Zahlen x'_1, x'_2, x'_3, x'_4 wiederum wie in (4). Auch diesmal werden sie allesamt ganz. Ausserdem gilt

(9) $\quad x'^2_1 + x'^2_2 + x'^2_3 + x'^2_4 = u,$

(10) $\quad x'_1 + x'_2 \equiv 0, x'_3 + x'_4 \equiv 1 \mod 2.$

Diese Zuordnung der bei $r'_4(u)$ gezählten Lösungen zu den Lösungen des Systems (9)–(10) ist bijektiv. Denn zunächst werden die x_i bei gegebenen x'_i durch (6) festgelegt und es wird wegen (9) und (10) tatsächlich

$$x_1^2 + x_2^2 + x_3^2 + x_4^2 = 2u,$$

$$x_1 \equiv x_2 \equiv 0, x_3 \equiv x_4 \equiv 1 \mod 2.$$

Die so überlegte Bijektivität besagt

(11) $\quad r'_4(u) = r''_4(u),$

wenn mit $r''_4(u)$ die Lösungszahl des Systems (9)–(10) gemeint ist.

5. Ist $u \equiv 1 \mod 4$, so ist genau ein x'_i in (9) ungerade. Wegen der Nebenbedingung (10) kann dies nur x'_3 oder x'_4 sein. Die Gesamtlösungszahl $r_4(u)$ von (9) wird also im Falle $u \equiv 1 \mod 4$ durch (10) auf die Hälfte reduziert:

(12) $\quad r''_4(u) = \frac{1}{2} r_4(u).$

Ist dagegen $u \equiv 3 \mod 4$, so ist genau ein x'_i in (9) gerade und dies kann wiederum nur x'_3 oder x'_4 sein. Darum stimmt (12) für alle u. Die Behauptung folgt jetzt aus (8), (11) und (12):

$$r_4(2u) = 6 r'_4(u) = 6 r''_4(u) = 3 r_4(u). \hspace{2cm} \text{q.e.d.}$$

6. Um den nächsten Hilfssatz formulieren und beweisen zu können, führen wir die Funktionen $\rho(n)$ und $\rho'(n)$ ein. Sie sollen die Lösungen von (3) mit *lauter ungeraden und positiven* bzw. *lauter ungeraden* x_i zählen. Zwischen diesen beiden Funktionen besteht der Zusammenhang

(13) $\quad \rho'(n) = 16 \rho(n).$

Denn jede Lösung von (3) mit lauter ungeraden und positiven x_i liefert durch beliebige Zeichenwechsel der x_i $2^4 = 16$ verschieden Lösungen von (3) mit lauter ungeraden x_i, und auf diese Weise entstehen auch alle Lösungen, die bei $\rho'(n)$ gezählt werden.

Hilfssatz 3.

(14) $\quad r_4(2n) = r_4(n) + 16 \rho(n).$

§ 7   Die Formel von JACOBI

7.   *Beweis.* Wie bereits bemerkt, ist (3) nur möglich, wenn entweder alle x_i gerade oder alle x_i ungerade sind.

Im ersten Fall werde $x_i'' = x_i/2$ gesetzt. Diese x_i'' sind allesamt ganz und nach Definition der x_i'' wird

$$x_1''^2 + x_2''^2 + x_3''^2 + x_4''^2 = n.$$

Da diese Zuordnung offensichtlich bijektiv ist, wird der Anteil an die Gesamtlösungszahl $r_4(4n)$ im ersten Fall gleich $r_4(n)$.

Im zweiten Fall ist der Anteil definitorisch gleich $\rho'(n)$, also nach (13) gleich $16\rho(n)$.

Die Addition der beiden Anteile liefert unter Berücksichtigung von (2) die Formel (14). q.e.d.

8.   Für ungerades $n = u$ lässt sich (14) mittels Hilfssatz 2 auch in

$$r_4(u) = 8\rho(u) \text{ und } r_4(2u) = 24\rho(u)$$

überführen. Nun werden wir aber zeigen, dass $\rho(u) = \sigma(u)$ ($\sigma(n)$: *Summe der positiven Teiler von n*). Damit haben wir dann wegen (1) das Schlussresultat

Satz 1 (*Formel von* JACOBI).

$$r_4(2^l u) = \begin{cases} 8\sigma(u), \text{ falls } l = 0 \\ 24\sigma(u), \text{ falls } l \geq 1. \end{cases}$$

In Worten: Die Lösungszahl $r_4(n)$ ist bei ungeradem n die acht-, bei geradem n die vierundzwanzigfache Summe der ungeraden positiven Teiler von n.

Es bleibt noch zu beweisen

Hilfssatz 4.

(15) $\rho(u) = \sigma(u)$.

9.   *Beweis.* Während dieses Beweises sollen in Abweichung der verabredeten Bezeichnungen neben u und v auch die Buchstaben $a, b, c, d, w, \alpha, \beta, \gamma, \delta$ ungerade natürliche Zahlen bedeuten.

Sei also

(16) $u_1^2 + u_2^2 + u_3^2 + u_4^2 = 4u$.

Die Betrachtung der linken Seite mod 4 zeigt, dass

(17) $u_1^2 + u_2^2 = 2v$ und $u_3^2 + u_4^2 = 2w$.

Man erhält demnach alle Lösungen von (16), indem man zuerst alle Zerlegungen $2v + 2w = 4u$ bestimmt und dann jeweils das System (17) löst. Wegen $2v \equiv 2$ mod 4 sind die Zahlen u_1 und u_2 von selbst ungerade, also die Lösungszahl der ersten Gleichung in (17) gleich einem Viertel der Lösungszahl $r(2v)$.

Entsprechendes gilt für die zweite Gleichung in (17).
Wir erhalten somit nach Satz 4.1

$$\rho(u) = \sum_{v+w=2u} \frac{r(2v)}{4} \frac{r(2w)}{4}$$

$$= \sum_{v+w=2u} \left(\sum_{a|2v} \chi(a) \sum_{c|2w} \chi(c) \right)$$

$$= \sum_{v+w=2u} \sum_{a|v, c|w} \chi(ac).$$

Wird noch $v/a = b$ und $w/c = d$ gesetzt, so geht dies über in

$$\rho(u) = \sum_{ab+cd=2u} \chi(ac),$$

wobei also rechts über alle Quadrupel (a, b, c, d) ungerader natürlicher Zahlen mit $ab + cd = 2u$ zu summieren ist.

10. Diese Summe zerlegen wir in

$$\rho(u) = \sum_{\substack{ab+cd=2u \\ a=c}} \chi(ac) + \sum_{\substack{ab+cd=2u \\ a>c}} \chi(ac) + \sum_{\substack{ab+cd=2u \\ a<c}} \chi(ac).$$

Da die beiden letzten Summanden aus Symmetriegründen gleich sind, ist auch

$$\rho(u) = \sum_{a(b+d)=2u} \chi(a^2) + 2 \sum_{\substack{ab+cd=2u \\ a>c}} \chi(ac).$$

Für den ersten Summanden bekommen wir

$$\sum_{a|2u} \sum_{b+d=2u/a} 1 = \sum_{a|u} \sum_{b+d=2(u/a)} 1.$$

Die Lösungen von $b + d = 2(u/a)$ werden gegeben durch $(b, d = 2(u/a) - b)$, wobei b die u/a Zahlen $1, 3, ..., 2(u/a) - 1$ zu durchlaufen hat. Damit wird

$$\sum_{a(b+d)=2u} \chi(a^2) = \sum_{a|u} \frac{u}{a} = \sum_{d|u} d = \sigma(u).$$

Unser Satz wird somit bewiesen sein, wenn wir

(18) $$\sum_{\substack{ab+cd=2u \\ a>c}} \chi(ac) = 0$$

nachweisen können.

Da $\chi(ac) = 1$ oder -1, muss es, die Richtigkeit von (18) vorausgesetzt, möglich sein, die vorkommenden Quadrupel (a, b, c, d) so zu *paaren*, dass der Beitrag eines solchen Paares an die Gesamtsumme verschwindet. Ist umgekehrt eine solche Paarung möglich, so ist (18) richtig. Eine Paarung dieser Art kann auf die folgende Weise gewonnen werden.

§ 7   Die Formel von JACOBI

11. Man definiere

(19) $\alpha = b+(l+1)(b+d), \beta = c-l(a-c), \gamma = b+l(b+d), \delta = (l+1)(a-c)-c.$

Hier versuchen wir, l so zu wählen, dass mit (a,b,c,d) auch $(\alpha,\beta,\delta,\gamma)$ ein Quadrupel ist, das bei der Summation in (18) auftritt.

Zuerst bestätigt man leicht, dass für jedes l

$$\alpha\beta + \gamma\delta = ab + cd.$$

Weiter liest man sofort ab, dass $\alpha > \gamma > 0$ und dass $\alpha, \beta, \gamma, \delta$ ungerade sind. Dagegen ist $\beta > 0$ und $\delta > 0$ nicht von selbst erfüllt, sondern nur genau dann, wenn

$$\frac{c}{a-c} - 1 < l < \frac{c}{a-c},$$

also, da die rechte Seite nicht ganz ist, wenn

$$l = \left[\frac{c}{a-c}\right].$$

Dieses l leistet tatsächlich das Gewünschte. Dazu ist zu überlegen:

I) $(\alpha,\beta,\gamma,\delta) \neq (a,b,c,d)$,

II)   Mit $l' = \left[\dfrac{\gamma}{\alpha-\gamma}\right]$ gilt

(20) $a = \beta + (l'+1)(\beta+\delta), \; b = \gamma - l'(\alpha-\gamma), \; c = \beta + l'(\beta+\delta), \; d = (l'+1)(\alpha-\gamma) - \gamma,$

III) $\chi(ac) = -\chi(\alpha\gamma)$.

12. Ad I): Folgt sofort aus III), da sonst $\chi(ac) = 0$, was nicht ist.

Ad II): Zuerst stellt man

$$l' = \left[\frac{\gamma}{\alpha-\gamma}\right] = \left[\frac{b+l(b+d)}{b+d}\right] = \left[l+\frac{b}{b+d}\right] = l$$

fest. Setzt man dies und die Definition (19) in die rechten Seiten von (20) ein, so kommen in der Tat die linken Seiten von (20) heraus.

Ad III): Anhand von

$$\chi(u) = (-1)^{\frac{u-1}{2}}$$

und

$$\frac{a-1}{2} + \frac{c-1}{2} \equiv \frac{a-1}{2} + \frac{1-c}{2} \equiv \frac{a-c}{2} \bmod 2$$

gewinnt man

$$\chi(ac) = \chi(a)\chi(c) = (-1)^{\frac{a-c}{2}}$$

und damit auch

$$\chi(\alpha\gamma) = (-1)^{\frac{\alpha-\gamma}{2}}.$$

Es ist also nur noch

$$\frac{a-c}{2} \not\equiv \frac{\alpha-\gamma}{2} \mod 2$$

zu bestätigen. Diese Bestätigung wird durch die Rechnung

$$(a-c)b + (b+d)c = ab + cd = 2u,$$

$$\frac{a-c}{2} + \frac{b+d}{2} \equiv 1 \mod 2$$

und die Tatsache, dass $b + d = \alpha - \gamma$, gegeben. q.e.d.

13. Zur Illustration bestimmen wir $r_4(30)$. Die positiven Teiler von 30 werden gegeben durch 1, 2, 3, 5, 6, 10, 15, 30. Damit haben wir $r_4(30) = 24(1 + 3 + 5 + 15) = 24 \cdot 24 = 576$.

Dies lässt sich auch leicht direkt bestätigen. $x_1^2 + x_2^2 + x_3^2 + x_4^2 = 30$ besitzt die Lösungen $(0, 1, 2, 5)$ und $(1, 2, 3, 4)$. Aus der ersten bzw. zweiten Lösung erhält man durch beliebige Zeichenwechsel 8 bzw. 16 Lösungen. Aus jeder dieser insgesamt 24 Lösungen erhält man durch beliebiges Vertauschen der x_i weitere 24 Lösungen. Da man auf diese Weise alle Lösungen unserer Gleichung erhält, ist $r_4(30) = 24 \cdot 24 = 576$.

§ 8 Folgerungen aus der Formel von JACOBI

1. Da stets $\sigma(n) > 0$, folgt aus Satz 7.1 unmittelbar der berühmte

Satz 1.

$r_4(n) > 0$ *für alle n.*

In Worten: Jede natürliche Zahl ist darstellbar als Summe von vier Quadraten ganzer Zahlen.

Dieser Satz besitzt eine interessante Geschichte. Eine kurze Zusammenfassung findet der Leser in den Anmerkungen.

2. Beim Versuch, das Analogon zu Satz 4.2 herzustellen, gerät man in erhebliche Schwierigkeiten. Dies beruht darauf, dass zwischen elf »*Lösungstypen*« von $x_1^2 + x_2^2 + x_3^2 + x_4^2 = n$ unterschieden werden muss. Im einen Extremfall ($x_1^2, x_2^2, x_3^2, x_4^2$ sind paarweise verschieden und alle ungleich Null) sind einer Lösung $2^4 \cdot 4! = 384$ nicht wesentlich verschieden Lösungen zuzuordnen

§ 8   Folgerungen aus der Formel von JACOBI

(siehe Absatz 1.13), im andern Extremfall ($x_i \neq 0$ für ein einziges i) nur deren $2 \cdot 4 = 8$. Leider ist es bis heute nicht allgemein auszumachen, welche Lösungstypen bei gegebenem n auftreten. Trotzdem ist wenigstens $v_4(n) = 1$ vollständig diskutierbar. Das geht so.

3. Nach den vorigen Bemerkungen ist jedenfalls

$$v_4(n) \geq \frac{r_4(n)}{384},$$

also nach Satz 7.1

$$v_4(2^l u) \geq \begin{cases} \dfrac{\sigma(u)}{48}, & \text{falls } l = 0 \\ \dfrac{\sigma(u)}{16}, & \text{falls } l \geq 1. \end{cases}$$

Daran lesen wir wegen $\sigma(u) > u$ für $u > 1$ folgendes ab:

I) $v_4(u) = 1$ ist nur möglich, falls $u < 48$

II) $v_4(2u) = 1$ ist nur möglich, falls $2u < 32$

III) $v_4(4u) = 1$ ist nur möglich, falls $4u < 64$.

Zusammen besagt dies, dass $8 \nmid n$ und $v_4(n) = 1$ nur für $n < 64$ zutreffen kann. Anhand von bestehenden Tabellen von $v_4(n)$ für $n \leq 100$ (siehe LEHMER [1948]) findet man alle n mit $8 \nmid n$ und $v_4(n) = 1$. Es sind dies: 1, 2, 3, 5, 6, 7, 14, 15, 23. Der verbleibende Fall lässt sich auf die vorigen Fälle zurückführen, indem man

(1) $v_4(8n) = v_4(2n)$

benutzt. Um (1) einzusehen, beachte man, dass

(2) $x_1^2 + x_2^2 + x_3^2 + x_4^2 = 8n$

nur für $x_1 \equiv x_2 \equiv x_3 \equiv x_4 \equiv 0 \bmod 2$ möglich ist. Dies bedeutet aber, dass die Lösungen von (2) durch $x_i' = x_i/2$ bijektiv den Lösungen von

(3) $x_1'^2 + x_2'^2 + x_3'^2 + x_4'^2 = 2n$

zugeordnet werden, wobei wesentlich verschiedene Lösungen von (2) in wesentlich verschiedene Lösungen von (3) übergehen und umgekehrt. Damit hat man (1). Sei also jetzt $8 \mid n$. Jedes solche n lässt sich eindeutig darstellen als $n = 4^l \cdot 2n'$ mit $l \geq 1$ und $4 \nmid n'$, so dass sich nach einem Induktionsschluss aus (1)

$$v_4(n) = v_4(2n')$$

ergibt. Da bereits bekannt ist, dass $v_4(2n') = 1$ mit $4 \nmid n'$ genau für $2n' = 2, 6$ oder 14 eintritt, haben wir das Resultat

Satz 2. *Genau die natürlichen Zahlen* 1, 3, 5, 7, 11, 15, 23, $4^l \cdot 2$, $4^l \cdot 6$, $4^l \cdot 14$ *sind im wesentlichen eindeutig als Summe von vier Quadraten ganzer Zahlen darstellbar.*

4. Anhand dieses Satzes kann man nun leicht auch für $k \geq 5$ die n mit $v_k(n) = 1$ bestimmen.

Ist $n \geq 16$, so sind die fünf Zahlen

$$n - 0^2, n - 1^2, n - 2^2, n - 3^2, n - 4^2$$

sämtlich nicht-negativ, also als Summe von vier Quadraten ganzer Zahlen darstellbar. Jede solche Zerlegung liefert dann unmittelbar eine Zerlegung von n in eine Summe von fünf Quadraten ganzer Zahlen. Wäre nun zusätzlich $v_5(n) = 1$, so folgte aus dieser Überlegung weiter, dass

$$n = 0^2 + 1^2 + 2^2 + 3^2 + 4^2 = 30.$$

Es ist aber auch $n = 2^2 + 2^2 + 2^2 + 3^2 + 3^2 = 30$, so dass $v_5(n) = 1$ nur für $n < 16$ möglich ist. Da mit $v_5(n) = 1$ erst recht $v_4(n) = 1$, bleiben nach Satz 2 nur noch zehn potentielle n übrig. Davon scheiden, wie man durch Probieren feststellt, noch die Zahlen 5, 8, 11 und 14 aus. Das Ergebnis lautet also im Falle $k = 5$:

I) *Genau für die $n = 1, 2, 3, 6, 7, 15$ ist $v_5(n) = 1$.*

Dies sind zugleich die einzigen n, die im Falle $k \geq 6$ für $v_k(n) = 1$ in Frage kommen. Wiederum durch Probieren findet man:

II) *Genau für die $n = 1, 2, 3, 7$ ist $v_6(n) = 1$.*

III) *Ist $k \geq 7$, so ist genau für die $n = 1, 2, 3$ $v_k(n) = 1$.*

5. Doch nun zum *vierdimensionalen Kugelproblem*! Entsprechend der Formel von JACOBI spalten wir die rechte Seite von (1.9) für $k = 4$ wie folgt auf:

$$A_4(t) = 1 + \sum_{u \leq t} r_4(u) + \sum_{2n \leq t} r_4(2n).$$

Dadurch erhalten wir ($\sigma_u(n)$ bezeichne die *Summe der positiven ungeraden Teiler von n*)

(4) $\quad A_4(t) = 1 + 8 \sum_{u \leq t} \sigma(u) + 24 \sum_{n \leq t/2} \sigma_u(n).$

Die hier auftretenden Summen können, wie im folgenden dargelegt, auf die Funktion

$$S(t) = \sum_{n \leq t} \sigma(n)$$

zurückgeführt werden.

6. Unter Benutzung von (23.11) ergibt sich

$$\sum_{n \leq t} \sigma_u(n) = \sum_{n \leq t} \left(\sum_{d \mid n} d - \sum_{2d \mid n} 2d \right)$$

$$= \sum_{n \leq t} \sigma(n) - 2 \sum_{n \leq t/2} \sigma(n)$$

§ 8   Folgerungen aus der Formel von Jacobi

(5) $$= S(t) - 2S\left(\frac{t}{2}\right).$$

Ähnlich folgt

$$\sum_{u \leq t} \sigma(u) = \sum_{n \leq t} \sigma(n) - \sum_{2n \leq t} \sigma(2n)$$

$$= S(t) - \sum_{2n \leq t}\left(\sum_{2d | 2n} 2d + \sum_{u | 2n} u\right)$$

$$= S(t) - 2\sum_{n \leq t/2} \sigma(n) - \sum_{n \leq t/2}\sum_{u | n} u$$

$$= S(t) - 2S\left(\frac{t}{2}\right) - \sum_{n \leq t/2} \sigma_u(n),$$

also wegen (5)

$$\sum_{u \leq t} \sigma(u) = S(t) - 2S\left(\frac{t}{2}\right) - \left(S\left(\frac{t}{2}\right) - 2S\left(\frac{t}{4}\right)\right)$$

(6) $$= S(t) - 3S\left(\frac{t}{2}\right) + 2S\left(\frac{t}{4}\right).$$

7.   Dank (5) und (6) erhalten wir jetzt anstelle von (4)

(7) $$A_4(t) = 1 + 8S(t) - 32S\left(\frac{t}{4}\right).$$

Damit kann jede asymptotische Aussage über $S(t)$ unmittelbar in eine solche über $A_4(t)$ übergeführt werden. Eine asymptotische Aussage über $S(t)$ ist aber leicht zu gewinnen. Aus den Sätzen 29.2–3 und 29.6 sowie den Relationen (23.12) und (30.6) folgt nämlich

$$S(t) = \sum_{n \leq t} \sigma(n) = \sum_{n \leq t}\sum_{d | n} d$$

$$= \sum_{n \leq t}\sum_{d \leq t/n} d = \sum_{n \leq t}\left(\frac{t^2}{2n^2} + O\left(\frac{t}{n}\right)\right)$$

$$= \frac{t^2}{2}\sum_{n \leq t}\frac{1}{n^2} + O\left(t\sum_{n \leq t}\frac{1}{n}\right)$$

$$= \frac{t^2}{2}\left(\frac{\pi^2}{6} + O\left(\frac{1}{t}\right)\right) + O(t \log t)$$

(8) $$= \frac{\pi^2}{12}t^2 + O(t \log t).$$

In Verbindung mit (7) liefert das den

Satz 3.

(9) $\quad A_4(t) = \dfrac{\pi^2}{2} t^2 + O(t \log t)$.

8. Würde man bei der Herleitung von (8) nur mit

$$\sum_{n \leq t} \frac{1}{n^2} = \sum_{n=1}^{\infty} \frac{1}{n^2} + O\left(\frac{1}{t}\right)$$

arbeiten, so erhielte man

$$A_4(t) = 3t^2 \sum_{n=1}^{\infty} \frac{1}{n^2} + O(t \log t),$$

also durch Vergleich mit (1.4) wegen $V_4(t) = (\pi^2/2) t^2$ einerseits als Nebeneffekt

(10) $\quad \displaystyle\sum_{n=1}^{\infty} \frac{1}{n^2} = \frac{\pi^2}{6}$

und dadurch andrerseits wiederum (8) und (9). Damit ist ein zahlentheoretischer Zugang zur Relation (10) aufgezeigt.

9. In (9) steckt insbesondere das gegenüber (1.5) verbesserte Resultat $\alpha_4 \leq 1$. Mit (1.6) zusammen gibt das folgende *Lösung des vierdimensionalen Kugelproblems*:

$$\alpha_4 = 1.$$

Allerdings besteht zwischen (9) und der entsprechenden Gegenaussage in Satz 1.3 noch eine Lücke. Sie ist bis heute nicht geschlossen, wiewohl Verbesserungen des O-Gliedes in (9) bekannt sind. Das bislang beste Resultat in dieser Richtung lautet

(11) $\quad A_4(t) = \dfrac{\pi^2}{2} t^2 + O(t \log^{2/3} t)$.

Der Beweis dieser Abschätzung setzt nach dem heutigen Stand die Kenntnis einer besonderen Theorie voraus, würde also im Rahmen dieses Buches einen unverhältnismässig grossen Aufwand erfordern. Daher sei (11) hier nur zitiert (später können die eigentlichen Schwierigkeiten beim Beweis von (11) deutlich gemacht werden; siehe Absatz 14.16). Hingegen zeigen wir, dass (9) mit $O(t)$ anstelle von $O(t \log t)$ falsch wird. Diese Aussage ist enthalten im

Satz 4.

(12) $\quad A_4(t) = \dfrac{\pi^2}{2} t^2 + \Omega(t \log \log t)$.

§ 8 Folgerungen aus der Formel von Jacobi

10. *Beweis.* Wäre (12) falsch, also

$$A_4(t) = \frac{\pi^2}{2} t^2 + o(t \log \log t),$$

so wäre insbesondere

$$r_4(n) = A_4(n) - A_4(n-1) = o(n \log \log n).$$

Wir werden aber zeigen, dass

(13) $\quad \overline{\lim_{n \to \infty}} \dfrac{r_4(n)}{n \log \log n} \geq 1.$

Zu diesem Zweck betrachten wir die Folge

$$u_i = 1 \cdot 3 \cdot 5 \cdot \ldots \cdot (2i-1)$$

und schätzen $r_4(u_i)$ nach Jacobi ab:

$$r_4(u_i) = 8\sigma(u_i) = 8 \sum_{d | u_i} d = 8 \sum_{d | u_i} \frac{u_i}{d}$$

$$\geq 8 \left(\frac{u_i}{1} + \frac{u_i}{3} + \ldots + \frac{u_i}{2i-1} \right) \geq 8 u_i \sum_{v \leq i} \frac{1}{v}.$$

Da nach (29.2)

$$\sum_{v \leq i} \frac{1}{v} > \frac{1}{4} \log i \text{ für } i > i_1,$$

erhalten wir weiter

(14) $\quad r_4(u_i) > 2 u_i \log i$ für $i > i_1$.

Nach Definition von u_i und (29.8) ist

$$\log u_i = \sum_{v \leq 2i} \log v = i \log i + O(i),$$

also

$$\log \log u_i = \log i + O(\log \log i)$$

und daher

(15) $\quad \log i > \dfrac{1}{2} \log \log u_i$ für $i > i_2$.

Wählen wir nun $i > i_1 + i_2$, so gelten (14) und (15) gleichzeitig und wir erhalten durch

$$r_4(u_i) > u_i \log \log u_i$$

die Behauptung (13). $\hfill$ q.e.d.

Anmerkungen

§ 2 *Die Formel von* GAUSS. Die Urheberschaft von Satz 1 ist nicht einfach festzustellen. Wir zitieren hier GAUSS [1801b]. Begnügt man sich mit dem Korollar, so kann der Beweis ziemlich rasch geführt werden (siehe z.B. HARDY-WRIGHT [1958], CHANDRASEKHARAN [1968], RIEGER [1976], INDLEKOFER [1978]). In FINE [1977] wird gezeigt, dass dieses Korollar überraschenderweise »ziemlich unabhängig« von der Zahlentheorie besteht.

§ 3 *Zweiter Beweis der Formel von* GAUSS. Eine bequeme Darstellung der hier ohne Beweis zusammengestellten Hilfsmittel findet man in LANDAU [1927b, p.5-15].

§ 4 *Folgerungen aus der Formel von* GAUSS. Man beachte, dass die beim Beweis von Satz 6 benutzte Unendlichkeit der Primzahlen $\equiv 1 \mod 4$ leicht zu gewinnen ist (siehe die Vorbemerkung zu Satz 27.1).

Wegen (4) siehe HARDY-WRIGHT [1958, § 18] (bei der vor Satz 339 angegebenen Grössenordnung ist der Faktor 2 im Nenner zu streichen!) oder auch APOSTOL [1976, p.294]. Ein interessanter Ansatz zur Untersuchung von $\tau(n)$ ist auch LANGMANN [1979]. Die erste Aussage in Richtung (5), nämlich

$$B(t) \sim E \frac{t}{\sqrt{\log t}}$$

stammt von LANDAU [1908]. (5) findet man z.B. in LEVEQUE [1956, p.257-263]. In BLANCHARD [1969, p.159-164] ist der Exponent 3/4 im Restglied auf 1 erhöht; siehe auch RIEGER [1970], wo ein Beweis gegeben wird, der im Gegensatz zu den eben zitierten Stellen *ohne komplexe Analysis* auskommt. In SHANKS [1964] wird die Restabschätzung weiterdiskutiert; dort wird auch $E = 0{,}76422\ldots$ angegeben. In SHANKS-SCHMID [1966] wird (5) verallgemeinert. Weitere Beiträge zu diesem Problemkreis sind MOTOHASHI [1973] und HOOLEY [1976, ch.6].

§ 5 *Der Dreiquadratesatz*. Satz 1 stammt von GAUSS [1801a]. Der Beweis wurde von DIRICHLET [1850] und LANDAU [1927, p.114-125] vereinfacht. Alle drei Beweise benutzen die Theorie der *ternären quadratischen Formen*. Einen davon unabhängigen (und auch sonst elementaren) Beweis findet man in USPENSKY-HEASLET [1939, p. 465-474]. Der hier gegebene Beweis stützt sich auf ANKENY [1957] (vgl. auch MORDELL [1958] und CHOWLA-HARTUNG [1975]). Ein ganz kurzer Beweis, der allerdings von der Klassenkörpertheorie Gebrauch macht, ist in RISMAN [1974] dargestellt. Interessant ist in diesem Zusammenhang auch RAJWADE [1976].

Formeln für $r_3(n)$ findet man in GAUSS [1801a], BATEMAN [1951], VENKOV [1970, p.164-171], WEIL [1974] und ARENSTORF-JOHNSON [1979]. Das Zitat BATEMAN [1951] ist im Zusammenhang mit den in Anschluss an Satz 21.2 gemachten Anmerkungen zu sehen.

§ 6   *Folgerungen aus dem Dreiquadratesatz.* Satz 1 stammt von LANDAU [1908]. In CHAKRABARTI [1940] wird als Gegenstück gezeigt, dass

$$C(t) = \frac{5}{6}t + \Omega(\log t).$$

Explizite Restabschätzungen werden in GROSSWALD [1959] und WAGSTAFF [1975] angegeben. Es ist erwähnenswert, dass die Theorie von $r(n)$ und $r_3(n)$ Anwendungen in der mathematischen Physik besitzt (siehe BALTES-DRAXL-HILF [1974]).

§ 7   *Die Formel von* JACOBI. Das Kernstück von Satz 1 ist Hilfssatz 4. Er wurde von JACOBI [1829, § 40] gefunden. JACOBI bewies in seiner *Theorie der Thetafunktionen* (zu diesem Begriff vgl. § 20) mittels analytischer Methoden

(*) $(\sum_u \xi^{u^2})^4 = \sum_u \sigma(u)\xi^{4u}$ für $|\xi| < 1$.

Darin steckt unser Hilfssatz. Denn Ausmultiplizieren der linken Seite von (*) liefert

$$\sum_{u_1, u_2, u_3, u_4} \xi^{u_1^2 + u_2^2 + u_3^2 + u_4^2} = \sum_u \rho(u)\xi^{4u}$$

(wegen $u_i^2 \equiv 1 \mod 8$ ist zwangsläufig $u_1^2 + u_2^2 + u_3^2 + u_4^2 = 4u$), woraus durch Koeffizientenvergleich mit der rechten Seite von (*) sich der Hilfssatz unmittelbar ergibt. Eine moderne Darstellung des Schlusses, der zu (*) führt wird in RADEMACHER [1973, p.184–186] gegeben. Analytische Beweise, die sich nicht explizit auf Thetafunktionen beziehen, findet man in WALFISZ [1957, p.18–24] und GUPTA [1980, p.113–117].

Später hat JACOBI [1834] für $\rho(u) = \sigma(u)$ auch einen *rein zahlentheoretischen Beweis* geliefert. DIRICHLET [1856] konnte diesem Beweis eine sehr elegante Wendung geben, der wir in unserer Darstellung (Absätze 11–12) auch gefolgt sind.

Satz 1 lässt sich formal auch in »*geschlossene*« *Formen* bringen. So ist z.B. (wegen $\sigma_u(n)$ siehe Absatz 8.5):

$$r_4(n) = 8(2 + (-1)^n)\sigma_u(n).$$

Eine in Worten geschlossene Form ist: »$r_4(n)$ *ist die achtfache Summe der nicht durch 4 teilbaren Teiler von n.*« Für $n = u$ ist das klar; für $n = 2^l u$ mit $l \geq 1$ liefert diese Aussage tatsächlich $r_4(n) = 8\sigma(2u) = 8\sigma(2)\sigma(u) = 24\sigma(u)$.

§ 8   *Folgerungen aus der Formel von* JACOBI. Es scheint, dass bereits DIOPHANT (um 150 v.Chr.) den Satz 1 vermutet hat. Erstmals explizit formuliert wurde er im Jahre 1621 durch BACHET (1581–1638), der ihn auch für $n \leq 325$ verifiziert hat. Doch einen allgemeinen Beweis konnte BACHET nicht angeben. Hingegen behauptete FERMAT (1601–1665), er könne den Satz mit seiner sog. *Abstiegsmethode* (franz.: *descente infinie*) beweisen. Es ist aber nicht sicher, ob

FERMAT einen vollständigen Beweis besessen hat, denn er gab keinerlei Details an. Auch DESCARTES (1596–1650) äusserte sich zu diesem Satz. Er meinte, die Aussage sei zweifellos richtig, bemerkte aber zugleich: »Der Beweis ist so schwierig, dass ich mich nicht erkühnt habe, ihn zu suchen.« EULER (1707–1783) war der nächste, der die Herausforderung annahm. 1743 merkte er, dass aus $r_4(n_1) > 0$ und $r_4(n_2) > 0$ folgt: $r_4(n_1 n_2) > 0$. Darum war Satz 1 jetzt nur noch für Primzahlen zu beweisen. 1751 fand EULER das entscheidende Zwischenresultat, dass zu jedem p ein b mit $r_4(bp) > 0$ existiert. Es fehlte also nun noch der Nachweis von Min $\{b | r_4(bp) > 0\} = 1$ für alle p. Diese Vervollständigung glückte erst LAGRANGE [1770]. [1773] konnte EULER, nunmehr 66 Jahre alt, den Beweis von LAGRANGE noch vereinfachen. Diesen Beweis findet man in den meisten Lehrbüchern der elementaren Zahlentheorie (siehe etwa LANDAU [1927], HARDY-WRIGHT [1958], CHANDRASEKHARAN [1969], RIEGER [1976] und INDLEKOFER [1978]). In diesem Zusammenhang sei noch einmal festgehalten, dass der wesentlich weitergehende Satz 7.1 erst rund 60 Jahre später von JACOBI bewiesen wurde.

Satz 1 lässt sich übrigens rasch beweisen, wenn man von Satz 5.1 Gebrauch macht: Ist $n \equiv 1 \mod 4$, so $n \equiv 1$ oder $5 \mod 8$, also $r_3(n) > 0$ und damit erst recht $r_4(n) > 0$; ist $n \equiv 2 \mod 4$, so $n \equiv 2$ oder $\equiv 6 \mod 8$, also $r_3(n) > 0$ und damit erst recht $r_4(n) > 0$; ist $n \equiv 3 \mod 4$, so $n - 1 \equiv 2 \mod 4$, also $r_3(n-1) > 0$ und damit wegen $n = (n-1) + 1^2$ auch $r_4(n) > 0$; ist $n \equiv 0 \mod 4$, so $n = 4^b n'$ mit $n' \not\equiv 0 \mod 4$, also $r_4(n') > 0$ und damit auch $r_4(n) = r_4((2^b)^2 n') > 0$.

Es ist bemerkenswert, dass Satz 1 eine Anwendung in der Statistik besitzt (siehe MAXFIELD-GARDNER [1955]).

Die Quelle zu Satz 2 sowie Absatz 4 ist LEHMER [1948].

(8) ist ein klassisches Resultat von DIRICHLET [1849, p.59].

(9) ist von LANDAU [1912, p.765–766]. Der hier gegebene Beweis stammt von WALFISZ [1927, p.69–71].

(11) findet man bei WALFISZ [1963, p.104]; (12) bei WALFISZ [1929, p.68].

Kapitel 2

Das Kreisproblem und andere Gitterpunktprobleme der Ebene

§ 9 Der Satz von SIERPIŃSKI

1. In diesem Paragraphen werden wir die in (1.5) enthaltene Abschätzung

(1) $\quad \alpha_2 \leqslant \dfrac{1}{2}$

zu

(2) $\quad \alpha_2 \leqslant \dfrac{1}{3}$

verbessern. Wir folgen dabei nicht dem (übrigens ausserordentlich langwierigen, 40 Druckseiten umfassenden) Originalbeweis von SIERPIŃSKI aus dem Jahre 1906, sondern stützen uns auf den erst später gefundenen, auch bei der Behandlung anderer Gitterpunktprobleme nützlichen

Satz 1 (VAN DER CORPUT). *Ist die reellwertige Funktion $f(u)$ zweimal differenzierbar auf dem Intervall $[a,b]$ und besteht entweder $f''(u) \geqslant \lambda$ für alle $u \in [a,b]$ oder $f''(u) \leqslant -\lambda$ für alle $u \in [a,b]$ mit $0 < \lambda \leqslant 1$, so gilt mit einer absoluten $\ll$-Konstanten:*

(3) $\quad \displaystyle\sum_{a \leqslant l \leqslant b} \psi(f(l)) \ll |f'(b) - f'(a)|\lambda^{-2/3} + \lambda^{-1/2},$

wobei $\psi(u) = u - [u] - \tfrac{1}{2}$.

2. Vorgängig dem recht umfangreichen Beweis dieses Satzes (er wird den Inhalt des ganzen nächsten Paragraphen ausmachen) zeigen wir, wie (2) nach einem kleinen Kunstgriff aus der Abschätzung (3) praktisch mühelos folgt. In Wirklichkeit beweisen wir sogar:

Satz 2 (SIERPIŃSKI).

$$A(t) = \pi t + O(t^{1/3})$$

Beweis. Der erwähnte Kunstgriff besteht darin, dass man die in Betracht zu ziehenden Gitterpunkte auf eine spezielle Weise abzählt. Dazu bezeichnen wir die Anzahl der Gitterpunkte im »halboffenen« Kreissektor

$$\mathcal{M} = \{(u,v) \mid u^2 + v^2 \leqslant t, u > 0 \text{ und } v > 0\}$$

mit $E(t)$. Dann gilt offenbar

(4) $\quad A(t) = 1 + 4[\sqrt{t}] + 4E(t).$

Nun bestimmen wir $E(t)$ durch Betrachtung der folgenden Teilmengen von $\mathcal{M}$ (siehe Figur 3):

$$\mathcal{M}_1 = \left\{(u,v)\,\bigg|\, u^2+v^2 \leqslant t, 0 < u \leqslant \sqrt{\tfrac{t}{2}} \text{ und } v > 0 \right\},$$

$$\mathcal{M}_2 = \left\{(u,v)\,\bigg|\, u^2+v^2 \leqslant t, u > 0 \text{ und } 0 < v \leqslant \sqrt{\tfrac{t}{2}} \right\},$$

$$\mathcal{M}_3 = \left\{(u,v)\,\bigg|\, 0 < u \leqslant \sqrt{\tfrac{t}{2}} \text{ und } 0 < v \leqslant \sqrt{\tfrac{t}{2}} \right\}.$$

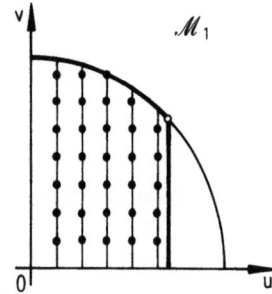
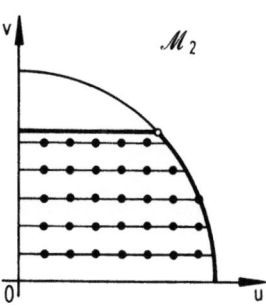
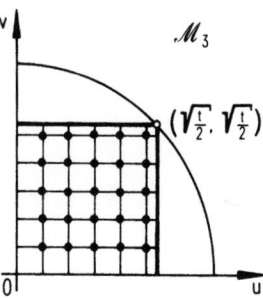

Figur 3.

Enthalten diese Teilmengen bzw. $E_1(t)$, $E_2(t)$, $E_3(t)$ Gitterpunkte, so wird

(5) $\quad E(t) = E_1(t) + E_2(t) - E_3(t).$

Durch »*kolonnen-*« bzw. »*zeilenweises*« Abzählen erhält man

(6) $\quad E_1(t) = E_2(t) = \displaystyle\sum_{n \leqslant \sqrt{t/2}} [\sqrt{t-n^2}],$

während

(7) $\quad E_3(t) = \left[\sqrt{\dfrac{t}{2}}\right]^2$

direkt ersichtlich ist. Setzt man jetzt (6) und (7) in (5) und den so gewonnenen Ausdruck für $E(t)$ in (4) ein, so entsteht

$$A(t) = 1 + 4[\sqrt{t}] + 8 \sum_{n \leqslant \sqrt{t/2}} [\sqrt{t-n^2}] - 4\left[\sqrt{\tfrac{t}{2}}\right]^2,$$

was sich anhand von

$$[\sqrt{t}] = \sqrt{t} + O(1),\ [\sqrt{t-n^2}] = \sqrt{t-n^2} - \psi(\sqrt{t-n^2}) - \tfrac{1}{2},$$

$$\left[\sqrt{\tfrac{t}{2}}\right]^2 = \left(\sqrt{\tfrac{t}{2}} - \psi\!\left(\sqrt{\tfrac{t}{2}}\right) - \tfrac{1}{2}\right)^2 = \tfrac{t}{2} - 2\sqrt{\tfrac{t}{2}}\,\psi\!\left(\sqrt{\tfrac{t}{2}}\right) - \sqrt{\tfrac{t}{2}} + O(1)$$

in

§ 9   Der Satz von Sierpiński

$$A(t) = 4\sqrt{t} + 8 \sum_{n \leq \sqrt{t/2}} \sqrt{t-n^2} - 8 \sum_{n \leq \sqrt{t/2}} \psi(\sqrt{t-n^2})$$

(8) $\qquad -2t + 8\sqrt{\dfrac{t}{2}}\,\psi\!\left(\sqrt{\dfrac{t}{2}}\right) + O(1)$

überführen lässt.

3. Den zweiten Summanden rechts in (8) werten wir mit Hilfe der EULERschen Summenformel aus (siehe Satz 29.1):

$$8 \sum_{n \leq \sqrt{t/2}} \sqrt{t-n^2} = 8 \int_0^{\sqrt{t/2}} \sqrt{t-u^2}\, du$$

$$-4\sqrt{t} - 8\sqrt{\dfrac{t}{2}}\,\psi\!\left(\sqrt{\dfrac{t}{2}}\right) - 8 \int_0^{\sqrt{t/2}} \dfrac{u}{\sqrt{t-u^2}}\,\psi(u)du$$

$$= \pi t + 2t - 4\sqrt{t} - 8\sqrt{\dfrac{t}{2}}\,\psi\!\left(\sqrt{\dfrac{t}{2}}\right)$$

$$- 8 \int_0^{\sqrt{t/2}} \dfrac{u}{\sqrt{t-u^2}}\,\psi(u)du.$$

Für das verbliebene Integral ist nach Satz 28.2

$$\int_0^{\sqrt{t/2}} \dfrac{u}{\sqrt{t-u^2}}\,\psi(u)du \ll 1,$$

so dass (8) jetzt folgende Gesalt annimmt:

$$A(t) = \pi t - 8 \sum_{n \leq \sqrt{t/2}} \psi(\sqrt{t-n^2}) + O(1).$$

Damit ist das Kreisproblem auf die Frage nach einer möglichst guten Abschätzung von

$$\sum_{n \leq \sqrt{t/2}} \psi(\sqrt{t-n^2})$$

zurückgeführt. Wegen $\psi(u) \ll 1$ folgt jedenfalls trivial (1).
Andrerseits ist mit

$$f(u) = \sqrt{t-u^2},\ a=1, b=\sqrt{\dfrac{t}{2}}$$

Satz 1 anwendbar (es sei natürlich schon $t > 2$). Es ist nämlich

$$f'(u) = -\frac{u}{\sqrt{t-u^2}}, f''(u) = -\frac{t}{\sqrt{(t-u^2)^3}},$$

also für alle $u \in [1, \sqrt{t/2}]$

$$f''(u) \leqslant -\frac{t}{t^{3/2}} = -t^{-1/2},$$

so dass $\lambda = t^{-1/2}$ genommen werden kann. Dann besagt aber (3)

$$\sum_{n \leqslant \sqrt{t/2}} \psi(\sqrt{t-n^2}) \ll \left| -1 + \frac{1}{\sqrt{t-1}} \right| t^{1/3} + t^{1/4} \ll t^{1/3}$$

und der Satz von SIERPIŃSKI ist bewiesen.   q.e.d.

4.   Unter *sehr grossen Anstrengungen* können *Verbesserungen des O-Gliedes* in Satz 2 erreicht werden. Nähere Informationen dazu werden in den Anmerkungen gegeben.

§ 10   Der Satz von VAN DER CORPUT

1.   Der durch den Satz von VAN DER CORPUT angreifbare Problemkreis kann wie folgt charakterisiert werden. Gegeben ist eine auf $[a,b]$ definierte reellwertige Funktion $f(u)$; gesucht sind Verbesserungen der trivialen Abschätzung

(1) $\sum\limits_{a \leqslant l \leqslant b} \psi(f(l)) \ll b - a + 1.$

Betrachtet man die FOURIER*entwicklung von* $\psi(u)$ (siehe Satz 30.3), so leuchtet ein, dass das Problem, (1) zu verbessern, eng mit dem Problem, die ebenfalls triviale Abschätzung ($e(u)$ kürzt $e^{2\pi i u}$ ab)

(2) $\sum\limits_{a \leqslant l \leqslant b} e(f(l)) \ll b - a + 1$

zu verbessern, zusammenhängt. Der im folgenden gegebene Beweis des Satzes 9.1 stützt sich in der Tat auf gewisse Verbesserungen von (2), die hier allerdings erst hergeleitet werden müssen. Im übrigen ist es klar, dass die angestrebten Verbesserungen nur erreicht werden können, wenn an $f(u)$ gewisse Bedingungen gestellt werden. Denn ist zum Beispiel $f(u)$ ganzzahlig konstant, so sind (1) und (2) »definitiv«. Man beachte noch, dass alle im folgenden auftretenden O- und $\ll$-Konstanten *absolut* sind.

2.   Eine erste Abschätzung der linken Seite von (2) ist auf Grund der EULER*schen Summenformel* (siehe (29.1)) möglich. Durch sie erhält man den

§ 10   Der Satz von van der Corput

Hilfssatz 1. *Ist $f(u)$ reell und stetig differenzierbar auf $[a,b]$, $f'(u)$ monoton auf $[a,b]$ und $|f'(u)| \leq \frac{1}{2}$ für alle $u \in [a,b]$, so gilt*

$$\sum_{a \leq l \leq b} e(f(l)) = \int_a^b e(f(u))du + O(1).$$

Beweis. Die EULERsche Summenformel besagt insbesondere

(3) $$\sum_{a \leq l \leq b} e(f(l)) = \int_a^b e(f(u))du$$

$$+ 2\pi i \int_a^b \psi(u) e(f(u)) f'(u) du + O(1).$$

Da in der FOURIERentwicklung von $\psi(u)$ gliedweise Integration erlaubt ist (man beachte die im Anschluss an Satz 30.3 gemachte Bemerkung), hat man für den zweiten Summanden rechts auch die Darstellung

(4) $$2\pi i \int_a^b \psi(u) e(f(u)) f'(u) du = -\sum_{m=-\infty}^{\infty}{}' \frac{1}{m} \int_a^b e(f(u)+mu) f'(u) du.$$

Nach Voraussetzung ist stets $f'(u) + m \neq 0$, so dass auch

(5) $$2\pi i \int_a^b e(f(u)+mu) f'(u) du = \int_a^b \frac{f'(u)}{f'(u)+m} (e(f(u)+mu))' du.$$

Die Umformung

$$\frac{f'(u)}{f'(u)+m} = 1 - \frac{m}{f'(u)+m}$$

zeigt, dass mit $f'(u)$ auch der erste Faktor unter dem Integralzeichen rechts von (5) monton ist. Daher kann man auf den Real- und Imaginärteil dieses Integrals den *zweiten Mittelwertsatz* anwenden (siehe Satz 28.1) und bekommt

$$\int_a^b e(f(u)+mu) f'(u) du \ll \frac{1}{|m|-\frac{1}{2}} \ll \frac{1}{|m|}.$$

Hieraus wiederum folgt, dass die rechte Seite von (4) betraglich durch eine absolute Konstante nach oben abgeschätzt werden kann. Wird dies in (3) berücksichtigt, so hat man die Behauptung.   q.e.d.

3.   Das in der Behauptung des eben bewiesenen Hilfssatzes auftauchende Integral wird im nächsten Hilfssatz genauer untersucht. Eine Kombination dieser beiden Hilfssätze wird dann die für uns entscheidende Aussage über die linke Seite von (2) liefern.

Hilfssatz 2. *Ist die reellwertige Funktion $f(u)$ auf $[a,b]$ zweimal differenzierbar und ist entweder $f''(u) \geq \lambda$ für alle $u \in [a,b]$ oder $f''(u) \leq -\lambda$ für alle $u \in [a,b]$ mit $\lambda > 0$, so gilt*

$$\int_a^b e(f(u))du \ll \lambda^{-1/2}.$$

Beweis. Wir nehmen zuerst $f''(u) \geq \lambda$ für alle $u \in [a,b]$ an. Wegen $\lambda > 0$ bedeutet dies insbesondere, dass $f'(u)$ in $[a,b]$ streng monoton wächst. Deshalb tritt genau einer der drei folgenden Fälle ein:

I) $f'(u) > 0$ für alle $u \in (a,b)$;

II) $f'(u) < 0$ für alle $u \in (a,b)$;

III)   Es existiert $c \in (a,b)$ mit $f'(u) < 0$ für alle $u \in (a,c)$ und $f'(u) > 0$ für alle $u \in (c,b)$.

Im Falle I) nehme man folgende Zerlegung vor:

(6) $$\int_a^b e(f(u))du = I_1 + I_2,$$

wo

$$I_1 = \int_a^{a+\lambda^{-1/2}} e(f(u))du, \quad I_2 = \int_{a+\lambda^{-1/2}}^b e(f(u))du.$$

(Bei dieser Zerlegung wurde $b - a > \lambda^{-1/2}$ vorausgesetzt, was aber keine wesentliche Einschränkung ist, da andernfalls die Behauptung des Hilfssatzes trivial wird). Für I_1 kommen wir mit der trivialen Abschätzung

(7) $I_1 \ll \lambda^{-1/2}$

aus. I_2 führen wir zuerst in

$$I_2 = \frac{1}{2\pi i} \int_{a+\lambda^{-1/2}}^b \frac{1}{f'(u)} (e(f(u)))' du$$

über. Wegen der Monotonie von $f'(u)$ kann Satz 28.3 angewendet werden. Dies ergibt

$$I_2 \ll \frac{1}{f'(a+\lambda^{-1/2})}.$$

Nach dem *Mittelwertsatz der Differentialrechnung* ist aber

$$f'(a+\lambda^{-1/2}) - f'(a) = \lambda^{-1/2} f''(u_0),$$

wo $u_0 \in (a, a+\lambda^{-1/2})$. Wegen $f'(a) \geq 0$ und $f''(u_0) \geq \lambda$ folgt

$$f'(a+\lambda^{-1/2}) \geq \lambda^{1/2}$$

und damit

§ 10   Der Satz von van der Corput

(8) $\quad I_2 \ll \lambda^{-1/2}.$

Ein Blick von (6) auf (7) und (8) zeigt nun, dass damit der Fall I) erledigt ist.

4.   Im Falle II) trennen wir das Integrationsintervall $[a,b]$ bei $b - \lambda^{-1/2}$ statt wie vorher bei $a + \lambda^{-1/2}$ und schliessen dann völlig analog weiter.

Der Fall III) schliesslich lässt sich auf die beiden vorigen Fälle zurückführen, indem man das Integrationsintervall $[a,b]$ bei c trennt. In $[a,c]$ hat man dann nämlich Fall II), in $[c,b]$ Fall I).

5.   Es verbleibt somit nur noch die Möglichkeit $f''(u) \leqslant -\lambda$ für alle $u \in [a,b]$. Hier betrachte man $g(u) = -f(u)$. Nach dem bereits Bewiesenen ist unser Hilfssatz auf diese Funktion anwendbar:

$$\int_a^b e(g(u))du \ll \lambda^{-1/2}.$$

Andrerseits ist

$$|\int_a^b e(f(u))du| = |\int_a^b e(-g(u))du| = |\int_a^b \overline{e(g(u))}\,du| = |\int_a^b e(g(u))du|,$$

so dass der Hilfssatz jetzt vollständig bewiesen ist.   q.e.d.

6.   Die Behauptung von Hilfssatz 1 lässt sich nunmehr in eine bequeme Gestalt bringen, indem man die Voraussetzungen der Hilfssätze 1 und 2 zusammenfasst und noch $\lambda \leqslant 1$ annimmt (entscheidend ist in Wirklichkeit nur, dass λ nach oben durch eine absolute Konstante beschränkt wird). Wenn man noch bedenkt, dass die Bedingung $f''(u) \geqslant \lambda$ bzw. $f''(u) \leqslant -\lambda$ die Monotonie von $f'(u)$ beinhaltet, gelangt man zu

Hilfssatz 3. *Ist die reellwertige Funktion $f(u)$ zweimal differenzierbar auf $[a,b]$, $|f'(u)| \leqslant \frac{1}{2}$ für alle $u \in [a,b]$ und entweder $f''(u) \geqslant \lambda$ für alle $u \in [a,b]$ oder $f''(u) \leqslant -\lambda$ für alle $u \in [a,b]$ mit $0 < \lambda \leqslant 1$, so gilt*

$$\sum_{a \leqslant l \leqslant b} e(f(l)) \ll \lambda^{-1/2}.$$

7.   In diesem Hilfssatz erscheint die an $f'(u)$ gestellte Bedingung »etwas störend«. Man kann sich jedoch von dieser Bedingung befreien. Wir tun dies zuerst für den Fall $f''(u) \geqslant \lambda$, wobei wir der Bequemlichkeit halber annehmen, dass $f'(a)$ und $f'(b)$ halbungerade sind (u heisst *halbungerade*, wenn $\psi(u) = 0$). Unter dieser Annahme liefert $v_j = f'(a) + j$ für $j = 0, 1, 2, \ldots, r$ ($r = f'(b) - f'(a)$) alle halbungeraden, $m_j = v_j + \frac{1}{2}$ für $j = 0, 1, 2, \ldots, r-1$ alle ganzen Zahlen aus dem Intervall $[f'(a), f'(b)]$.

Da aus $f''(u) \geq \lambda$ insbesondere das streng monotone Wachstum von $f'(u)$ folgt, sind die Urbilder $a_j = (f')^{-1}(v_j)$ eindeutig erklärt und es ist

$$a = a_0 < a_1 < a_2 < \ldots < a_r = b.$$

Wiederum wegen der Monotonie von $f'(u)$ ist stets

$$|f'(u) - m_j| \leq \frac{1}{2} \text{ für alle } u \in [a_j, a_{j+1}].$$

Daher kann Hilfssatz 3 auf die Funktionen $g_j(u) = f(u) - m_j u$ bezüglich des Intervalls $[a_j, a_{j+1}]$ angewendet werden. Dies bewirkt

(9) $$\sum_{a_j \leq l \leq a_{j+1}} e(f(l)) = \sum_{a_j \leq l \leq a_{j+1}} e(g_j(l) + m_j l) = \sum_{a_j \leq l \leq a_{j+1}} e(g_j(l)) \ll \lambda^{-1/2}.$$

Insgesamt finden wir darum, wenn wir noch $r = f'(b) - f'(a)$ berücksichtigen

$$\sum_{a \leq l \leq b} e(f(l)) \ll \sum_{j=0}^{r-1} |\sum_{a_j \leq l \leq a_{j+1}} e(f(l))| + r$$

(10) $$\ll r\lambda^{-1/2} + r \ll (f'(b) - f'(a))\lambda^{-1/2}.$$

8. Falls man über $f'(a)$ und $f'(b)$ betr. die Halbungeradheit keine Voraussetzungen machen will, betrachte man das Urbild a^* bzw. b^* der kleinsten bzw. grössten halbungeraden Zahl aus $[f'(a), f'(b)]$ und nehme das Summationsintervall an eben diesen Stellen auseinander. Mit anderen Worten: Man benutze

$$\sum_{a \leq l \leq b} e(f(l)) \ll |\sum_{a \leq l \leq a^*} e(f(l))| + |\sum_{a^* \leq l \leq b^*} e(f(l))| + |\sum_{b^* \leq l \leq b} e(f(l))| + 1.$$

Auf den zweiten Summanden rechts ist (10) anwendbar, während der erste und dritte Summand wie in (9) abgeschätzt werden kann. Wir erhalten daher insgesamt

(11) $$\sum_{a \leq l \leq b} e(f(l)) \ll (f'(b^*) - f'(a^*))\lambda^{-1/2} + \lambda^{-1/2} \ll (f'(b) - f'(a) + 1)\lambda^{-1/2}.$$

9. Dieses Ergebnis ist auch im Falle $f''(u) \leq -\lambda$ richtig. Um dies einzusehen, muss man in (11) nur $f(u)$ durch $-f(u)$ ersetzen. Da dadurch der Betrag der linken Seite nicht verändert wird und rechts nur $f'(a)$ und $f'(b)$ vertauscht werden, haben wir allgemein:

Hilfssatz 4. *Ist die reellwertige Funktion $f(u)$ auf $[a,b]$ zweimal differenzierbar und ist entweder $f''(u) \geq \lambda$ für alle $u \in [a,b]$ oder $f''(u) \leq -\lambda$ für alle $u \in [a,b]$ mit $0 < \lambda \leq 1$, so gilt*

$$\sum_{a \leq l \leq b} e(f(l)) \ll (|f'(b) - f'(a)| + 1)\lambda^{-1/2}.$$

§ 10   Der Satz von van der Corput

10.   Dies ist das vor Hilfssatz 2 angekündigte entscheidende Zwischenresultat. Wir benutzen es, um zu beurteilen, wann die triviale Abschätzung

$$(12) \quad -\frac{1}{2}(b-a+1) \leqslant \sum_{a \leqslant l \leqslant b} \psi(f(l)) < \frac{1}{2}(b-a+1)$$

durch einen »*Dämpfungsfaktor*« $\delta (0 < \delta < 1)$ verschärft werden kann, d.h., unter welchen Umständen die linke Seite von (12) auf $-\frac{1}{2}\delta(b-a+1)$ herauf- und die rechte Seite von (12) auf $\frac{1}{2}\delta(b-a+1)$ heruntergedrückt werden kann. Dabei werden vorerst an die auf $[a,b]$ definierte reellwertige Funktion $f(u)$ keine Bedingungen gestellt.

Um dies zunächst für die linke Seite zu untersuchen, betrachten wir die Differenz

$$D_1(\delta) = \sum_{a \leqslant l \leqslant b} \psi(f(l)) - \left(-\frac{1}{2}\delta(b-a+1)\right).$$

Bei beliebiger Wahl von $\delta > 0$ gilt

$$D_1(\delta) \geqslant \sum_{a \leqslant l \leqslant b} \psi(f(l)) + \sum_{a \leqslant l \leqslant b} \frac{\delta}{2} = \frac{1}{\delta} \sum_{a \leqslant l \leqslant b} \int_0^\delta (\psi(f(l)) + u) du.$$

Nun ist aber für $u \geqslant 0$

$$\psi(f(l)) + u = f(l) - [f(l)] - \frac{1}{2} + u \geqslant f(l) + u - [f(l) + u] - \frac{1}{2}$$

$$= \psi(f(l) + u)$$

und daher

$$D_1(\delta) \geqslant p_1(\delta)$$

mit

$$(13) \quad p_1(\delta) = \frac{1}{\delta} \sum_{a \leqslant l \leqslant b} \int_0^\delta \psi(f(l) + u) du.$$

Wir haben also jetzt

$$(14) \quad \sum_{a \leqslant l \leqslant b} \psi(f(l)) \geqslant -\frac{1}{2}\delta(b-a+1) + p_1(\delta).$$

Ein entsprechender Ansatz für die rechte Seite von (12) führt zu

$$D_2(\delta) = \frac{1}{2}\delta(b-a+1) - \sum_{a \leqslant l \leqslant b} \psi(f(l)) \geqslant \sum_{a \leqslant l \leqslant b} \frac{\delta}{2} - \sum_{a \leqslant l \leqslant b} \psi(f(l))$$

$$= \frac{1}{\delta} \sum_{a \leqslant l \leqslant b} \int_0^\delta (u - \psi(f(l))) du.$$

Da für $u \geq 0$

$$u - \psi(f(l)) = u - f(l) + [f(l)] + \frac{1}{2} \geq u - f(l) + [f(l) - u] + \frac{1}{2}$$
$$= -(\psi(f(l) - u)),$$

ist auch

$$D_2(\delta) \geq -\frac{1}{\delta} \sum_{a \leq l \leq b} \int_0^{\delta} \psi(f(l) - u) du,$$

also

(15) $\quad \sum\limits_{a \leq l \leq b} \psi(f(l)) \leq \frac{1}{2}\delta(b - a + 1) - p_2(\delta)$

mit

(16) $\quad p_2(\delta) = \frac{1}{\delta} \sum\limits_{a \leq l \leq b} \int\limits_0^{-\delta} \psi(f(l) + u) du.$

11. Die in (13) und (16) auftauchenden Integrale untersuchen wir mit Hilfe der FOURIER*entwicklung von* $\psi(u)$ (siehe Satz 30.3)

(17) $\quad \left| \int\limits_0^{\pm \delta} \psi(f(l) + u) du \right| = \left| -\frac{1}{2\pi i} \sum\limits_{m=-\infty}^{\infty}{}' \frac{e(mf(l))}{m} \int\limits_0^{\pm \delta} e(mu) du \right|.$

Das Integral rechts kann sowohl durch

$$\left| \int\limits_0^{\pm \delta} e(mu) du \right| \leq \int\limits_0^{\pm \delta} |e(mu)| du = \delta$$

als auch durch

$$\left| \int\limits_0^{\pm \delta} e(mu) du \right| = \left| \frac{1}{2\pi i m} [e(mu)]_0^{\pm \delta} \right| \leq \frac{1}{|m|}$$

abgeschätzt werden. Darum hat man für $j = 1, 2$

$$p_j(\delta) \ll \sum\limits_{m=-\infty}^{\infty}{}' \left| \sum\limits_{a \leq l \leq b} e(mf(l)) \right| \operatorname{Min}(|m|^{-1}, \delta^{-1}|m|^{-2})$$

(18) $\quad \ll \sum\limits_{n=1}^{\infty} \left| \sum\limits_{a \leq l \leq b} e(nf(l)) \right| \operatorname{Min}(n^{-1}, \delta^{-1} n^{-2}).$

Wir nehmen nun an, dass $f(u)$ die Voraussetzungen des zu beweisenden Satzes von VAN DER CORPUT erfüllt. Dann kann in (18) für $n \leq \lambda^{-1}$ Hilfssatz 4 angewendet werden. Deshalb nehmen wir die Zerlegung

§ 10 Der Satz von van der Corput

(19) $$\sum_{n=1}^{\infty} |\sum_{a \leq l \leq b} e(nf(l))| \operatorname{Min}(n^{-1}, \delta^{-1}n^{-2}) = \sum_{n \leq \lambda^{-1}} \ldots + \sum_{n > \lambda^{-1}} \ldots = \Sigma_1 + \Sigma_2$$

vor.

12. Für die erste Summe haben wir, wie gesagt,

$$\Sigma_1 \ll \sum_{n \leq \lambda^{-1}} (|nf'(b) - nf'(a)| + 1) n^{-1/2} \lambda^{-1/2} \operatorname{Min}(n^{-1}, \delta^{-1} n^{-2})$$

$$\ll |f'(b) - f'(a)| \lambda^{-1/2} \sum_{n \leq \lambda^{-1}} \operatorname{Min}(n^{-1/2}, \delta^{-1} n^{-3/2})$$

$$+ \lambda^{-1/2} \sum_{n \leq \lambda^{-1}} \operatorname{Min}(n^{-3/2}, \delta^{-1} n^{-5/2}).$$

Da $n^{-1/2} \leq \delta^{-1} n^{-3/2}$ genau dann, wenn $n \leq \delta^{-1}$, rechnen wir wie folgt weiter (von jetzt ab unter der *zusätzlichen Bedingung* $\delta \leq 1$):

$$\sum_{n \leq \lambda^{-1}} \operatorname{Min}(n^{-1/2}, \delta^{-1} n^{-3/2})$$

$$\ll \sum_{n \leq \delta^{-1}} n^{-1/2} + \delta^{-1} \sum_{n > \delta^{-1}} n^{-3/2} \ll \delta^{-1/2} + \delta^{-1} \delta^{1/2} \ll \delta^{-1/2}$$

(bei dieser Abschätzung wurden die Sätze 29.5–6 benutzt). Ziehen wir noch die triviale Abschätzung

$$\sum_{n \leq \lambda^{-1}} \operatorname{Min}(n^{-3/2}, \delta^{-1} n^{-5/2}) \ll \sum_{n=1}^{\infty} n^{-3/2} \ll 1$$

zu Hilfe, so bekommen wir insgesamt

(20) $\Sigma_1 \ll |f'(b) - f'(a)| \delta^{-1/2} \lambda^{-1/2} + \lambda^{-1/2}.$

13. Bei der Untersuchung von Σ_2 steht uns nur die triviale Abschätzung

$$\sum_{a \leq l \leq b} e(nf(l)) \ll b - a + 1$$

zur Verfügung. Wegen $|f''(u)| \geq \lambda$ für alle $u \in [a,b]$ kann hier noch $b-a$ wie folgt eliminiert werden. Nach dem *Mittelwertsatz der Differentialrechnung* ist für ein $c \in (a,b)$

(21) $|f'(b) - f'(a)| = (b-a)|f''(c)| \geq (b-a)\lambda.$

Somit gilt auch

$$\sum_{a \leq l \leq b} e(nf(l)) \ll |f'(b) - f'(a)| \lambda^{-1} + 1$$

und wir haben (siehe Satz 29.6)

$$\Sigma_2 \ll (|f'(b) - f'(a)| \lambda^{-1} + 1) \sum_{n > \lambda^{-1}} \operatorname{Min}(n^{-1}, \delta^{-1} n^{-2})$$

$$\ll (|f'(b)-f'(a)|\lambda^{-1}+1)\delta^{-1}\sum_{n>\lambda^{-1}}n^{-2}$$

(22) $\quad \ll |f'(b)-f'(a)|\delta^{-1}+\delta^{-1}\lambda.$

14. Setzt man nun (20) und (22) in (19) und dies in (18) ein, so kommt für $j=1,2$

$$p_j(\delta) \ll |f'(b)-f'(a)|(\delta^{-1/2}\lambda^{-1/2}+\delta^{-1})+\lambda^{-1/2}+\delta^{-1}\lambda$$

heraus. Damit lassen sich (14) und (15) unter nochmaliger Anwendung von (21) zu

(23) $\quad \sum_{a\leq l\leq b}\psi(f(l)) \ll |f'(b)-f'(a)|(\delta\lambda^{-1}+\delta^{-1/2}\lambda^{-1/2}+\delta^{-1})+\lambda^{-1/2}+\delta^{-1}\lambda$

zusammenfassen. Ein günstiges Endresultat entsteht, wenn δ so gewählt wird, dass

$$\delta\lambda^{-1}=\delta^{-1/2}\lambda^{-1/2},$$

d.h.

$$\delta=\lambda^{1/3}.$$

Diese Wahl ist auch verträglich mit der vorausgesetzten Einschränkung $0<\delta\leq 1$, da ja $0<\lambda\leq 1$. Im übrigen führt sie (23) in die Behauptung des Satzes von VAN DER CORPUT über. q.e.d.

§ 11 Die Methode von LANDAU

1. In diesem Paragraphen bringen wir einen völlig andersgearteten Beweis des Satzes von SIERPIŃSKI. Man verdankt ihn LANDAU.

Die Grundidee der LANDAUschen Methode besteht darin, zuerst den »*Mittelwert*«

(1) $\quad \int_0^t P(u)du$

des *Approximationsfehlers*

(2) $\quad P(t)=A(t)-\pi t$

zu betrachten. Der Vorteil dieses Vorgehens liegt darin, dass sich (1) in eine *Reihe nach* BESSEL*funktionen* (siehe § 31) entwickeln lässt. Auf Grund dieser Tatsache lässt sich (1) unter Ausnutzung *bekannter Eigenschaften der* BESSEL*funktionen* derart abschätzen, dass Rückschlüsse auf die Grössenordnung von (2) möglich sind.

2. Die erwähnte Reihenentwicklung gewinnt man durch folgenden Ansatz:

§ 11 Die Methode von Landau

$$\int_0^t A(u)du = 1 + \sum_{n \leq t-1} \int_n^{n+1} A(u)du + \int_{[t]}^t A(u)du$$

$$= 1 + \sum_{n \leq t-1} A(n) + (t-[t])A([t]),$$

also mit $r(0) = 1$ auf Grund ABELscher Summation (siehe Satz 23.4)

(3)
$$\int_0^t A(u)du = \sum_{j \leq t}(t-j)r(j) = \sum_{j \leq t}\sum_{l^2+m^2=j}(t-j)$$
$$= \sum_{l^2+m^2 \leq t}(t-l^2-m^2) = \sum_{|l| \leq \sqrt{t}}\sum_{|m| \leq \sqrt{t-l^2}}(t-l^2-m^2).$$

3. Eine kleine Überlegung zeigt, dass

(4) $$\varphi_t(u) = \sum_{|m| \leq \sqrt{t-u^2}}(t-u^2-m^2)$$

auf $[-\sqrt{t}, \sqrt{t}]$ stetig und stückweise monoton ist, also auf diesem Intervall die Voraussetzungen der POISSONschen Summenformel erfüllt (siehe Satz 30.4). Damit wird aus (3) (man beachte, dass $\varphi_t(u)$ reellwertig ist)

(5) $$\int_0^t A(u)du = \sum_{l=-\infty}^{\infty} \int_{-\sqrt{t}}^{\sqrt{t}} \varphi_t(u) \cos 2\pi l u \, du.$$

Nun erfüllt die Funktion

$$\omega_{t,u}(v) = t - u^2 - v^2$$

auf $[-\sqrt{t-u^2}, \sqrt{t-u^2}]$ ihrerseits die Voraussetzungen der POISSONschen Summenformel. Daher lässt sich (5) unter Berücksichtigung von (4) in die Gestalt

(6) $$\int_0^t A(u)du = \sum_{l=-\infty}^{\infty} \int_{-\sqrt{t}}^{\sqrt{t}} \left(\sum_{m=-\infty}^{\infty} \int_{-\sqrt{t-u^2}}^{\sqrt{t-u^2}} (t-u^2-v^2) \cos 2\pi m v \, dv \right) \cos 2\pi l u \, du$$

überführen. Gleich anschliessend zeigen wir, dass die innere Reihe auf $[-\sqrt{t}, \sqrt{t}]$ gleichmässig in u konvergiert. Darum ist auch

(7) $$\int_0^t A(u)du = \sum_{l=-\infty}^{\infty} \sum_{m=-\infty}^{\infty} Q(t,l,m),$$

wo

$$Q(t,l,m) = \int_{-\sqrt{t}}^{\sqrt{t}} \left(\int_{-\sqrt{t-u^2}}^{\sqrt{t-u^2}} \left(\int_{u^2+v^2}^{t} ds \right) \cos 2\pi m v \, dv \right) \cos 2\pi l u \, du,$$

also

(8) $$Q(t,l,m) = \iiint \cos 2\pi l u \cos 2\pi m v \, du \, dv \, ds$$

mit

(9) $\mathscr{A} = \{(u,v,s) | u^2 + v^2 \leqslant s \leqslant t\}$.

4. Die behauptete *gleichmässige Konvergenz* der inneren Reihe von (6) ergibt sich leicht nach der folgenden zweimaligen partiellen Integration für $m \neq 0$:

$$\int_{-\sqrt{t-u^2}}^{\sqrt{t-u^2}} (t-u^2-v^2) \cos 2\pi mv \, dv$$

$$= 2\left\{\left[(t-u^2-v^2)\frac{\sin 2\pi mv}{2\pi m}\right]_0^{\sqrt{t-u^2}} + \frac{1}{\pi m}\int_0^{\sqrt{t-u^2}} v \sin 2\pi mv \, dv\right\}$$

$$= \frac{2}{\pi m}\left\{\left[-v\frac{\cos 2\pi mv}{2\pi m}\right]_0^{\sqrt{t-u^2}} + \frac{1}{2\pi m}\int_0^{\sqrt{t-u^2}} \cos 2\pi mv \, dv\right\}.$$

Denn daraus lässt sich die folgende, für alle $u \in [-\sqrt{t}, \sqrt{t}]$ gültige Abschätzung

$$\int_{-\sqrt{t-u^2}}^{\sqrt{t-u^2}} (t-u^2-v^2) \cos 2\pi mv \, dv$$

$$\leqslant \frac{2}{\pi m}\left(\frac{\sqrt{t-u^2}}{2\pi m} + \frac{\sqrt{t-u^2}}{2\pi m}\right) \leqslant \frac{2\sqrt{t}}{\pi^2} \cdot \frac{1}{m^2}$$

herleiten, so dass wegen des *Kriteriums von* WEIERSTRASS (7) tatsächlich in Ordnung ist.

5. Nun werten wir $Q(t,l,m)$ aus. Nach (8) und (9) ist

(10) $Q(t,l,m) = \int_0^t R(s,l,m) \, ds$

mit

(11) $R(s,l,m) = \iint_{\mathscr{B}} \cos 2\pi lu \cos 2\pi mv \, du \, dv$

und

$\mathscr{B} = \{(u,v) | u^2 + v^2 \leqslant s\}$.

Daran liest man sofort

(12) $R(s,0,0) = \pi s$

ab. Die Auswertung von (11) im Falle $l^2 + m^2 > 0$ ermöglichen folgende Umformungen und Substitutionen.

§ 11 Die Methode von LANDAU

6. Wegen
$$\cos u \cos v = \frac{1}{2}(\cos(u+v) + \cos(u-v))$$

ist auch
$$R(s,l,m) = \frac{1}{2}\iint_{\mathscr{A}} \cos 2\pi(lu+mv)\, du\, dv + \frac{1}{2}\iint_{\mathscr{A}} \cos 2\pi(lu-mv)\, du\, dv$$
$$= \iint_{\mathscr{A}} \cos 2\pi(lu+mv)\, du\, dv.$$

In diesem Integral führen wir die neuen Variablen
$$\bar{u} = \frac{lu+mv}{\sqrt{l^2+m^2}},\; \bar{v} = \frac{-mu+lv}{\sqrt{l^2+m^2}}$$

ein. Wegen
$$lu+mv = \bar{u}\sqrt{l^2+m^2},\, \bar{u}^2+\bar{v}^2 = u^2+v^2,$$

$$\begin{vmatrix} \dfrac{\partial \bar{u}}{\partial u} & \dfrac{\partial \bar{u}}{\partial v} \\ \dfrac{\partial \bar{v}}{\partial u} & \dfrac{\partial \bar{v}}{\partial v} \end{vmatrix} = \frac{1}{l^2+m^2}\begin{vmatrix} l & m \\ -m & l \end{vmatrix} = 1$$

führt diese Substitution zu
$$R(s,l,m) = \iint_{\mathscr{A}} \cos(2\pi\bar{u}\sqrt{l^2+m^2})\, d\bar{u}\, d\bar{v}$$
$$= \int_{-\sqrt{s}}^{\sqrt{s}} \left(\int_{-\sqrt{s-u^2}}^{\sqrt{s-u^2}} dv\right) \cos(2\pi u\sqrt{l^2+m^2})\, du$$
$$= 4\int_{0}^{\sqrt{s}} \sqrt{s-u^2}\, \cos(2\pi u\sqrt{l^2+m^2})\, du.$$

Eine erneute Variablentransformation vermöge $u = v\sqrt{s}$ ergibt schliesslich (siehe (31.5))
$$R(s,l,m) = 4s\int_{0}^{1} \sqrt{1-v^2}\, \cos(2\pi v\sqrt{(l^2+m^2)s})\, dv$$

(13)
$$= \sqrt{\frac{s}{l^2+m^2}}\, J_1(2\pi\sqrt{(l^2+m^2)s}).$$

Einsetzen von (12) bzw. (13) in (10) liefert

(14) $$Q(t,l,m) = \begin{cases} \dfrac{\pi}{2}t^2, & \text{falls } l=m=0 \\[1ex] \dfrac{t}{\pi(l^2+m^2)} J_2(2\pi\sqrt{(l^2+m^2)}t), & \text{sonst.} \end{cases}$$

Die erste Zeile rechts ist klar. Die zweite folgt aus (siehe (31.3))

$$Q(t,l,m) = \frac{1}{\sqrt{l^2+m^2}} \int_0^t \sqrt{s}\, J_1(2\pi\sqrt{(l^2+m^2)}s)\, ds$$

$$= \frac{1}{4\pi^3(l^2+m^2)^2} \int_0^{2\pi\sqrt{(l^2+m^2)t}} u^2 J_1(u)\, du$$

$$= \frac{1}{4\pi^3(l^2+m^2)^2} [u^2 J_2(u)]_0^{2\pi\sqrt{(l^2+m^2)t}}.$$

7.   Wenn wir annehmen, dass die rechte Seite von (7) *absolut konvergiert*, dürfen wir die Summanden mit jeweils gleichen Werten für l^2+m^2 zusammenfassen. Dieses Vorgehen liefert unter Benutzung von (14)

(15) $\quad \int_0^t P(u)\, du = \frac{t}{\pi} \sum_{n=1}^{\infty} \frac{r(n)}{n} J_2(2\pi\sqrt{nt}).$

Nachträglich können wir (15) leicht rechtfertigen, indem wir zeigen, dass hier *absolute Konvergenz* vorliegt. Sie folgt aus (siehe Sätze 4.5 und 31.3)

$$r(n) \ll n^{1/8} \text{ und } J_2(u) \ll u^{-1/2}.$$

Denn dies zieht

$$\frac{r(n)}{n} J_2(2\pi\sqrt{nt}) \ll n^{-9/8}$$

nach sich.

8.   Um aus (15) eine *Abschätzung für das Restglied* $P(t)$ zu gewinnen, betrachten wir dessen »Mittelungen« über die Intervalle $[t-t^\varepsilon,t]$ und $[t,t+t^\varepsilon]$, wo $0<\varepsilon<1$. Mit Hilfe dieser Mittelwerte lässt sich nämlich $P(t)$ wie folgt approximieren:

(16) $\quad t^{-\varepsilon} \int_{t-t^\varepsilon}^{t} P(u)\, du + O(t^\varepsilon) < P(t) < t^{-\varepsilon} \int_{t}^{t+t^\varepsilon} P(u)\, du + O(t^\varepsilon).$

Die rechte Seite von (16) folgt aus

$$\int_t^{t+t^\varepsilon} P(u)\, du = \int_t^{t+t^\varepsilon} (A(u) - \pi u)\, du > t^\varepsilon(A(t) - \pi(t+t^\varepsilon)).$$

Analog erhält man die linke Seite von (16). Anhand der folgenden Ansätze versuchen wir ε so zu bestimmen, dass die *Approximation* (16) »gut« wird.

§ 11   Die Methode von Landau 57

9.   (15) liefert die Entwicklung

$$(17) \quad \int_t^{t+t^\varepsilon} P(u)du = \int_0^{t+t^\varepsilon} P(u)du - \int_0^t P(u)du = \frac{1}{\pi} \sum_{n=1}^\infty \frac{r(n)}{n} D(t,n,\varepsilon)$$

mit (siehe Satz 31.3)

$$D(t,n,\varepsilon) = (t+t^\varepsilon)J_2(2\pi\sqrt{n(t+t^\varepsilon)}) - tJ_2(2\pi\sqrt{nt})$$
$$\ll (t+t^\varepsilon)(n(t+t^\varepsilon))^{-1/4} + t(nt)^{-1/4}$$
$$\ll t^{3/4}n^{-1/4}.$$

Diese Abschätzung ist nützlich, falls n gegenüber t »gross« ist. Für gegenüber t »kleine« n ist (siehe (31.3))

$$D(t,n,\varepsilon) = \int_t^{t+t^\varepsilon} (uJ_2(2\pi\sqrt{nu}))' du$$

$$= \frac{1}{(2\pi\sqrt{n})^2} \int_t^{t+t^\varepsilon} ((2\pi\sqrt{nu})^2 J_2(2\pi\sqrt{nu}))' du$$

$$= \pi\sqrt{n} \int_t^{t+t^\varepsilon} \sqrt{u}J_1(2\pi\sqrt{nu}) du \ll n^{1/2} t^\varepsilon t^{1/2}(nt)^{-1/4} \ll t^{1/4+\varepsilon} n^{1/4}$$

günstiger.

10.   In (17) mögen die »kleinen« n von den »grossen« n durch die Zahl $\eta \geq 1$ getrennt werden. Dann haben wir nach den vorigen Überlegungen

$$(18) \quad \int_t^{t+t^\varepsilon} P(u)du \ll t^{1/4+\varepsilon} \sum_{n \leq \eta} r(n)n^{-3/4} + t^{3/4} \sum_{n > \eta} r(n)n^{-5/4}.$$

Die hier auftretenden Summen lassen sich wie folgt abschätzen (siehe Sätze 29.5 und 29.6):

$$\sum_{n \leq \eta} r(n)n^{-3/4} = \sum_{n \leq \eta} \sum_{l^2+m^2=n} (l^2+m^2)^{-3/4}$$

$$\leq \sum_{n \leq \eta} 8 \sum_{\substack{l^2+m^2=n \\ 0 \leq m \leq l}} (l^2+m^2)^{-3/4}$$

$$\leq 8 \sum_{\substack{1 \leq l^2+m^2 \leq \eta \\ 0 \leq m \leq l}} (l^2)^{-3/4}$$

$$\leq 8 \sum_{1 \leq l \leq \sqrt{\eta}} \sum_{m=0}^{l} l^{-3/2}$$

$$= 8 \sum_{1 \leq l \leq \sqrt{\eta}} (l+1)l^{-3/2} \leq 16 \sum_{1 \leq l \leq \sqrt{\eta}} l^{-1/2} \ll \eta^{1/4},$$

$$\sum_{n>\eta} r(n)n^{-5/4} \leq 8 \sum_{\substack{l^2+m^2>\eta \\ 0\leq m\leq l}} (l^2+m^2)^{-5/4} \leq 8 \sum_{\substack{l^2+m^2>\eta \\ 0\leq m\leq l}} l^{-5/2}$$

$$\leq 16 \sum_{l\geq \sqrt{\eta/2}} l^{-3/2} \ll \eta^{-1/4}.$$

11.   Damit lässt sich (18) in

$$\int_t^{t+t^\varepsilon} P(u)du \ll t^{1/4+\varepsilon}\eta^{1/4} + t^{3/4}\eta^{-1/4}$$

überführen. Diese Abschätzung wird optimal für $\eta = t^{1-2\varepsilon}$ und besagt dann

(19) $\quad \int_t^{t+t^\varepsilon} P(u)du \ll t^{1/2+\varepsilon/2}.$

Fast wörtlich gleich zeigt man, dass (18) auch dann richtig ist, wenn das Integrationsintervall $[t,t+t^\varepsilon]$ durch $[t-t^\varepsilon,t]$ ersetzt wird. Deshalb bleibt (19) seinerseits richtig, wenn hier das Integrationsintervall $[t,t+t^\varepsilon]$ durch $[t-t^\varepsilon,t]$ ersetzt wird. Unter Benutzung dieser Tatsache kann jetzt aus (16) geschlossen werden, dass

$$P(t) \ll t^{1/2-\varepsilon/2} + t^\varepsilon.$$

Diese Abschätzung wird optimal für $\varepsilon = 1/3$ und lautet dann wie angekündigt

$$P(t) \ll t^{1/3}.$$

§ 12   Der Satz von ERDÖS-FUCHS

1.   In diesem Paragraphen werden wir die in (1.6) enthaltene Abschätung

$$\alpha_2 \geq 0$$

zu

(1) $\quad \alpha_2 \geq \dfrac{1}{4}$

verbessern. Sie folgt unmittelbar aus

Satz 1.

(2) $\quad A(t) = \pi t + \Omega(t^{1/4}\log^{-1/2} t).$

Dieser Satz ist ein Spezialfall von

Satz 2 (ERDÖS-FUCHS). *Es sei $\mathcal{H} = \{h_0, h_1, h_2, \ldots\}$ eine Folge nicht-negativer*

§ 12 Der Satz von ERDÖS-FUCHS

ganzer Zahlen, wobei jede solche Zahl höchstens endlich oft auftritt, und es bezeichne $R(n) = R_{\mathscr{H}}(n)$ *die Anzahl der Zerlegungen von n der Gestalt*

(3) $\quad n = h_{j_1} + h_{j_2},$

also die (endliche) Anzahl der geordneten Paare (j_1, j_2) *mit* (3)*. Dann ist*

(4) $\quad \sum_{n \leq t} R(n) = Bt + Ct^\lambda + \Omega(t^{1/4} \log^{-1/2} t)$

für alle reellen Zahlen B, C und λ*, die den Bedingungen* $B > 0$ *und* $\frac{1}{4} \leq \lambda < 1$ *genügen.*

2. Vorgängig dem im nächsten Absatz beginnenden Beweis soll gezeigt werden, wie Satz 1 aus Satz 2 folgt (über die beachtenswerte Bedeutung dieser beiden Sätze wird in den Anmerkungen referiert).
Wir betrachten die Folge

(5) $\quad \mathscr{H} = \{0^2, 1^2, 2^2, \ldots\}.$

Hier ist offenbar

$$R(n) = \begin{cases} \frac{1}{4} r(n), \text{ falls } n \text{ keine Quadratzahl} \\ \frac{1}{4} r(n) + 1, \text{ sonst.} \end{cases}$$

Daraus folgt

$$A(t) = 1 + \sum_{n \leq t} r(n) = 1 + 4 \sum_{n \leq t} R(n) - 4[\sqrt{t}] = 4 \sum_{n \leq t} R(n) - 4\sqrt{t} + O(1).$$

Wendet man nun (4) mit $B = \pi/4$, $C = 1$ und $\lambda = \frac{1}{2}$ an, so kommt Satz 1 heraus.

3. *Beweis (von Satz 2)*. Es genügt offenbar zu zeigen, dass

(6) $\quad \sum_{j=0}^{n} R(j) = Bn + Cn^\lambda + T(n)$

mit

(7) $\quad T(n) = o(n^{1/4} \log^{-1/2} n)$

unter den an B, C und λ gestellten Bedingungen falsch ist ($R(0)$ sei in Analogie zu $R(n)$ definiert). Dazu nehmen wir an, (7) sei richtig und führen dies anhand der folgenden Idee zu einem Widerspruch.

4. Wir »*mitteln*« (6) durch (im Verlaufe dieses Beweises werde für n auch der Wert 0 zugelassen)

(8) $\quad \sum_{n=0}^{\infty} (\sum_{j=0}^{n} R(j))z^n = B \sum_{n=0}^{\infty} nz^n + C \sum_{n=0}^{\infty} n^\lambda z^n + \sum_{n=0}^{\infty} T(n)z^n.$

Die Konvergenz der hier auftretenden Potenzreihen ist für $|z| < 1$ gewährleistet, da $\sum_{n=0}^{\infty} n^\mu z^n$ für jedes μ den Konvergenzradius 1 besitzt. ABELsche *Summation* nach Satz 23.4 mit anschliessendem Grenzübergang ergibt:

$$\sum_{n=0}^{\infty} R(n)z^n = \sum_{n=0}^{\infty} (\sum_{j=0}^{n} R(j))(z^n - z^{n+1}) = (1-z) \sum_{n=0}^{\infty} (\sum_{j=0}^{n} R(j))z^n.$$

Ebenso folgt

$$\frac{z}{1-z} = \sum_{n=1}^{\infty} z^n = \sum_{n=1}^{\infty} n(z^n - z^{n+1}) = (1-z) \sum_{n=0}^{\infty} nz^n.$$

Multiplikation von (8) mit $1-z$ ergibt daher

(9) $\quad \sum_{n=0}^{\infty} R(n)z^n = g(z) + h(z) + k(z),$

wo

(10) $\quad g(z) = Bz(1-z)^{-1}, h(z) = C(1-z) \sum_{n=0}^{\infty} n^\lambda z^n, k(z) = (1-z) \sum_{n=0}^{\infty} T(n)z^n.$

5.   Nun betrachten wir die Reihe

(11) $\quad f(z) = \sum_{j=0}^{\infty} z^{h_j}$

und formen sie (zunächst rein formal) um zu

(12) $\quad f(z) = \sum_{n=0}^{\infty} c_n z^n,$

wobei also c_n angibt, wie oft n in $\mathscr{H}$ auftritt. Dies bedeutet

(13) $\quad c_n \in \mathbb{N} \cup \{0\}$

Nach Annahme (6)–(7) ist insbesondere

$$R(n) \ll n,$$

also auch

$$R(2n) \ll n.$$

Andrerseits ist

$$c_n \leqslant R(n+n)$$

und daher

$$c_n \ll n.$$

§ 12   Der Satz von Erdös-Fuchs

Dies bedeutet aber, dass (12) und somit auch (11) für $|z|<1$ konvergiert und dass die Umformung (12) für eben diese z gestattet ist.

6.   Wegen
$$f^2(z) = \sum_{j_1,j_2=0}^{\infty} z^{h_{j_1}+h_{j_2}} = \sum_{n=0}^{\infty} R(n)z^n$$
lässt sich (9) jetzt auch so schreiben:

(14) $f^2(z) = g(z) + h(z) + k(z)$.

Hieraus folgt für $0 < \rho < 1$ und $0 < \beta \leq \pi$

(15) $\int_{-\beta}^{\beta} |f(\rho e^{iu})|^2 du \leq \int_{-\beta}^{\beta} |g(\rho e^{iu})| du + \int_{-\beta}^{\beta} |h(\rho e^{iu})| du + \int_{-\beta}^{\beta} |k(\rho e^{iu})| du.$

In den folgenden Hilfssätzen leiten wir Abschätzungen der hier auftretenden Integrale her, die zeigen, dass (15) bei geeigneter Wahl von β nicht bestehen kann, sobald ρ »genügend nahe« bei 1 ist. Die in diesen Hilfssätzen auftretenden $\ll$- und O-Konstanten hängen höchstens von $\mathcal{H}$, B, C und λ ab, wenn etwa *bereits* $\rho > \frac{1}{2}$ *angenommen wird. Einzige Ausnahme ist Hilfssatz 3, wo eine Abhängigkeit vom dort auftretenden μ besteht.*

7.   **Hilfssatz 1.**
$$\int_{-\beta}^{\beta} |g(\rho e^{iu})| du \ll \log \frac{1}{1-\rho}.$$

Beweis. Nach (10) ist

(16) $\int_{-\beta}^{\beta} |g(\rho e^{iu})| du \ll \int_{-\pi}^{\pi} |1-\rho e^{iu}|^{-1} du.$

Für den Integranden rechts gewinnen wir aus
$$|1-\rho e^{iu}|^2 = (1-\rho e^{iu})(1-\rho e^{-iu})$$
$$= (1-\rho)^2 + 2\rho(1-\cos u)$$
(17) $\qquad\qquad = (1-\rho)^2 + 4\rho \sin^2 \frac{u}{2}$

und
$$|\sin u| \geq \frac{2}{\pi}|u| \text{ für } |u| \leq \frac{\pi}{2}$$

die Abschätzung
$$(1-\rho e^{iu})^{-1} \ll \text{Min}\,((1-\rho)^{-1}, |u|^{-1}).$$

Deshalb ist

$$\int_{-\pi}^{\pi} |1-\rho e^{iu}|^{-1} du \ll \int_0^{1-\rho} \frac{1}{1-\rho} du + \int_{1-\rho}^{\pi} \frac{1}{u} du$$

(18) $$\ll 1 - \log(1-\rho) \ll \log \frac{1}{1-\rho}.$$

Einsetzen von (18) in (16) liefert jetzt die Behauptung. q.e.d.

8. **Hilfssatz 2.**
$$\int_{-\beta}^{\beta} |h(\rho e^{iu})| du \ll \log \frac{1}{1-\rho}.$$

Beweis. Es ist

$$(1-z)^2 \sum_{n=0}^{\infty} n^\lambda z^n = \sum_{n=0}^{\infty} n^\lambda z^n - \sum_{n=0}^{\infty} 2n^\lambda z^{n+1} + \sum_{n=0}^{\infty} n^\lambda z^{n+2}$$

$$= z + \sum_{n=2}^{\infty} n^\lambda \left(1 - 2\left(1-\frac{1}{n}\right)^\lambda + \left(1-\frac{2}{n}\right)^\lambda\right) z^n.$$

Wegen (24.7) und $\lambda < 1$ folgt weiter

$$(1-z)^2 \sum_{n=0}^{\infty} n^\lambda z^n \ll 1 + \sum_{n=2}^{\infty} n^{\lambda-2} \ll 1.$$

Nach (10) heisst dies

$$h(\rho e^{iu}) \ll |1-\rho e^{iu}|^{-1}$$

und die Behauptung folgt nun sofort aus (18). q.e.d.

9. **Hilfssatz 3.** *Für $\mu > -1$ und $|z| < 1$ gilt*

$$\sum_{n=0}^{\infty} n^\mu z^n \ll (1-|z|)^{-\mu-1}.$$

Beweis. Es ist

$$(-1)^n \binom{-\mu-1}{n} = \frac{(\mu+1)(\mu+2)\ldots(\mu+n)}{n!},$$

also nach Satz 25.3

$$n^\mu \ll (-1)^n \binom{-\mu-1}{n}.$$

Hieraus wiederum kann man auf

§ 12   Der Satz von ERDÖS-FUCHS

$$\sum_{n=0}^{\infty} n^{\mu} z^n \ll \sum_{n=0}^{\infty} (-1)^n \binom{-\mu-1}{n} |z|^n = (1-|z|)^{-\mu-1}$$

schliessen. q.e.d.

10. **Hilfssatz 4.** *Zu jedem $\varepsilon > 0$ existiert ein $\rho_0(\varepsilon) < 1$ derart, dass*

$$\int_{-\beta}^{\beta} |k(\rho e^{iu})| du \ll \varepsilon \beta^{3/2} (1-\rho)^{-3/4} \left(\log \frac{1}{1-\rho} \right)^{-1/2}$$

für $\rho > \rho_0(\varepsilon)$ und $\beta > 1 - \rho$.

Beweis. Nach (10) und CAUCHY-SCHWARZ ist

$$\int_{-\beta}^{\beta} |k(\rho e^{iu})| du = \int_{-\beta}^{\beta} |1 - \rho e^{iu}| |\sum_{n=0}^{\infty} T(n) \rho^n e^{inu}| du$$

(19)
$$\leqslant \{\int_{-\beta}^{\beta} |1 - \rho e^{iu}|^2 du\}^{1/2} \{\int_{-\beta}^{\beta} |\sum_{n=0}^{\infty} T(n) \rho^n e^{inu}|^2 du\}^{1/2}.$$

Der Integrand im ersten Faktor rechts lässt sich wegen (17) durch

$$(1 - \rho e^{iu})^2 \ll (1-\rho)^2 + u^2 \ll \beta^2 + \beta^2 \ll \beta^2$$

abschätzen, so dass

(20) $$\int_{-\beta}^{\beta} |1 - \rho e^{iu}|^2 du \ll \beta^3.$$

11. Unter Benutzung der PARSEVALschen Gleichung (siehe Satz 30.2) lässt sich der zweite Faktor rechts in (19) durch

$$\int_{-\beta}^{\beta} |\sum_{n=0}^{\infty} T(n) \rho^n e^{inu}|^2 du \leqslant \int_{-\pi}^{\pi} |\sum_{n=0}^{\infty} T(n) \rho^n e^{inu}|^2 du$$

(21)
$$\leqslant 2\pi \sum_{n=0}^{\infty} |T(n)|^2 \rho^n = 2\pi (\Sigma_1 + \Sigma_2)$$

mit

$$\Sigma_1 = \sum_{n \leqslant (1-\rho)^{-1/2}} |T(n)|^2 \rho^n,$$

$$\Sigma_2 = \sum_{n > (1-\rho)^{-1/2}} |T(n)|^2 \rho^n$$

abschätzen. Wegen Annahme (7) und Satz 29.4 ist

(22) $$\Sigma_1 \ll \sum_{n \leqslant (1-\rho)^{-1/2}} (n^{1/4})^2 \ll (1-\rho)^{-3/4}.$$

Sei nun $\varepsilon > 0$ vorgegeben. Dann ist nach (7)

$|T(n)| < \varepsilon n^{1/4} \log^{-1/2} n$ für $n > n_0(\varepsilon) > 1$.

Setzen wir daher $\rho_0(\varepsilon) = 1 - n_0^{-2}(\varepsilon)$, so ist für $\rho > \rho_0(\varepsilon)$

$$\Sigma_2 \ll \sum_{n > (1-\rho)^{-1/2}} \varepsilon^2 n^{1/2} (\log^{-1} n) \rho^n$$

$$\ll \varepsilon^2 \left(\log \frac{1}{1-\rho} \right)^{-1} \sum_{n=0}^{\infty} n^{1/2} \rho^n,$$

also wegen Hilfssatz 3

$$\Sigma_2 \ll \varepsilon^2 (1-\rho)^{-3/2} \left(\log \frac{1}{1-\rho} \right)^{-1}.$$

Wird dies und (22) in (21) eingesetzt, so erhält man nach eventueller Vergrösserung von $\rho_0(\varepsilon)$ für $\rho > \rho_0(\varepsilon)$

$$\int_{-\beta}^{\beta} \left| \sum_{n=0}^{\infty} T(n) \rho^n e^{inu} \right|^2 du$$

$$\ll (1-\rho)^{-3/2} \left(\log \frac{1}{1-\rho} \right)^{-1} \left[(1-\rho)^{3/4} \log \frac{1}{1-\rho} + \varepsilon^2 \right]$$

$$\ll \varepsilon^2 (1-\rho)^{-3/2} \left(\log \frac{1}{1-\rho} \right)^{-1},$$

was mit (20) zusammen in (19) berücksichtigt die Behauptung bringt.   q.e.d.

12. **Hilfssatz 5.**

(23) $\quad \int_{-\beta}^{\beta} |f(\rho e^{iu})|^2 du \geq \dfrac{\beta}{3\pi} \int_{-\pi}^{\pi} |f(\rho e^{iu})|^2 du.$

Beweis. Man betrachte die Funktion

$$l(u) = \begin{cases} 1 - \dfrac{|u|}{\beta} & \text{für } |u| < \beta, \\ 0 & \text{für } \beta \leq |u| \leq \pi. \end{cases}$$

Sie ist auf ihrem Definitionsbereich $[-\pi, \pi]$ in eine FOURIER*reihe* (siehe Satz 30.1)

(24) $\quad l(u) = \sum_{m=-\infty}^{\infty} d_m e^{imu}$

entwickelbar. Die FOURIER*koeffizienten* d_m berechnen sich wie folgt:

$$d_0 = \frac{1}{2\pi} \int_{-\pi}^{\pi} l(u) du = \frac{1}{\pi} \int_{0}^{\beta} \left(1 - \frac{u}{\beta} \right) du = \frac{\beta}{2\pi}$$

§ 12 Der Satz von Erdös-Fuchs

und für $m \neq 0$

$$d_m = \frac{1}{2\pi} \int_{-\pi}^{\pi} l(u) e^{-imu} du = \frac{1}{2\pi} \int_{-\beta}^{\beta} \left(1 - \frac{|u|}{\beta}\right) e^{-imu} du$$

$$= \frac{1}{\pi} \int_{0}^{\beta} \left(1 - \frac{u}{\beta}\right) \cos mu \, du$$

$$= \frac{1}{\pi} \left\{ \left[\frac{1}{m}\left(1 - \frac{u}{\beta}\right) \sin mu\right]_0^{\beta} + \frac{1}{\beta m} \int_0^{\beta} \sin mu \, du \right\}$$

$$= \frac{1 - \cos \beta m}{\pi \beta m^2}.$$

Daran erkennt man, dass $d_m \geq 0$ und somit (24) insbesondere *absolut konvergiert*.

13. Nach Definition von $l(u)$ ist

(25) $$\int_{-\beta}^{\beta} |f(\rho e^{iu})|^2 du \geq \int_{-\pi}^{\pi} |l(u) f(\rho e^{iu})|^2 du.$$

Wegen der *absoluten Konvergenz der* FOURIER*entwicklungen* der Funktionen $l(u)$ und $f(\rho e^{iu})$ (man beachte (13)) erhalten wir für deren *Produkt* die FOURIER*entwicklung* (man setze $c_l = 0$ für $l < 0$):

$$l(u) f(\rho e^{iu}) = \sum_{l_1, l_2 = -\infty}^{\infty} d_{l_1} c_{l_2} \rho^{l_2} e^{i(l_1 + l_2)u}$$

$$= \sum_{m=-\infty}^{\infty} \left(\sum_{l_1 + l_2 = m} d_{l_1} c_{l_2} \rho^{l_2} \right) e^{imu}.$$

Daraus folgt unter *mehrmaliger Anwendung der* PARSEVAL*schen Gleichung* (siehe Satz 30.2) und unter Berücksichtigung von $d_l, c_l, \rho \geq 0$:

$$\int_{-\pi}^{\pi} |l(u) f(\rho e^{iu})|^2 du = 2\pi \sum_{m=-\infty}^{\infty} \left(\sum_{l_1 + l_2 = m} d_{l_1} c_{l_2} \rho^{l_2} \right)^2$$

$$\geq 2\pi \sum_{m=-\infty}^{\infty} \left(\sum_{l_1 + l_2 = m} d_{l_1}^2 c_{l_2}^2 \rho^{2l_2} \right)$$

$$= 2\pi \left(\sum_{m=-\infty}^{\infty} d_m^2 \right) \left(\sum_{m=-\infty}^{\infty} c_m^2 \rho^{2m} \right)$$

$$= \frac{1}{2\pi} \left(\int_{-\pi}^{\pi} |l(u)|^2 du \right) \left(\int_{-\pi}^{\pi} |f(\rho e^{iu})|^2 du \right).$$

Da zudem

$$\int_{-\pi}^{\pi} |l(u)|^2 du = 2 \int_0^{\beta} \left(1 - \frac{u}{\beta}\right)^2 du = \frac{2}{3}\beta,$$

ist jetzt die Gültigkeit von (23) wegen (25) ersichtlich. q.e.d.

14. **Hilfssatz 6.**

$$\beta(1-\rho)^{-1/2} \ll \int_{-\beta}^{\beta} |f(\rho e^{iu})|^2 du.$$

Beweis. Anwendung der PARSEVALschen *Gleichung* und Berücksichtigung von (13) ergibt

(26) $\quad \int_{-\pi}^{\pi} |f(\rho e^{iu})|^2 du = 2\pi \sum_{n=0}^{\infty} c_n^2 \rho^{2n} \geqslant 2\pi \sum_{n=0}^{\infty} c_n \rho^{2n} = 2\pi f(\rho^2).$

Andrerseits ist nach (14) und Hilfssatz 3

$$f^2(\rho^2) = g(\rho^2) + h(\rho^2) + k(\rho^2)$$
$$= B\rho^2(1-\rho^2)^{-1} + O((1-\rho^2)(1-\rho^2)^{-\lambda-1})$$
$$+ O((1-\rho^2)(1-\rho^2)^{-1/4-1}).$$

Die Bedingungen $B > 0$ und $\lambda < 1$ erlauben daraus den Schluss

$$f^2(\rho^2)(1-\rho) = \frac{B}{2} + o(1), (1-\rho)^{-1/2} \ll f(\rho^2).$$

Mit (26) zusammen ist das der zu beweisende Hilfssatz für den Fall $\beta = \pi$. Daraus folgt der allgemeine Fall sofort, wenn man Hilfssatz 5 berücksichtigt.
q.e.d.

15. Der in Absatz 3 angekündigte Widerspruch entsteht jetzt folgendermassen. Werden auf die in (15) auftretenden Integrale die Hilfssätze 1, 2, 4 und 6 angewendet, so erhält man: Zu jedem $\varepsilon > 0$ existiert $\rho_0(\varepsilon) < 1$ derart, dass

(27) $\quad \beta(1-\rho)^{-1/2} < K\left(\log \frac{1}{1-\rho} + \varepsilon \beta^{3/2}(1-\rho)^{-3/4}\left(\log \frac{1}{1-\rho}\right)^{-1/2}\right),$

sobald $\rho > \rho_0(\varepsilon)$ und $\beta > 1 - \rho$, mit einer von ε, β und ρ unabhängigen Zahl $K > 0$. Die »*Optimierungsbedingung*«

$$\log \frac{1}{1-\rho} = \varepsilon \beta^{3/2}(1-\rho)^{-3/4}\left(\log \frac{1}{1-\rho}\right)^{-1/2}$$

ist genau für

§ 13   Das Teilerproblem

(28) $\quad \beta = \varepsilon^{-2/3}(1-\rho)^{1/2} \log \dfrac{1}{1-\rho}$

erfüllt. Diese Wahl von β ist statthaft, da nach eventueller Vergrösserung von $\rho_0(\varepsilon)$ die Bedingung $1-\rho < \beta \leqslant \pi$ für $\rho > \rho_0(\varepsilon)$ sicher erfüllt ist. Aus (27) und (28) resultiert aber

$$\varepsilon > (2K)^{-3/2}$$

was der freien Wahl von $\varepsilon > 0$ widerspricht. Die Annahme (6)–(7) war also falsch, d.h. der Satz von ERDÖS-FUCHS ist richtig. q.e.d.

§ 13 Das Teilerproblem

1. Das *Teilerproblem* ist eine *Variante des Kreisproblems*. Es ensteht dadurch, dass der Kreis durch das »*Hyperbeldreieck*«

(1) $\quad \mathcal{H}(t) = \{(u,v) \mid uv \leqslant t \text{ und } u,v \geqslant 1\}$

ersetzt wird. Man interessiert sich also mit anderen Worten für die Gitterpunktsanzahl (vgl. Figur 4)

(2) $\quad D(t) = \# \{(x,y) \mid xy \leqslant t \text{ und } x,y \geqslant 1\}$.

Durch Sortieren der Gitterpunkte aus $\mathcal{H}(t)$ nach den jeweils gleichen Produkten $xy = n$ erhält man

(3) $\quad D(t) = \sum\limits_{n \leqslant t} \sum\limits_{d \mid n} 1 = \sum\limits_{n \leqslant t} \tau(n)$.

Damit ist eine Analogie zu

$$A(t) = 1 + \sum_{n \leqslant t} r(n)$$

(siehe Absatz 4.9) hergestellt.

2. Eine erste Aussage über $D(t)$ erhält man durch »*kolonnenweises*« *Abzählen* (siehe Satz 29.2)

(4) $\quad D(t) = \sum\limits_{n \leqslant t} \sum\limits_{d \leqslant t/n} 1 = \sum\limits_{n \leqslant t} \left[\dfrac{t}{n}\right] = \sum\limits_{n \leqslant t} \dfrac{t}{n} + O(t) = t \log t + O(t)$.

Dieses Resultat lässt sich leicht verbessern zu

Satz 1.

(5) $\quad D(t) = t \log t + (2\gamma - 1)t + O(\sqrt{t})$.

Beweis. Wir gehen ähnlich vor wie bei der Abzählung von $E(t)$ im Beweis von

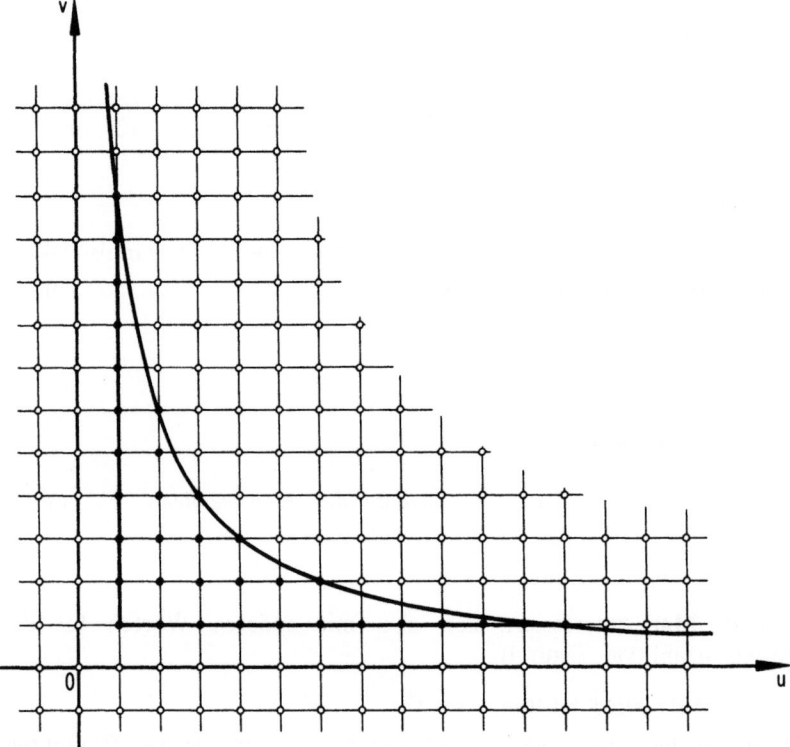

Figur 4.

Satz 9.2: »*kolonnenweises*« Abzählen bis $u = \sqrt{t}$, »*zeilenweises*« Abzählen bis $v = \sqrt{t}$ und *Kompensation der doppelt gezählten Gitterpunkte* im Quadrat $\{(u,v) \mid 1 \leqslant u, v \leqslant \sqrt{t}\}$ (siehe Satz 29.2):

$$D(t) = \sum_{n \leqslant \sqrt{t}} \left[\frac{t}{n}\right] + \sum_{n \leqslant \sqrt{t}} \left[\frac{t}{n}\right] - [\sqrt{t}]^2$$

$$= 2 \sum_{n \leqslant \sqrt{t}} \frac{t}{n} - t + O(\sqrt{t})$$

$$= 2t\left(\log\sqrt{t} + \gamma + O\left(\frac{1}{\sqrt{t}}\right)\right) - t + O(\sqrt{t}). \qquad \text{q.e.d.}$$

3.   Eine abermalige Verbesserung von (5) ist nicht mehr ohne weiteres zu gewinnen. Es stellt sich vielmehr wie beim Kreis das *schwierige Problem* (sog. *Teilerproblem* oder DIRICHLET*sches Teilerproblem*),

§ 13   Das Teilerproblem

(6) $\vartheta = \inf\{\xi \mid D(t) = t \log t + (2\gamma - 1)t + O(t^\xi)\}$

zu bestimmen. Bis jetzt wissen wir nur

(7) $\vartheta \leq \dfrac{1}{2}.$

Als Gegenstück dazu zeigen wir

(8) $\vartheta \geq 0.$

Wäre nämlich $\vartheta < 0$, so hätte man insbesondere

$$\lim_{t \to +\infty} (D(t) - t \log t - (2\gamma - 1)t) = 0.$$

Nimmt man hier anstelle von t das eine Mal n, das andere Mal $n + \tfrac{1}{2}$ und subtrahiert, so kommt unter Berücksichtigung von $D(n) = D(n + \tfrac{1}{2})$

$$\lim_{n \to \infty} \left(\left(n + \tfrac{1}{2}\right) \log \left(n + \tfrac{1}{2}\right) - n \log n \right) = \tfrac{1}{2}(2\gamma - 1)$$

heraus. In Wirklichkeit ist aber

$$\left(n + \tfrac{1}{2}\right) \log \left(n + \tfrac{1}{2}\right) - n \log n > \tfrac{1}{2} \log n.$$

Darum stimmt (8).

4. Eine Verbesserung von (7) ist

(9) $\vartheta \leq \dfrac{1}{3}.$

Sie ist enthalten im

Satz 2.

$$D(t) = t \log t + (2\gamma - 1)t + O(t^{1/3} \log t).$$

Beweis. Wir rechnen im Beweis von Satz 1 »genauer« (siehe Satz 29.2):

$$D(t) = 2 \sum_{n \leq \sqrt{t}} \left[\frac{t}{n}\right] - [\sqrt{t}]^2$$

$$= 2 \sum_{n \leq \sqrt{t}} \left(\frac{t}{n} - \psi\left(\frac{t}{n}\right) - \frac{1}{2}\right) - \left(\sqrt{t} - \psi(\sqrt{t}) - \frac{1}{2}\right)^2$$

$$= 2t \sum_{n \leq \sqrt{t}} \frac{1}{n} - 2 \sum_{n \leq \sqrt{t}} \psi\left(\frac{t}{n}\right) - \sqrt{t} - (t - 2\sqrt{t}\psi(\sqrt{t}) - \sqrt{t}) + O(1)$$

$$= 2t(\log \sqrt{t} + \gamma - \psi(\sqrt{t})t^{-1/2} + O(t^{-1}))$$

$$-2\sum_{n\leqslant\sqrt{t}}\psi\left(\frac{t}{n}\right)-t+2\sqrt{t}\psi(\sqrt{t})+O(1)$$

(10) $$=t\log t+(2\gamma-1)t-2\sum_{n\leqslant\sqrt{t}}\psi\left(\frac{t}{n}\right)+O(1).$$

5. Entscheidend ist nun offenbar eine nicht triviale Abschätzung des dritten Summanden rechts in (10). Eine solche Abschätzung ist möglich unter Benutzung des Resultates: Für $0<a<b$ und $0<2tb^{-3}\leqslant 1$ gilt

(11) $$\sum_{a\leqslant n\leqslant b}\psi\left(\frac{t}{n}\right)\ll(a^{-2}-b^{-2})t^{1/3}b^2+t^{-1/2}b^{3/2}.$$

Dies ist eine einfache Anwendung des Satzes 9.1. Man nehme nämlich dort $f(u)=t/u$ auf $[a,b]$. Wegen $f'(u)=-t/u^2$, $f''(u)=2t/u^3\geqslant 2tb^{-3}$ ist die Wahl $\lambda=2tb^{-3}$ statthaft. Der Rest ist Einsetzen (geschwiegen wird später).

6. Es sei L für $t\geqslant 2^6$ die grösste natürliche Zahl mit $2^{-L}\sqrt{t}\geqslant t^{1/3}$, d.h.

$$L=L(t)=\left[\frac{\log t}{6\log 2}\right],$$

also

(12) $L\ll \log t$.

Mit Hilfe von L nehmen wir folgende Zerlegung der Abzuschätzenden Summe vor:

$$\sum_{n\leqslant\sqrt{t}}\psi\left(\frac{t}{n}\right)=\sum_{n\leqslant 2^{-L}\sqrt{t}}\psi\left(\frac{t}{n}\right)+\sum_{l=1}^{L}\sum_{2^{-l}\sqrt{t}<n\leqslant 2^{-l+1}\sqrt{t}}\psi\left(\frac{t}{n}\right)$$

$$=\sum_{l=1}^{L}\sum_{2^{-l}\sqrt{t}\leqslant n\leqslant 2^{-l+1}\sqrt{t}}\psi\left(\frac{t}{n}\right)+O(2^{-L}\sqrt{t})+O(L).$$

Nach Definition von L ist $2^{-L}\sqrt{t}<2t^{1/3}$, so dass auch (man beachte (12)):

(13) $$\sum_{n\leqslant\sqrt{t}}\psi\left(\frac{t}{n}\right)=\sum_{l=1}^{L}\sum_{2^{-l}\sqrt{t}\leqslant n\leqslant 2^{-l+1}\sqrt{t}}\psi\left(\frac{t}{n}\right)+O(t^{1/3}).$$

Auf die innere Summe rechts kann (11) angewendet werden. Denn es ist wegen $2^{-l}\sqrt{t}\geqslant t^{1/3}$ für $l=1,2,...,L$

$$2t(2^{-l+1}\sqrt{t})^{-3}<\frac{1}{4}t(2^{-l}\sqrt{t})^{-3}\leqslant\frac{1}{4}tt^{-1}<1.$$

Diese Tatsache führt zu

$$\sum_{2^{-l}\sqrt{t} \leq n \leq 2^{-l+1}\sqrt{t}} \psi\left(\frac{t}{n}\right) \ll (2^{2l}t^{-1} - 2^{2l-2}t^{-1})t^{1/3} \, 2^{-2l+2}t + t^{-1/2}t^{3/4}$$

$$\ll t^{1/3}.$$

Damit hat man wegen (13) und (12)

$$\sum_{n \leq \sqrt{t}} \psi\left(\frac{t}{n}\right) \ll t^{1/3}L + t^{1/3} \ll t^{1/3} \log t,$$

also wegen (10) in der Tat den Satz 2. q.e.d.

7. Es sind *Verbesserungen von Satz 2* bekannt. Näheres dazu in den Anmerkungen. Die bislang beste *Abschätzung von ϑ nach unten* lautet:

(14) $\quad \vartheta \geq \dfrac{1}{4}.$

Dieses Resultat wurde ursprünglich mit einer speziell für das Teilerproblem zugeschnittenen Methode hergeleitet, auf die an passender Stelle (siehe Absätze 17.11–13) noch eingegangen wird. Heute kann aber (14) anhand des folgenden Analogons zum Satze von ERDÖS-FUCHS, das wir hier nicht beweisen, unmittelbar eingesehen werden.

Satz 3. *Für die Folge*

$$h_1, h_2, h_3, \ldots$$

komplexer Zahlen gelte mit einem $\delta > 0$

(15) $\quad \sum\limits_{n \leq t} h_n = t + O(t^{1/2 - \delta}).$

Dann ist für jede Konstante C und jedes $\varepsilon > 0$

$$\sum_{nn' \leq t} h_n h_{n'} = t \log t + Ct + \Omega(t^{1/4 - \varepsilon}).$$

Wird in diesem Satz $h_n = 1$ genommen, so ist (15) sogar für $\delta = \tfrac{1}{2}$ richtig und es kommt mit $C = 2\gamma - 1$

(16) $\quad D(t) = t \log t + (2\gamma - 1)t + \Omega(t^{1/4 - \varepsilon})$

für jedes $\varepsilon > 0$, also (14) heraus.

§ 14 Weitere Gitterpunktprobleme der Ebene

1. Neben dem Teilerproblem gibt es *weitere, interessante Varianten des Kreisproblems*. Wir bringen dafür einige Beispiele. Da die meisten dieser

Beispiele selbst wieder zu *umfangreichen, spezifischen Theorien* führen, handeln wir sie *oft nur in Form eines Berichtes* ab. Wer sich für die ausführliche Begründung der zitierten Resultate interessiert, findet in den Anmerkungen nähere Angaben. Im übrigen werden die *Übergänge zu höherdimensionalen Gittern nicht berücksichtigt*. Ihnen sind nämlich die *folgenden Kapitel gewidmet*.

2. Ist $g(x,y)$ eine auf der Menge der Gitterpunkte definierte reelle oder komplexwertige Funktion, so betrachten wir anstelle von $A(t)$

(1) $\quad A_g(t) = \sum\limits_{(x,y) \in \mathcal{K}(t)} g(x,y),$

wobei wie früher

$$\mathcal{K}(t) = \{(u,v) \mid u^2 + v^2 \leq t\}.$$

(1) ist offenbar eine Verallgemeinerung von $A(t)$. Sie kann so interpretiert werden, dass in

$$A(t) = \sum_{(x,y) \in \mathcal{K}(t)} 1$$

die Zählfunktion unter dem Summenzeichen mit $g(x,y)$ multipliziert wird, dass also die *Gitterpunkte mit Gewichten* versehen werden. Nimmt $g(x,y)$ nur die Werte 0 oder 1 an, so läuft das darauf hinaus, dass bei der Abzählung *nur gewisse, ausgezeichnete Gitterpunkte berücksichtigt* werden. Dieser Fall ist aber nur dann von Interesse, falls die Werte 0 und 1 unendlich oft auftreten. Denn sonst ist $A_g(t)$ bzw. $A_g(t) - A(t)$ von einem gewissen t an konstant.

3. Als erste Illustration betrachten wir den Fall

$$g(x,y) = \begin{cases} 1, & \text{falls } (x;y) = 1 \\ 0, & \text{sonst.} \end{cases}$$

In der dazugehörigen Anzahlfunktion $A_g(t)$ (sie wird im folgenden mit $B(t)$ bezeichnet) werden also nur die *Gitterpunkte mit teilerfremden Koordinaten* berücksichtigt. Das Verhalten von $B(t)$ für $t \to +\infty$ kann auf das entsprechende Verhalten von $A(t)$ zurückgeführt werden. Dies beruht auf dem folgenden Zusammenhang zwischen den sich entsprechenden Darstellungen

(2) $\quad A(t) = 1 + \sum\limits_{n \leq t} r(n)$

(siehe Absatz 4.9) und

(3) $\quad B(t) = \sum\limits_{n \leq t} \rho(n)$

(siehe Absatz 2.1). Nach (2.1) ist

$$\sum_{n \leq t} r(n) = \sum_{n \leq t} \sum_{d^2 \mid n} \rho\left(\frac{n}{d^2}\right) = \sum_{d^2 k \leq t} \rho(k) = \sum_{n \leq \sqrt{t}} \sum_{k \leq t/n^2} \rho(k),$$

§ 14   Weitere Gitterpunktprobleme der Ebene

also wegen (2) und (3)

$$A(t)-1 = \sum_{n \leq \sqrt{t}} B\left(\frac{t}{n^2}\right).$$

Daraus folgt durch *Anwendung der* MÖBIUS*umkehrung*

$$B(t) = \sum_{n \leq \sqrt{t}} \mu(n)\left(A\left(\frac{t}{n^2}\right)-1\right).$$

Nun ist aber nach Satz 9.2

$$A\left(\frac{t}{n^2}\right) = \pi \frac{t}{n^2} + O(t^{1/3} n^{-2/3}),$$

also

$$B(t) = \pi t \sum_{n \leq \sqrt{t}} \frac{\mu(n)}{n^2} + O(t^{1/3} \sum_{n \leq \sqrt{t}} n^{-2/3})$$

und daher

$$B(t) = \pi t \left(M + O\left(\frac{1}{\sqrt{t}}\right)\right) + O(t^{1/3} t^{1/6})$$

mit

$$M = \sum_{n=1}^{\infty} \frac{\mu(n)}{n^2}.$$

Wegen

$$\frac{\pi^2}{6} M = \left(\sum_{n=1}^{\infty} \frac{1}{n^2}\right)\left(\sum_{n=1}^{\infty} \frac{\mu(n)}{n^2}\right) = \sum_{n=1}^{\infty} \left(\sum_{d|n} \mu(d)\right) \frac{1}{n^2} = 1$$

gibt das den

Satz 1.

$$B(t) = \frac{6}{\pi} t + O(\sqrt{t}).$$

4.   Es sei zweitens

$$g(x,y) = \begin{cases} 1, \text{ falls } \sqrt{x^2+y^2} \in \mathbb{N} \cup \{0\} \\ 0, \text{ sonst.} \end{cases}$$

In der dazugehörigen Anzahlfunktion $A_g(t)$ (sie wird im folgenden mit $C(t)$ bezeichnet) werden also nur diejenigen Gitterpunkte gezählt, deren *Abstand vom*

Nullpunkt ganzzahlig ist. Hier wird das Analogon zu (2) durch

(4) $\quad C(t) = 1 + \sum_{n \leqslant t} r(n^2)$

gegeben. Über (4.1) kann der folgende Zusammenhang mit dem Kreisproblem hergestellt werden: Ist

$$A(t) = \pi t + O(t^\xi) \text{ mit } 0 < \xi \leqslant \frac{1}{2},$$

so ist

$$C(t) = \frac{4}{\pi} t \log t + \kappa t + O(t^{\frac{1}{2-\xi}})$$

mit einer positiven Konstanten κ. Stützt man sich auf Satz 9.2, so gelangt man unmittelbar zum

Satz 2.

$$C(t) = \frac{4}{\pi} t \log t + \kappa t + O(t^{3/5}),$$

wobei κ eine positive Konstante ist.

Unter Einsatz tiefliegender Hilfsmittel kann der O-Term zu

(5) $\quad O(t^{1/2} \log^{-n} t)$ für alle n

verschärft werden.

5. Eine besonders interessante Gewichtung erhält man auf die folgende Weise: Ist $h(u)$ diejenige periodische Funktion mit der Periode 1, die für $0 < u \leqslant 1$ durch

$$h(u) = \begin{cases} 1, \text{ falls } 0 < u < \frac{1}{2} \\ 0, \text{ falls } \frac{1}{2} \leqslant u \leqslant 1 \end{cases}$$

festgelegt ist, so sei für $0 \leqslant \omega < 1$ die Gewichtsfunktion $g_\omega(x,y)$ gegeben durch

$$g_\omega(x,y) = h(\sqrt{x^2 + y^2} - \omega).$$

In der dazugehörigen Anzahlfunktion

$$D_\omega(t) = \sum_{(x,y) \in \mathscr{K}(t)} g_\omega(x,y)$$

(6) $\quad = h(-\omega) + \sum_{n \leqslant t} h(\sqrt{n} - \omega) r(n)$

werden offenbar nur diejenigen Gitterpunkte von $\mathscr{K}(t)$ gezählt, die in den *konzentrischen Kreisringen*

§ 14 Weitere Gitterpunktprobleme der Ebene 75

(7) $\quad \left\{ (u,v) \mid \omega + j < \sqrt{u^2 + v^2} < \omega + j + \frac{1}{2} \right\}$

mit der *konstanten Breite* $\frac{1}{2}$ und dem *konstanten Abstand* $\frac{1}{2}$ liegen (siehe Figur 5, wo diese Kreisringe schraffiert sind); je nach Wahl von ω kommt noch der Nullpunkt hinzu.

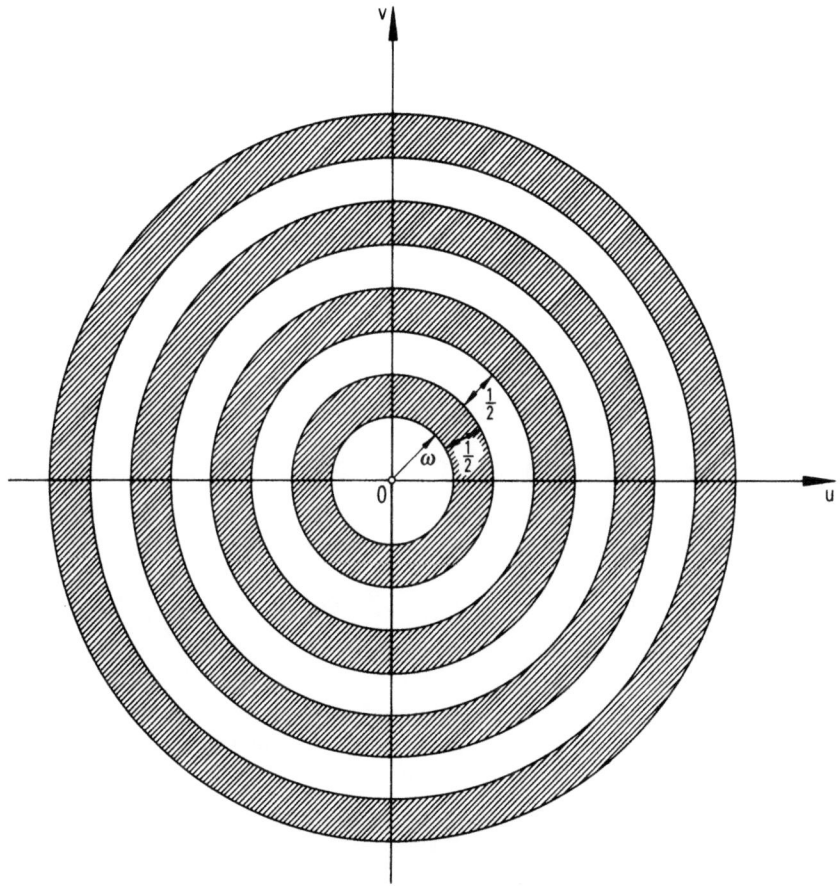

Figur 5.

Die Anzahl der dadurch in $\mathcal{K}(t)$ *nicht* gezählten Gitterpunkte ist

$E_\omega(t) = A(t) - D_\omega(t)$.

Aufgrund der Konstruktion wird man erwarten, das $D_\omega(t)$ und $E_\omega(t)$ asymptotisch je gleich der Hälte von $A(t)$ ist. In der Tat gilt

$$D_\omega(t) = \frac{\pi}{2} t + o(t) \text{ und } E_\omega(t) = \frac{\pi}{2} t + o(t).$$

Eine *differenziertere Betrachtungsweise* führt jedoch zu

Satz 3. *Es gilt*

$$D_\omega(t) = \frac{\pi}{2}t + l(\omega)t^{3/4} + O(t^{5/8})$$

mit der nicht-konstanten, stetigen Funktion

$$l(\omega) = \frac{4}{3\pi} \sum_{j=0}^{\infty} \frac{r((2j+1)^2)}{(2j+1)^{3/2}} \cos\left(\frac{\pi}{4} + 2\pi(2j+1)\omega\right).$$

Dieses Ergebnis ist ziemlich überraschend, besagt es doch, dass die *Verteilung der Gitterpunkte auf unsere Kreisringe* (7) *von der »Phase« ω abhängt*. Besonders prägnant wird diese Tatsache, wenn man diejenige Phase $\omega = \omega_0$ betrachtet, für die $l(\omega)$ maximal wird. Numerische Rechnungen zeigen, dass ω_0 »in der Nähe« von 0 liegt und dass $l(\omega)$ rechts von ω_0 »besonders stark« abfällt. Dies bedeutet, dass die Gitterpunkte in den Kreisringen

$$\{(u,v) | \omega_0 + j < \sqrt{u^2 + v^2} < \omega_0 + j + \varepsilon\}$$

bei kleinem ε »*besonders dicht liegen*«.

6. Wir bringen ein letztes Beispiel für (1). Für $j < d$ sei

$$g_{j,d}(x,y) = \begin{cases} 1, \text{ falls } x^2 + y^2 \equiv j \bmod d \\ 0, \text{ sonst.} \end{cases}$$

Die zugehörige Anzahlfunktion (hier mit $F_{j,d}(t)$ bezeichnet) kann offenbar auf die Gestalt

$$F_{j,d}(t) = \delta(j) + \sum_{n \leq t, n \equiv j \bmod d} r(n)$$

gebracht werden mit $\delta(0) = 1$ und $\delta(j) = 0$ sonst. Damit ergibt sich gewissermassen eine »*Übertragung des Kreisproblems auf arithmetische Folgen*«. Hier gilt

Satz 4. *Es ist für jedes $\varepsilon > 0$*

$$F_{j,d}(t) = A(j,d)t + O(t^{2/3 + \varepsilon}),$$

wobei $A(j,d)$ nur von j und d abhängt.

$A(j,d)$ lässt sich zwar explizit angeben, jedoch ist die entsprechende Formel nur in gewissen Spezialfällen einigermassen übersichtlich. So ist etwa für $d \not\equiv 0$ mod 4

$$A(1,d) = \frac{\pi}{d} \prod_{p | d} \left(1 - \frac{\chi(d)}{p}\right),$$

während im Falle $d \equiv 0$ mod 4 die rechte Seite noch mit dem Faktor 2 versehen werden muss. Im übrigen besagt dieser Satz, dass wie im vorigen Absatz »*ungleichförmige*« *Verteilung der Gitterpunkte* vorliegt.

§ 14 Weitere Gitterpunktprobleme der Ebene

7. Wir kommen nun zu denjenigen Varianten des Kreisproblems, für die wir bereits ein Beispiel (Teilerproblem) kennen: Der *Kreis* wird durch ein *anderes Gebiet* ersetzt. Dabei wird der Fall »*Ellipse statt Kreis*« ausser acht gelassen, da darüber in Kapitel 4 die Rede sein wird.

8. Für $a,b > 0$ bezeichen $G_{a,b}(t)$ die Anzahl der Gitterpunkte im *rechtwinkligen Dreieck* (siehe Figur 6)

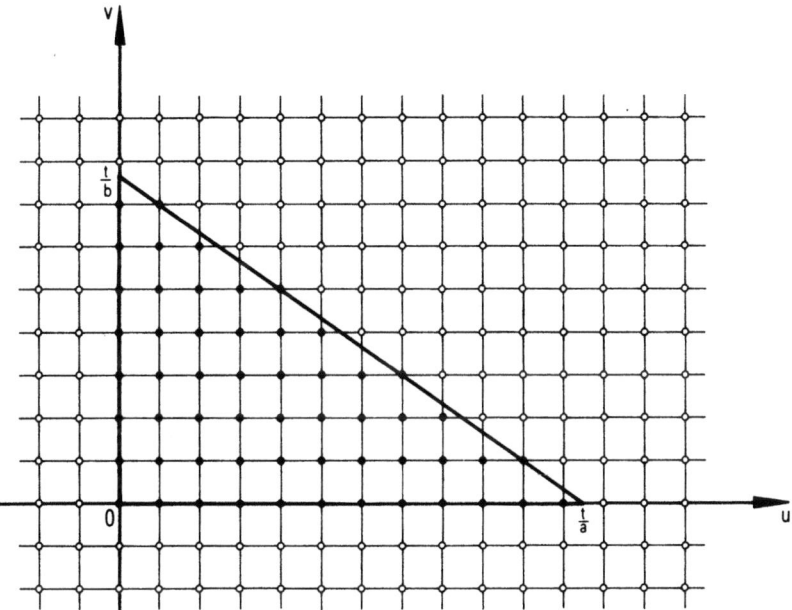

Figur 6.

(8) $\quad \mathcal{D}_{a,b}(t) = \{(u,v) \mid au + bv \leqslant t, u \geqslant 0 \text{ und } v \geqslant 0\}.$

Wir interessieren uns also mit anderen Worten für die *Lösungszahl der* DIOPHANT*ischen Ungleichung*

$$ax + by \leqslant t$$

unter der *Nebenbedingung*: $x \geqslant 0$ und $y \geqslant 0$.

9. Eine erste Aussage über $G_{a,b}(t)$ erhält man durch *senkrechtes Abzählen* der Gitterpunkte:

$$G_{a,b}(t) = \sum_{j \leqslant t/a} \left(\left[\frac{t - aj}{b} \right] + 1 \right).$$

Nach Definition von $\psi(u)$ ist auch

$$G_{a,b}(t) = \sum_{j \leq t/a} \left(\frac{t-aj}{b} + \psi\left(\frac{aj-t}{b}\right) + \frac{1}{2} + \delta(j) \right)$$

mit

(9) $\delta(j) = \begin{cases} 1, \text{ falls } \frac{t-aj}{b} \in \mathbb{N} \cup \{0\} \\ 0, \text{ sonst.} \end{cases}$

Eine kleinere Rechnung führt schliesslich zu

$$G_{a,b}(t) = \frac{t^2}{2ab} + \frac{1}{2}\left(\frac{1}{a}+\frac{1}{b}\right)t + \sum_{j \leq t/a} \delta(j) + D(t) + O(1)$$

mit

(10) $D(t) = \sum_{j \leq t/a} \psi\left(\frac{aj-t}{b}\right).$

Nach (9) ist genau dann $\delta(j) = 1$, wenn der auf der Hypothenuse von (8) liegende Punkt mit der Abszisse j ein Gitterpunkt ist. Darum ist auch

$$G_{a,b}(t) = \frac{t^2}{2ab} + \frac{1}{2}\left(\frac{1}{a}+\frac{1}{b}\right)t + r_{a,b}(t) + D(t) + O(1),$$

wobei $r_{a,b}(t)$ die Anzahl der auf der Hypothenuse von (8) liegenden Gitterpunkte bezeichnet.

10. Benutzt man zunächst die trivialen Abschätzungen

$r_{a,b}(t) = O(t), D(t) = O(t),$

so kommt

$$G_{a,b}(t) = \frac{t^2}{2ab} + O(t)$$

heraus. Da hier der Hauptterm gleich dem Inhalt von (8) ist, haben wir also auch hier wie ursprünglich beim Kreisproblem als *erste Approximation* für $G_{a,b}(t)$: »*Inhalt plus Fehler von der Ordnung des Randes*«. Diese Aussage kann man *ohne weitere Voraussetzungen nicht verschärfen*. Denn ist a/b rational, so ist (o.E.d.A. $a,b \in \mathbb{N}$ und $(a;b) = 1$ vorausgesetzt):

$$r_{a,b}(abn) = \#\left\{j \,\Big|\, an - \frac{a}{b}j \in \mathbb{N} \cup \{0\}\right\} = n+1,$$

also

$$G_{a,b}(abn) = \frac{1}{2}((an+1)(bn+1)+n+1) = \frac{(abn)^2}{2ab} + \Omega(abn)$$

§ 14   Weitere Gitterpunktprobleme der Ebene

und damit erst recht

$$G_{a,b}(t) = \frac{t^2}{2ab} + \Omega(t).$$

Ist hingegen a/b *irrational*, so liegt auf der Hypothenuse von (8) *höchstens ein Gitterpunkt*, so dass dann

$$G_{a,b}(t) = \frac{t^2}{2ab} + \frac{1}{2}\left(\frac{1}{a} + \frac{1}{b}\right)t + D(t) + O(1).$$

Es stellt sich daher jetzt die Aufgabe, nach möglichen nicht-trivialen Abschätzungen der Summe (10) zu suchen. Dies führt in die Theorie der sog. DIOPHANTischen *Approximationen* (über diesen Begriff orientiere man sich in den Anmerkungen). Auf diese Weise kann tatsächlich eine Verschärfung erzielt werden, nämlich:

Satz 5. *Ist a/b irrational, so gilt*

$$G_{a,b}(t) = \frac{t^2}{2ab} + \frac{1}{2}\left(\frac{1}{a} + \frac{1}{b}\right)t + o(t).$$

Man kann zeigen, dass die hier angegebene Ordnung des Restgliedes ohne weitere Voraussetzung über a/b nicht verbessert werden kann. Ist aber z.B. in der (von selbst unendlichen) *Kettenbruchentwicklung* von a/b die *Folge der Teilnenner* (über diesen Begriff orientiere man sich in den Anmerkungen) *beschränkt*, so kann $o(t)$ durch $O(\log t)$ ersetzt werden.

11.   Es bezeichne $H_k(t)$ für $k \geq 2$ die Anzahl der in dem von der sog. LAMEschen *Kurve* $|u|^k + |v|^k = t$ berandeten Gebiet

(11) $\{(u,v) \mid |u|^k + |v|^k \leq t\}$

liegenden Gitterpunkte (siehe Figur 7, die den Fall $k=3$ und $t=432$ zeigt). Ist $k=2$, so stossen wir auf das Kreisproblem. Es sei deshalb jetzt $k \geq 3$. Auch hier ist wieder das Prinzip »*Flächeninhalt plus Fehler von der Ordnung des Randes*« anwendbar, das heisst es gilt

$$H_k(t) = I(k)t^{\frac{2}{k}} + O(t^{\frac{1}{k}}),$$

wo

$$I(k) = 4\int_0^1 \sqrt[k]{1-u^k}\, du = \frac{2\Gamma^2(1/k)}{k\Gamma(2/k)}.$$

Bezüglich der *Verschärfung der Restabschätzung* gilt

Satz 6. *Für $k \geq 3$ ist*

$$H_k(t) = I(k)t^{\frac{2}{k}} + O(t^{\frac{1}{k} - \frac{1}{k^2}})$$

und

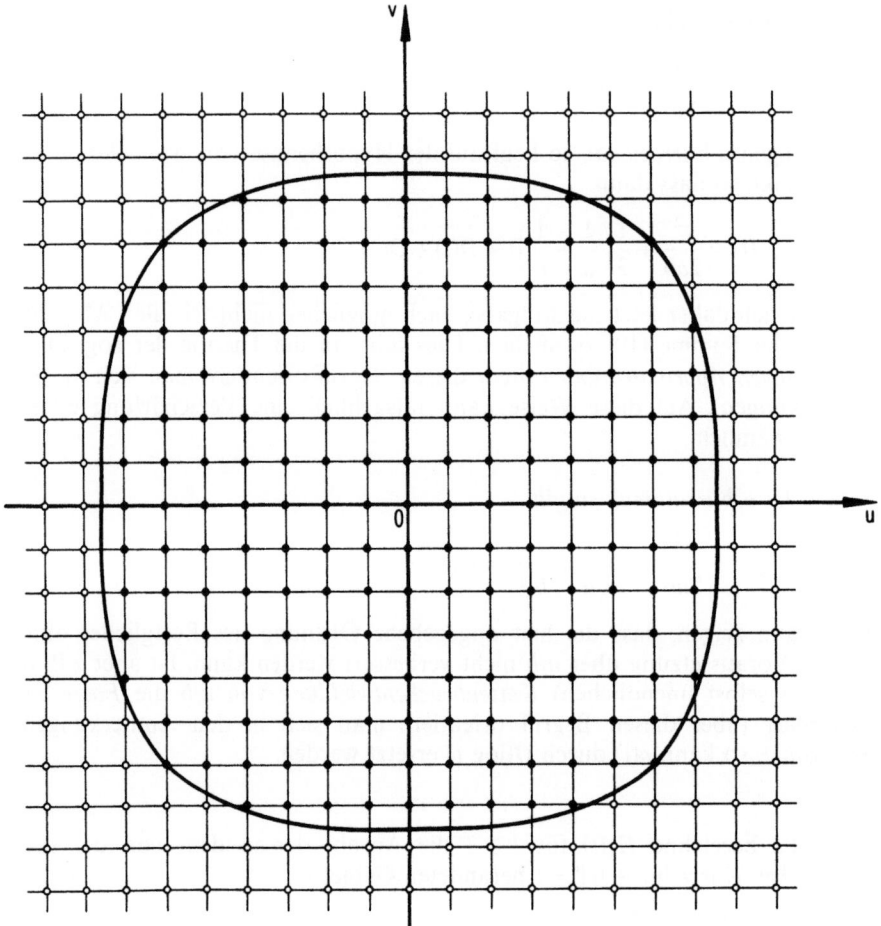

Figur 7.

$$H_k(t) = I(k)t^{\frac{2}{k}} + \Omega(t^{\frac{1}{k}-\frac{1}{k^2}}).$$

Dieses Resultat ist *einigermassen überraschend*, ist doch damit der *Fall $k \geqslant 3$* im Gegensatz zum Fall $k = 2$ *gelöst*. Im übrigen ist Satz 6 sogar für beliebiges reelles $k \geqslant 3$ richtig. Schlüssel für den Beweis ist die Herstellung einer *Entwicklung des Restes*

$$H_k(t) - I(k)t^{\frac{2}{k}}$$

nach einer Abart der BESSEL *funktionen*, wobei im Falle $k = 3$ einige zusätzliche Überlegungen notwendig sind.

§ 14   Weitere Gitterpunktprobleme der Ebene

12. Schliesslich sei $L(t)$ die Anzahl der Gitterpunkte im »*Parabeldreieck*«

$$\left\{(u,v) \mid 0 \leqslant u \leqslant t \text{ und } 0 \leqslant v \leqslant \frac{u^2}{t}\right\}$$

Zunächst folgt

$$L(t) = 1 + \sum_{n \leqslant t}\left(\left[\frac{n^2}{t}\right] + 1\right) = \frac{1}{t}\sum_{n \leqslant t} n^2 + \frac{1}{2}t - \sum_{n \leqslant t} \psi\left(\frac{n^2}{t}\right) + O(1),$$

also wegen Satz 29.3

$$L(t) = \frac{t^2}{3} + \left(\frac{1}{2} - \psi(t)\right)t - W(t) + O(1)$$

mit

$$W(t) = \sum_{n \leqslant t} \psi\left(\frac{n^2}{t}\right).$$

Anhand der trivialen Abschätzung $W(t) = O(t)$ gelangt man auch hier zum Prinzip »*Flächeninhalt plus Fehler von der Ordnung des Randes*«. Durch Anwendung von Satz 9.1 erhält man aber

$$W(t) = O(t^{2/3}).$$

In Wirklichkeit gilt sogar

(12) $$W(t) = O(t^{\frac{1}{2} + \frac{\eta}{\log \log t}})$$

mit einer absoluten, positiven Konstanten η. Man hat damit insbesondere

Satz 7. *Für jedes* $\varepsilon > 0$ *ist*

$$L(t) = \frac{t^2}{3} + \left(\frac{1}{2} - \psi(t)\right)t + O(t^{\frac{1}{2} + \varepsilon}).$$

Andrerseits kann man mit Hilfe des beim Beweis von Satz 1.3 angewandten Prinzips leicht zeigen, dass Satz 7 für jedes $\varepsilon < 0$ falsch wird. Dies bedeutet aber, dass das »*Parabelproblem*« gelöst ist.

13.   Die Abzählung der Gitterpunkte in einem ebenen Bereich kann unter *sehr allgemeinen Aspekten* gesehen werden. Dieser Sachverhalt wird hier nur ganz kurz an einem exemplarischen Beispiel (ohne jegliche Begründung) geschildert. Ausführliche Literaturhinweise werden in den Anmerkungen gegeben.

14.   Ist $\mathscr{G}$ ein konvexes, beschränktes Gebiet, das den Nullpunkt als inneren Punkt enthält, so sei (siehe Absatz 1.3)

$$\mathscr{G}(t) = \sqrt{t}\,\mathscr{G}$$

und $A_{\mathscr{G}}(t)$ die Anzahl der Gitterpunkte in $\mathscr{G}(t)$ (inklusive Rand). Dann gilt zunächst

(13) $\quad A_{\mathscr{G}}(t) = i(\mathscr{G})t + O(\sqrt{t}),$

wo $i(\mathscr{G})$ der Inhalt von $\mathscr{G}$, also $i(\mathscr{G})t$ der Inhalt von $\mathscr{G}(t)$ ist. Dieses Resultat lässt sich analog dem Satz von SIERPIŃSKI für eine grosse Klasse von Gebieten $\mathscr{G}$ zu

(14) $\quad A_{\mathscr{G}}(t) = i(\mathscr{G})t + O(t^{\frac{1}{3}})$

verbessern. Es handelt sich dabei um Gebiete $\mathscr{G}$ deren Rand genügend glatt ist und deren Krümmungsradien beschränkt sind. (14) ist in dem Sinne optimal, als es unter den zugelassenen $\mathscr{G}$ solche gibt, für die auch

(15) $\quad A_{\mathscr{G}}(t) = i(\mathscr{G})t + \Omega(t^{\frac{1}{3}})$

besteht.

15. Wir betrachten noch einige *gewichtete Gitterpunktprobleme*, bei denen der *Kreis* durch ein *anderes Gebiet* ersetzt ist. Auf solche Probleme stösst man z.B., wenn in (2) anstelle von $r(n)$ gewisse *andere zahlentheoretische Funktionen* genommen werden.

16. Nehmen wir zuerst die bereits früher behandelte Summe (siehe Absätze 8.5ff)

$$S(t) = \sum_{n \leq t} \sigma(n).$$

Sie zählt unter *Anwendung der Gewichtsfunktion* $g(x,y) = x$ die Gitterpunkte im *Hyperbeldreieck* (13.1). In der Tat ist

$$S(t) = \sum_{n \leq t} \sum_{x \mid n, x \geq 1} x = \sum_{n \leq t} \sum_{xy = n, x \geq 1} x = \sum_{(x,y) \in \mathscr{H}(t)} g(x,y)$$

Anknüpfend an die Umformungen, die zu (8.8) geführt haben, rechnen wir:

$$S(t) = \frac{1}{2} \sum_{n \leq t} \left[\frac{t}{n}\right]\left(\left[\frac{t}{n}\right]+1\right) = \frac{t^2}{2} \sum_{n \leq t} \frac{1}{n^2} - t \sum_{n \leq t} \frac{1}{n} \psi\left(\frac{t}{n}\right) + O(t)$$

(16) $\quad = \dfrac{\pi^2}{12} t^2 - t R(t) + O(t).$

mit

$$R(t) = \sum_{n \leq t} \frac{1}{n} \psi\left(\frac{t}{n}\right).$$

§ 14 Weitere Gitterpunktprobleme der Ebene

Benutzt man die triviale Abschätzung $R(t) = O(\log t)$, so gelangt man wieder zum klassischen Resultat (8.8). Heute weiss man aber, dass sogar

(17) $R(t) = O(\log^{2/3} t)$

besteht, dass also gilt

Satz 8.

$$S(t) = \frac{\pi^2}{12} t^2 + O(t \log^{2/3} t).$$

Doch es ist *sehr schwierig*, dies zu beweisen. Im übrigen folgt natürlich aus diesem Satz zusammen mit (8.7) das bereits früher zitierte Resultat (8.11).

17. Bringt man bei der vorigen Abzählung die Gitterpunkte mit dem Gewicht $g(x,y) = 1/x$ in Anschlag, so erhält man für die entsprechende Anzahlfunktion $S_1(t)$ mit demselben $R(t)$ wie in (16)

$$S_1(t) = \sum_{(x,y) \in \mathscr{H}(t)} \frac{1}{x} = \sum_{1 \leqslant x \leqslant t} \sum_{1 \leqslant y \leqslant t/x} \frac{1}{x}$$

$$= \sum_{n \leqslant t} \frac{1}{n}\left[\frac{t}{n}\right] = t \sum_{n \leqslant t} \frac{1}{n^2} - \frac{1}{2} \sum_{n \leqslant t} \frac{1}{n} - R(t)$$

also wegen (17)

Satz 9.

$$S_1(t) = \frac{\pi^2}{6} t - \frac{1}{2} \log t + O(\log^{2/3} t).$$

18. Nimmt man

$$g(x,y) = \begin{cases} x, \text{ falls } x \equiv p \text{ und } y \equiv q \text{ mod } d \\ 0, \text{ sonst} \end{cases}$$

so hat

$$S_{p,q,d}(t) = \sum_{(x,y) \in \mathscr{H}(t)} g(x,y)$$

folgende Bedeutung: Statt des Gitters mit der »Grundmasche« $\{(u,v) | 0 \leqslant u \leqslant 1$ und $0 \leqslant v \leqslant 1\}$ wird dasjenige mit der Grundmasche

$$\{(u,v) | p \leqslant u \leqslant p+d \text{ und } q \leqslant v \leqslant q+d\}$$

genommen. $S_{p,q,d}(t)$ ist dann die Anzahl der Gitterpunkte dieses neuen Gitters, die in $\mathscr{H}(t)$ liegen, wobei der Gitterpunkt (x,y) noch mit dem Gewicht $g(x,y) = x$ belastet wird.

Auf Grund von einigen elementaren Umformungen, die hier nicht dargelegt werden, erhält man (der Apostroph soll bedeuten, dass n der Zusatzbedingung $n \equiv q \bmod d$ zu genügen hat):

$$S_{p,q,d}(t) = \frac{t^2}{2d} \sum_{n=1}^{\infty}{}' \frac{1}{n^2} - t R_{p,q,d}(t) + O(t)$$

mit

$$R_{p,q,d}(t) = \sum_{n \leq t}{}' \frac{1}{n} \psi\left(\frac{t}{dn} - \frac{p}{d}\right).$$

Mit *grossem Scharfsinn* und *sehr viel Kleinarbeit* kann man

(18) $\quad R_{p,q,d}(t) = O(\log^{2/3} t)$

beweisen, so dass nunmehr

Satz 10.

$$S_{p,q,d}(t) = \frac{t^2}{2d} \sum_{n=1}^{\infty}{}' \frac{1}{n^2} + O(t \log^{2/3} t).$$

Man beachte dass Satz 8 hierin als Spezialfall enthalten ist.

19. Ersetzen wir in (2) $r(n)$ durch $\varphi(n)$ (: *Anzahl der primen Restklassen* mod n), so gelangt man zu

$$\Phi(t) = \sum_{n \leq t} \varphi(n),$$

was als Anzahl der *Gitterpunkte mit teilerfremden Koordinaten, die im Dreieck*

$$\{(u,v) \mid 1 \leq v \leq u \leq t\}$$

liegen, gedeutet werden kann. In der Tat ist

$$\Phi(t) = \sum_{n \leq t} \sum_{k \leq n, (k;n)=1} 1 = \sum_{k \leq n \leq t, (k;n)=1} \sum 1.$$

Zur Untersuchung von $\Phi(t)$ ist es bequemer die Anzahl $\Phi_1(t)$ der Gitterpunkte mit teilerfremden Koordinaten zu betrachten, die im Quadrat

$$\mathcal{Q}(t) = \{(u,v) \mid 1 \leq u \leq t \text{ und } 1 \leq v \leq t\}$$

liegen. Da die Diagonale von $(1,1)$ nach (t,t) nur einen Gitterpunkt mit teilerfremden Koordinaten (nämlich $(1,1)$) enthält, ist

(19) $\quad \Phi_1(t) = 2\Phi(t) - 1.$

Wir zählen nun *alle* Gitterpunkte (k,n) von $\mathcal{Q}(t)$ (ihre Anzahl ist $[t]^2$) ab, indem wir sie nach $(k;n)$ klassifizieren. Dabei beachten wir, dass $(k;n) = d$ mit $k = dk'$

§ 14   Weitere Gitterpunktprobleme der Ebene

und $n = dn'$ genau für $(k';n') = 1$ zutrifft, dass also für *festes* d

$$\# \{(k,n) | (k,n) \in \mathscr{Q}(t) \text{ und } (k;n) = d\}$$
$$= \# \{(k',n') | (k',n') \in \mathscr{Q}\left(\frac{t}{d}\right) \text{ und } (k';n') = 1\} = \Phi_1\left(\frac{t}{d}\right).$$

Dieses Vorgehen liefert

$$[t]^2 = \sum_{d \leq t} \Phi_1\left(\frac{t}{d}\right),$$

woraus durch *Anwendung der* MÖBIUS*umkehrung* unter Beachtung von (19)

$$\Phi(t) = \frac{1}{2} + \frac{1}{2} \sum_{n \leq t} \mu(n) \left[\frac{t}{n}\right]^2$$

resultiert. Nun rechnen wir wie folgt weiter:

$$\Phi(t) = \frac{1}{2} + \frac{1}{2} \sum_{n \leq t} \mu(n) \left(\frac{t}{n} - \psi\left(\frac{t}{n}\right) - \frac{1}{2}\right)^2$$

$$= \frac{t^2}{2} \sum_{n \leq t} \frac{\mu(n)}{n^2} - \frac{t}{2} \sum_{n \leq t} \frac{\mu(n)}{n} - tR(t) + O(t),$$

wo

$$R(t) = \sum_{n \leq t} \frac{\mu(n)}{n} \psi\left(\frac{t}{n}\right).$$

Anwendung der MÖBIUS*umkehrung* auf

$$[t] = \sum_{n \leq t} 1$$

gibt

$$1 = \sum_{n \leq t} \mu(n) \left[\frac{t}{n}\right],$$

so dass

$$\sum_{n \leq t} \mu(n) \frac{t}{n} = O(t).$$

Beachten wir noch die Rechnung vor Satz 1, so haben wir nunmehr

$$\Phi(t) = \frac{3}{\pi^2} t^2 - tR(t) + O(t).$$

Hieraus entsteht unter Anwendung der trivialen Abschätzung

$$R(t) = O(\log t)$$

das klassische Resultat

$$\Phi(t) = \frac{3}{\pi^2} t^2 + O(t \log t).$$

In Wirklichkeit ist sogar

(20) $\quad R(t) = O(\log^{2/3} t (\log \log t)^{3/4}),$

was aber bis heute wiederum *nur mit grossem Aufwand* bewiesen werden kann. Auf alle Fälle folgt aus (20)

Satz 11.

$$\Phi(t) = \frac{3}{\pi^2} t^2 + O(t \log^{2/3} t (\log \log t)^{3/4}).$$

20. Wir beschliessen diese Beispiele mit dem »*Teilerproblem in arithmetischen Folgen*«. Hier betrachten wir in Analogie zu Absatz 6

$$M_{j,d}(t) = \sum_{n \leqslant t, n \equiv j \bmod d} \tau(n).$$

Hier gilt

Satz 12.

$$M_{j,d}(t) = A_1(j,d)(\log t + 2\gamma - 1)t + A_2(j,d)t + O(t^{1/3} \log t)$$

wobei $A_1(j,d)$ und $A_2(j,d)$ nur von j und d abhängen.

Die Koeffizienten $A_1(j,d)$ und $A_2(j,d)$ lassen sich *elementar* ausdrücken als Funktionen der Primfaktoren von d und deren Exponenten in den Primfaktorenzerlegungen von d und $(j;d)$. So ist z.B. für $d = p^n$, $(j;d) = p^h$ und $h' = \text{Min}(h+1, n)$

$$A_1(j,d) = \frac{1}{d}(h + h' + 1) \quad \text{und} \quad A_2(j,d) = -\frac{1}{d}\left(h(h+1) - \frac{h'(h'+1)}{p}\right) \log p.$$

Anmerkungen

§ 9 *Der Satz von* SIERPIŃSKI. VAN DER CORPUT [1921], [1921a] hat in Wirklichkeit Satz 1 schärfer ausgesprochen und auch *explizte* ≪-*Konstanten* angegeben.

Ursprüngliche Quelle von Satz 2 ist SIERPIŃSKI [1906]. SIERPIŃSKI hat dabei eine von seinem Lehrer VORONOÏ bei der Untersuchung des *Teilerproblems* (siehe § 13) entwickelte Methode auf das *Kreisproblem* übertragen. (8) findet man übrigens schon bei GAUSS [1801, p.685]. In NOWAK [1981a] wird Satz 2 ähnlich wie hier bewiesen.

Interessant ist eine recht elementare (aber sehr scharfsinnige) Methode, mit der man

$$A(t) = \pi t + O(t^{\frac{1}{3}} \log t)$$

erreichen kann (WINOGRADOW [1956, p.110] und HUA [1959, § 6], wo die Methode skizzenhaft dargestellt ist).

Eine *Geschichte über die Verbesserungen des O-Gliedes* in Satz 2 findet man in HUA [1959, § 45] (eine ausführliche Schilderung bis 1928 in WILTON [1928]). Sie ist durch das *bislang beste Resultat* (CHEN [1963])

$$A(t) = \pi t + O(t^{\frac{12}{37} + \varepsilon}) \text{ für jedes } \varepsilon > 0$$

zu ergänzen. Eine lehrbuchmässige Darstellung für $\alpha_2 < 1/3$ findet man in LANDAU [1927a, Kap.9].

Alle diese Verbesserungen können nur unter erheblichem Aufwand hergeleitet werden. Dass die dabei gewonnenen Abweichungen von (2) »minim« sind, könnte als Indiz dafür angesehen werden, dass eben α_2 »sehr nahe« bei $1/3$ liegt. Doch man weiss als Gegenstück nur $\alpha_2 \geq 1/4$ (siehe § 12). Dass diese seit langem bekannte Abschätzung nach unten im Gegensatz zu $\alpha_2 \leq 1/3$ nicht verbessert werden konnte, veranlasst umgekehrt gewisse Autoren, an $\alpha_2 = 1/4$ zu glauben. Es gibt aber auch Autoren, die sich ausdrücklich hüten, in dieser Richtung eine Vermutung aufzustellen.

§ 10 *Der Satz von* VAN DER CORPUT. Summen der in (2) vorkommenden Art heissen *Exponentialsummen*. In einer berühmten Arbeit hat WEYL [1916] als erster nichttriviale Abschätzungen solcher Summen angegeben (siehe auch HLAWKA [1979]). Diese Summen spielen bei den verschiedensten zahlentheoretischen Problemen eine entscheidende Rolle. Dieser Sachverhalt wird in HUA [1959] ausführlich geschildert; beachte dazu auch WALFISZ [1963] sowie den Übersichtsartikel CHANDRASEKHARAN [1973]. Nicht vergessen werden darf WINOGRADOW [1975] (völlig umgearbeitete und aktualisierte Neuauflage des bahnbrechenden Buches WINOGRADOW [1947]) sowie die Fortsetzung WINOGRADOW [1976].

§ 11 *Die Methode von* LANDAU. Die Originalarbeiten dazu sind LANDAU [1912a], [1925a]; siehe aber auch LANDAU [1927a, p.204–208]. Mit (2) übernehmen wir eine Bezeichnung, die sich seit einiger Zeit eingebürgert hat. Über die Mittelung des absoluten Fehlers weiss man

(*) $\quad \dfrac{1}{t} \displaystyle\int_0^t |P(u)| \, du = O(t^{\frac{1}{4}}).$

Dies folgt direkt mit Hilfe der SCHWARZschen Ungleichung aus dem viel schärferen Resultat (KÁTAI [1965])

$$\int_0^t |P(u)|^2 du = \lambda t^{\frac{3}{2}} + O(t \log^2 t)$$

mit einer positiven Konstanten λ (siehe auch LANDAU [1927a, p.250–263]). Man kann (*) als Indiz dafür ansehen, dass $\alpha_2 \leqslant 1/4$. Würde dies zutreffen, so wäre nach den Ergebnissen von § 12 das Kreisproblem mit $\alpha_2 = 1/4$ gelöst.

Erwähnenswert ist auch eine andere Fehlermittelung, die man in KENDALL [1948] findet.

§ 12 *Der Satz von* ERDÖS-FUCHS. Grundlage zu Satz 2 ist ERDÖS-FUCHS [1956] (siehe auch HALBERSTAM-ROTH [1966, p.97–104]). Man kann übrigens auf die Theorie der Fourierreihen verzichten, falls man sich mit der Restabschätzung $\Omega(t^{1/4-\varepsilon})$ begnügt (siehe NEWMAN [1979]).

Wird in diesem Satz die Bedingung $B > 0$ durch $B < 0$ ersetzt, so ist (4) trivialerweise richtig. Wird aber $B = 0$ statt $B > 0$ genommen, so kann (4) falsch werden. Ein Beispiel dafür ist die Folge $\mathcal{H} = \{3^1, 3^2, 3^3, ...\}$. Hier wird

$$\sum_{n \leqslant t} R(n) \leqslant \log^2 t,$$

so dass (4) für $B = C = 0$ falsch ist.

Aus dem Beweis von (4) geht unmittelbar hervor, dass der Summand Ct^λ durch

(*) $\quad C_1 t^{\lambda_1} + C_2 t^{\lambda_2} + ... + C_k t^{\lambda_k}$

mit beliebigen reellen $C_1, C_2, ..., C_k$ und $1 > \lambda_1 > \lambda_2 > ... > \lambda_k \geqslant 1/4$ ersetzt werden darf.

VAUGHAN [1972] hat (4) auf den Fall ausgedehnt, dass anstelle von $R(n)$ allgemeiner

$$R_k(n) = \# \{(j_1, j_2, ..., j_k) | n = h_{j_1} + h_{j_2} + ... + h_{j_k}\}$$

genommen wird (siehe auch HAYASHI [1981]). Eine anders geartete Verallgemeinerung besteht darin, dass anstelle von (*) eine *umfassendere Funktionenklasse* zugelassen wird (siehe BATEMAN-KOHLBECKER-TULL [1963], BATEMAN [1977] und wiederum HAYASHI [1981]). Schliesslich kann der Satz von ERDÖS-FUCHS auch in *reell-quadratischem Zahlkörpern* betrachtet werden (SCHAAL [1977]).

W. JURKAT, hat schon vor längerer Zeit (4) mit $\Omega(t^{1/4})$ anstelle von $\Omega(t^{1/4}\log^{-1/2} t)$ bewiesen und die nötigen Ideen auch verschiedentlich vorgetragen. Eine Ausarbeitung wurde von H. HALBERSTAM durchgeführt. JURKAT selbst hat den *Beweis nie publiziert* und hält auch heutzutage eine Publikation für überflüssig, »*da sich die Sache sowieso herumgesprochen hat*« (gem. einer mündlichen Äusserung gegenüber dem Autor am 9. Dez. 1977).

Folgende Verbesserung von Satz 1 ist bekannt:

(**) $A(t) = \pi t + \Omega(t^{\frac{1}{4}}\log^{\frac{1}{4}}t)$

(siehe HARDY [1916], LANDAU [1927a, p.240-249], INGHAM [1940]; man beachte auch GANGADHARAN [1961], CHANDRASEKHARAN-NARASIMHAN [1961], BERNDT [1971]). Doch der Beweis von (**) ist sehr anspruchsvoll und stützt sich entscheidend auf die spezielle Wahl (5). Mittelpunkt der historisch ersten Beweise ist eine Entwicklung von $A(t)$ nach BESSEL*funktionen* (siehe auch FREEDEN [1978a]). Man vergleiche diese Tatsache mit § 11, wo wir für den Beweis von Satz 9.2 mit einer (im übrigen wesentlich einfacher zu gewinnenden) Entwicklung des »*Integralmittelwertes*« von $A(t)$ nach BESSEL*funktionen* ausgekommen sind. Umso bemerkenswerter ist der Satz von ERDÖS-FUCHS, der mit vergleichsweise einfachen Hilfsmitteln auskommt und der durch (4) fast (**) erreicht, ohne dass die Wahl der Folge irgendeine Rolle spielt. Es ist auch festzuhalten, dass (**) die schon bewiesene Abschätzung $\alpha_2 \geq 1/4$ nicht verbessert.

§ 13   *Das Teilerproblem.* Das Teilerproblem wurde erstmals von DIRICHLET [1849] behandelt. Von ihm stammt Satz 1 mitsamt dem hier gegebenen Beweis. Man spricht deshalb auch vom DIRICHLET*schen Teilerproblem* (im Gegensatz zum PILTZ*schen Teilerproblem*, auf das in § 17 eingegangen wird). 1858 schrieb DIRICHLET an KRONECKER [1858, p.428] er hätte dieses Resultat verbessert. Doch es ist darüber nichts Näheres bekannt.

Der erste Beweis von Satz 2 geht auf VORONOÏ [1903] zurück. Dieser Beweis war sehr umständlich und wurde in der Folge mehrmals vereinfacht. Einen vom hier gebrachten grundverschiedenen Beweis kann man in CHANDRASEKHARAN [1970, p.202-204] nachlesen. Dieser Beweis stützt sich auf die in den Absätzen 17.11-13 geschilderten Methoden.

Interessant ist ein recht elementares (aber sehr scharfsinniges) Verfahren, mit dem man

$$D(t) = t \log t + (2\gamma - 1)t + O(t^{\frac{1}{3}}\log^2 t)$$

erreichen kann (siehe WINOGRADOW [1956, p.110] und HUA [1959], wo die Methode skizzenhaft dargestellt wird).

Eine *Geschichte über die Verbesserungen des O-Gliedes* in Satz 2 findet man in HUA [1959, § 45]. Sie ist durch KOLESNIK [1969]

$$D(t) = t \log t + (2\gamma - 1)t + O(t^{\frac{12}{37}}\log^{\frac{62}{37}} t)$$

und das *bislang beste Resultat* KOLESNIK [1973]

$$D(t) = t \log t + (2\gamma - 1)t + O(t^{\frac{346}{1067}}\log^{\frac{211}{100}} t)$$

zu ergänzen.

Quelle von Satz 3 ist RICHERT [1961].

Über das Ω-Glied in (16) weiss man genauer

$$D(t) = t \log t + (2\gamma - 1)t + \Omega(t^{\frac{1}{4}} \log^{\frac{1}{4}} \log \log t)$$

(siehe HARDY [1916], INGHAM [1940], CHANDRASEKHARAN [1970, p.205–208]; man beachte auch GANGADHARAN [1961], CHANDRASEKHARAN-NARASIMHAN [1961], CORRÁDI-KÁTAI [1967]).

Den in den Anmerkungen zu §11 gebrachten Mittelwertabschätzungen entsprechen

$$\frac{1}{t} \int_0^t |D(u) - u \log u - (2\gamma - 1)u| du = O(t^{\frac{1}{4}})$$

und TONG [1956]

$$\int_0^t |D(u) - \ldots|^2 du = \mu t^{\frac{3}{2}} + O(t \log^5 t)$$

mit einer positiven Konstanten μ. Weitere Mittelwertuntersuchungen (ohne Betragszeichen) werden in SURYANARAYANA [1977] angestellt. Im übrigen sind über den »richtigen« Wert von ϑ die wörtlich gleichen Bemerkungen wie über α_2 zu machen (siehe den Schluss der Anmerkungen zu §9 und §11).

§14 *Weitere Gitterpunktprobleme der Ebene.* Satz 1 findet man mit $O(\sqrt{t} \log t)$ bei WINOGRADOW [1956, p.26]. Verschärfungen sind unseres Wissens nicht bekannt.

Satz 2 wird in FISCHER [1979] bewiesen. Im übrigen besteht auch ein Zusammenhang dieses Satzes mit dem Teilerproblem (siehe FRICKER [1977]). In SIERPIŃSKI [1908] wird allgemein (1) untersucht, falls die Gewichtsfunktion nur von $x^2 + y^2$ abhängt. Dies läuft auf die Untersuchung von Summen der Gestalt

(*) $\sum_{n \leq t} f(n) r(n)$

mit einer auf $\mathbb{N}$ definierten Funktion $f(n)$ hinaus. Dabei sind natürlich an $f(n)$ »Regularitätsbedingungen« zu stellen, damit eine Theorie betrieben werden kann. Im Rahmen einer solchen Theorie wird in SIERPIŃSKI [1908] Satz 2 mit dem schwächeren Restglied $O(t^{2/3})$ hergeleitet (bei uns folgt dies sofort mit $\xi = \frac{1}{2}$). Wie Summen der Gestalt (*) angegangen werden können (auch mit $\tau(n)$ statt $r(n)$), entnimmt man BERNDT [1972]; siehe auch MOTOHASHI [1976] sowie die Literaturangaben in FISCHER [1979a]. Wegen (5) orientiere man sich bei STRONINA [1969].

Satz 3 ist eine *starke Spezialisierung* von Satz 3 in DRESSLER [1972], wo die Ringbreite und die Distanz der Ringe auch anders gewählt werden können; ebenso werden anstelle der Kreisringe auch Ellipsenringe zugelassen. Weitere Beiträge zu diesem Thema sind MÜLLER-DRESSLER [1972] und FREEDEN [1978].

Wegen Satz 4 siehe SMITH [1968]. In VARBANEC [1970] wird der O-Term unter gewissen Zusatzbedingungen auf $O(\sqrt{t})$ herabgedrückt. Der Problemkreis um Satz 5 ist in HARDY-LITTLEWOOD [1921], [1922] abgehandelt. Dort wird auch gezeigt, dass für *algebraisch-irrationales* a/b sich $o(t)$ durch $O(t^{1-\delta(a/b)})$ mit $\delta(a/b) > 0$ ersetzen lässt. Dabei wird $\delta(a/b)$ für gewisse Fälle explizit angegeben. Dass in diesen Arbeiten sich das Vorzeichen des zweiten Summanden im Hauptterm von dem entsprechenden Vorzeichen in unserem Satz 5 unterscheidet, beruht darauf, dass dort die Gitterpunkte auf den Katheten nicht mitgezählt werden. In der Folge sind weitere, beachtenswerte Beiträge zu diesem Thema erschienen. Angaben dazu findet man in KOKSMA [1936, p.103–106]; siehe auch SPENCER [1939] sowie die Anmerkungen zu den Absätzen 18.1–2. Eine kurze Orientierung über den Begriff »DIOPHANT*ische Approximation*« wird in vielen Einführungen in die Zahlentheorie wie z.B. in HARDY-WRIGHT [1958], RIEGER [1976] gegeben (siehe auch die Zusammenfassung HLAWKA [1978]). In diesen Einführungen sowie in HLAWKA-SCHOISSENGEIER [1979] wird auch auf »*Kettenbrüche*« eingegangen.

Das in Absatz 11 aufgeworfene Problem wurde erstmals von CAUER [1914] in seiner Dissertation mit der Restabschätzung

$$O(t^{\frac{1}{k} - \frac{1}{k(2k-1)}})$$

für jedes reelle $k \geq 2$ behandelt (das hierin enthaltene Resultat von SIERPIŃSKI wurde *effektiv mitbewiesen*). Mit einer anderen Methode wurde dies von VAN DER CORPUT [1919] ebenfalls in seiner Dissertation erneut gezeigt. Zudem konnte VAN DER CORPUT für jedes reelle $k \neq 1$ mit $1/3 \leq k \leq 2$ die Restabschätzung $O(t^{2/3k})$ beweisen (man beachte dass der Fall $k=1$ durch Absatz 10 bereits vollständig erledigt ist). Für zunächst gerades $k \geq 4$ findet sich Satz 6 bei RANDOL [1966] als Illustration einer neuen Methode Gitterpunkte abzuzählen; für jedes (also auch ungerades) $k \geq 3$ bei KRÄTZEL [1969]. ABLJALIMOV [1977] konnte den Beweis stark vereinfachen und Satz 6 sogar für beliebiges reelles $k \geq 3$ beweisen; in der gleichen Arbeit wird auch die VAN DER CORPUTsche Abschätzung auf alle reellen k mit $2 \leq k \leq 3$ ausgedehnt. Schliesslich konnte ABLJALIMOV [1970] für gerades $k \geq 4$ sogar zeigen:

$$H_k(t) = I(k) t^{\frac{2}{k}} + l_k(t) t^{\frac{1}{k} - \frac{1}{k^2}} + O(t^{\delta(k)}),$$

wo $l_k(t)$ eine in t beschränkte Funktion und

$$\delta(k) = \begin{cases} \dfrac{71}{400}, & \text{falls } k = 4 \\ \dfrac{1}{k} - \dfrac{1}{k^2} - \dfrac{1}{2k(2k-1)}, & \text{falls } k \geq 6 \end{cases}$$

ist.

Weitere Untersuchungen zu diesem Themenkreis sind NOWAK [1978], [1979], [1979a], [1980], [1980a]. In der erstgenannten Arbeit werden die Gitterpunkte in Sektoren von (11) abgezählt, in den restlichen wird anstelle von (11) allgemeiner

$$|u|^{k_1} + |v|^{k_2} \leq t$$

für reelle k_1 und k_2 betrachtet.

Die mit $H_k(t)$ verwandte Anzahlfunktion

$$\sum_{1 \leq n_1^k - n_2^k \leq t} 1$$

wird in KRÄTZEL [1969a] untersucht. Eine andere verwandte Anzahlfunktion ist

$$\sum_{n_1^{k_1} n_2^{k_2} \leq t} 1$$

(sie führt im Falle $k_1 = k_2$ zum Teilerproblem). In SCHIERWAGEN [1976] und [1978] kann man sich über den heutigen Stand dieses Problems informieren.

(12) ist in POPOV [1975] bewiesen. In MIYAWAKI [1975] wird allgemeiner eine Formel für die Anzahl der Gitterpunkte in

$$\left\{ (u,v) \mid 0 \leq u \leq t \text{ und } 0 \leq v \leq \frac{u^k}{t} \right\}$$

mit der Restabschätzung $O(t^{1-\frac{1}{k}+\varepsilon})$ hergeleitet; zudem wird auf einen interessanten Zusammenhang zwischen dem Rest und den Klassenzahlen gewisser Zahlkörper hingewiesen.

(13) stammt von JARNÍK [1924]. (14) geht auf VAN DER CORPUT [1920] zurück. Eine lehrbuchmässige Darstellung seiner Resultate gibt LANDAU [1927a, p.279–302]. Sowohl (13) als auch (14) werden an den angegebenen Stellen *wesentlich allgemeiner ausgesprochen*. In CHAIX [1972] wird (14) mit vergleichsweise elementaren Mitteln bewiesen, wobei eine explizite O-Konstante angegeben wird. Auch WINOGRADOW [1956, Aufgaben zu Kap. 3] erläutert elementare Behandlungsweisen, die allerdings zu nicht ganz so scharfen Resultaten führen (siehe auch GELFOND-LINNIK [1965, ch.8]). In COLIN DE VERDIÈRE [1977] wird die beschriebene Situation noch einmal ausführlich diskutiert; dabei wird auch auf bisher ausgeschlossenes Krümmungsverhalten der Randkurve eingegangen. Man beachte ebenfalls die dort angegebene Literatur sowie die damals noch nicht erschienen Arbeiten BÉRARD [1978] und TANAPOLSKA-WEISS [1978]. Wegen (15) siehe JARNÍK [1925] sowie LANDAU [1927a, p.303–308]. Es ist aber höchst bemerkenswert, dass VAN DER CORPUT [1923] unter den bis anhin zugelassenen Gebieten noch eine grosse Klasse angeben kann, für die (14) mit einem Exponenten kleiner als 1/3 besteht. Solche Gebiete werden auch in ABLJALIMOV [1968] angegeben.

(17) ist in WALFISZ [1963, Kap.3] bewiesen. Dort findet man auch nähere Angaben zur Geschichte dieser Abschätzung (vgl. dazu auch WALFISZ [1957, Kap.2]. Die Sätze 9 und 10 sind ebenfalls in WALFISZ [1963, Kap.3] aufgeführt. In RICHERT [1953] werden die Punkte des Gitters von Absatz 18 in $\mathscr{H}(t)$ *unbelastet* abgezählt. Wegen (20) siehe wiederum WALFISZ [1963, Kap.4] sowie die dazugehörigen Anmerkungen. Übrigens gibt es sehr allgemeine Sätze über

das Verhalten von $\sum_{n \leq t} f(n)$, falls an die zahlentheoretische Funktion $f(n)$ *gewisse Bedingungen* gestellt werden. Neuere Arbeiten zu diesem Thema sind BERNDT [1971] und PARSON-TULL [1978]. Auch in SCHWARZ [1976] werden solche Sätze besprochen. Allerdings sind sie wegen der allgemein gehaltenen Voraussetzungen in den meisten Fällen nicht von der hier gewohnten Schärfe.

Satz 12 sowie die Problemstellung überhaupt gehen auf RAMANUJAN [1916] zurück. Einen Beweis gibt RAMANUJAN allerdings nicht an. Trotzdem ist Satz 12 richtig; in WALFISZ [1928] wird er nämlich sogar mit dem Restglied $O(t^{27/82} \log^{11/41} t)$ bewiesen. Einen elementaren Beweis mit dem Restglied $O(\sqrt{t})$ findet man in ESTERMANN [1928]. Die genannten Koeffizientenformeln werden in KOPETZKY [1976] hergeleitet.

Weitere, teilweise ganz anders geartete Gitterpunktprobleme der Ebene sind am Ende der Anmerkungen zu § 18 erwähnt. Sie werden in der dort angegebenen Literatur meist gleich für beliebige Dimensionen ausgesprochen.

Kapitel 3

Das Kugelproblem und andere Gitterpunktprobleme des Raumes

§ 15 Der Fall $k \geq 4$

1. Mit Satz 8.3 wurde eine Verbesserung von Satz 1.2 für den Fall $k=4$ erreicht. Diese Verbesserung lässt sich verallgemeinern zu

Satz 1. *Für $k \geq 4$ gilt*

(1) $\quad A_k(t) = V_k(t) + O(t^{\frac{k}{2}-1} \log t).$

Beweis. Wir führen den Beweis durch Induktion nach k. Wegen Satz 8.3 ist die Induktionsverankerung bereits gewährleistet.

2. Grundlage für den Induktionsschluss ist die sich aus

$$A_{k+1}(t) = \sum_{x_1^2+\ldots+x_k^2+x_{k+1}^2 \leq t} 1 = \sum_{|x_{k+1}| \leq \sqrt{t}} \sum_{x_1^2+\ldots+x_k^2 \leq t-x_{k+1}^2} 1$$

ergebende Rekursion

(2) $\quad A_{k+1}(t) = \sum_{|l| \leq \sqrt{t}} A_k(t-l^2).$

Aus ihr folgt unter Annahme von (1)

$$A_{k+1}(t) = \sum_{|l| \leq \sqrt{t}} V_k(t-l^2) + O(t^{\frac{k}{2}-1} \log t \sum_{|l| \leq \sqrt{t}} 1)$$

(3) $\quad\quad\quad = \sum_{|l| \leq \sqrt{t}} V_k(t-l^2) + O(t^{\frac{k+1}{2}-1} \log t).$

Nun ist aber nach Satz 29.1, (25.1) und (25.3)

$$\sum_{|l| \leq \sqrt{t}} V_k(t-l^2) = \int_{-\sqrt{t}}^{\sqrt{t}} V_k(t-u^2)du - k\beta_k \int_{-\sqrt{t}}^{\sqrt{t}} u(t-u^2)^{\frac{k}{2}-1} \psi(u)du$$

$$= V_{k+1}(t) - 2k\beta_k \int_0^{\sqrt{t}} u(t-u^2)^{\frac{k}{2}-1} \psi(u)du.$$

Hier wurde noch benutzt, dass $u\psi(u)$ auf $\mathbb{R} - \mathbb{Z}$ eine gerade Funktion ist.

3. Das verbleibende Integral kann durch zweimalige *Anwendung des zweiten Mittelwertsatzes* (siehe § 28) wie folgt abgeschätzt werden:

§ 15 Der Fall $k \geq 4$

$$\int_0^{\sqrt{t}} u(t-u^2)^{\frac{k}{2}-1}\psi(u)du = \sqrt{t}\int_\xi^{\sqrt{t}}(t-u^2)^{\frac{k}{2}-1}\psi(u)du$$

$$= \sqrt{t}(t-\xi^2)^{\frac{k}{2}-1}\int_\xi^\eta \psi(u)du$$

$$= O(t^{\frac{1}{2}}t^{\frac{k}{2}-1}) = O(t^{\frac{k+1}{2}-1}),$$

so dass nunmehr

(4) $\quad \sum_{|l|\leq\sqrt{t}} V_k(t-l^2) = V_{k+1}(t) + O(t^{\frac{k+1}{2}-1}).$

Durch Einsetzen von (4) in (3) ist der Induktionsschluss beendet. q.e.d.

4. Beschränkt man sich auf $k \geq 5$, so kann Satz 1 noch weiter verschärft werden zu

Satz 2. *Für $k \geq 5$ ist*

(5) $\quad A_k(t) = V_k(t) + O(t^{\frac{k}{2}-1}).$

Beweis. Auch hier wird der Beweis durch Induktion nach k erbracht. Der Induktionsschluss selbst ist mit den vorangegangenen Überlegungen fast bereits geliefert. Denn unter der Annahme von (5) folgt (3) ohne den Faktor $\log t$ im O-Term, also mit (4) zusammen (5) mit $k+1$ anstelle von k. Es muss daher (5) »nur noch« für $k = 5$ bewiesen werden.

5. Ein wichtiger Punkt bei dieser Beweisführung ist, dass man beim vorigen Übergang von $A_4(t)$ zu $A_5(t)$ mit der folgenden »genaueren« Formel startet:

(6) $\quad A_4(t) = V_4(t) - 8tR(t) + 8tR\left(\dfrac{t}{4}\right) + O(t),$

wo

(7) $\quad R(t) = \sum_{n\leq t} \dfrac{1}{n}\psi\left(\dfrac{t}{n}\right).$

Man erhält (6), indem man (14.16) in (8.7) einsetzt. Von da aus gelangt man mit Hilfe von (2) und (4) zu

(8) $\quad A_5(t) = V_5(t) - 8H(t) + 8L(t) + O(t^{\frac{3}{2}})$

mit

$$H(t) = \sum_{|l|\leq\sqrt{t}}(t-l^2)R(t-l^2) = 2\sum_{n\leq\sqrt{t}}(t-n^2)R(t-n^2) + O(t\log t)$$

und

$$L(t) = 2 \sum_{n \leq \sqrt{t}} (t-n^2) R\left(\frac{t-n^2}{4}\right) + O(t \log t).$$

6. Mittels

(9) $\quad M(n,t) = \sum_{l=1}^{n} R(t - l^2)$

lässt sich $H(t)$ in folgende Form bringen (ABELsche Summation nach Satz 23.4):

$$H(t) = 2 \sum_{n \leq \sqrt{t}} ((t - n^2) - (t - (n+1)^2)) M(n,t)$$
$$+ 2(t - ([\sqrt{t}] + 1)^2) M([\sqrt{t}], t) + O(t \log t).$$

Wegen

(10) $\quad M(n,t) \ll n \log t$

folgt daraus weiter

(11) $\quad H(t) = 4 \sum_{n \leq \sqrt{t}} n M(n,t) + O(t \log t).$

Unter nochmaliger Verwendung von (10) würde man jetzt $H(t) = O(t^{3/2} \log t)$ erhalten, was aber im Hinblick auf unser Ziel zu schlecht ist. In der Tat ist eine geeignete Modifikation von (10) der springende Punkt in unserer Beweisführung.

7. Die Definition (9) lässt sich unter Beachtung von (7) und der Summationsregel

$$\sum_{l=1}^{n} \sum_{1 \leq m \leq t - l^2} = \sum_{1 \leq m \leq t-1} \sum_{1 \leq l \leq \mathrm{Min}(n, \sqrt{t-m})}$$

wie folgt umschreiben:

$$M(n,t) = \sum_{d \leq t-1} \frac{1}{d} \sum_{1 \leq l \leq \mathrm{Min}(n, \sqrt{t-d})} \psi\left(\frac{t-l^2}{d}\right).$$

Auf die innere Summe wenden wir Satz 9.1 mit

$$f(u) = \frac{t - u^2}{d}, \quad f'(u) = -\frac{2u}{d}, \quad f''(u) = -\frac{2}{d} = -\lambda,$$
$$a = 1, b = \mathrm{Min}(n, \sqrt{t-d}) \leq \sqrt{t}$$

an und erhalten für $d \geq 2$ mit einer im folgenden *stets von n unabhängigen* $\ll$-Konstanten

$$\sum_{1 \leq l \leq \mathrm{Min}(n, \sqrt{t-d})} \psi\left(\frac{t-l^2}{d}\right) \ll \frac{2}{d}(b-a)\left(\frac{2}{d}\right)^{-2/3} + \left(\frac{2}{d}\right)^{-1/2}$$
$$\ll \sqrt{t} \, d^{-1/3} + \sqrt{d}.$$

Für $d=1$ ist dieses Resultat trivialerweise richtig. Daher wird

$$M(n,t) \ll \sqrt{t} \sum_{d \leq t-1} d^{-4/3} + \sum_{d \leq t-1} d^{-1/2}$$

$$\ll \sqrt{t} \sum_{d=1}^{\infty} d^{-4/3} + \sum_{d \leq t} d^{-1/2} \ll \sqrt{t},$$

so dass jetzt aus (11)

$$H(t) \ll t^{\frac{3}{2}}$$

folgt.

8. Ein Vergleich der Definitionen von $H(t)$ und $L(t)$ zeigt unmittelbar, dass auf völlig analoge Weise auch

$$L(t) \ll t^{\frac{3}{2}}$$

gewonnen werden kann. Durch Einsetzten dieser beiden Abschätzungen in (8) erhält man die anvisierte Induktionsverankerung

$$A_5(t) = V_5(t) + O(t^{\frac{3}{2}}).$$ q.e.d.

9. Ein Vergleich dieses Satzes mit den Sätzen 1.3, 8.3 und 8.4 liefert folgende *Lösung des Kugelproblems für $k \geq 4$:*

Satz 3.

I) *Für $k \geq 4$ ist $\alpha_k = k/2 - 1$;*
II) *Für $k \geq 5$, nicht aber für $k = 4$ ist*

$$A_k(t) = V_k(t) + O(t^{\alpha_k}).$$

§ 16 Der Fall $k = 3$

1. Der Fall $k = 3$ führt zu ähnlichen Schwierigkeiten wie der Fall $k = 2$. In der Tat ist neben dem Kreisproblem auch das *dreidimensionale Kugelproblem* noch ungelöst. Immerhin lassen sich die in den Sätzen 1.2 und 1.3 für $k = 3$ enthaltene Aussagen unter Ausnutzung bereits bekannter Resultate auf elementare Weise verbessern.

2. Stützt man sich etwa auf Satz 9.2, so erhält man nach dem Muster des Beweises von Satz 15.1

$$A_3(t) = \sum_{|l| \leq \sqrt{t}} A_2(t-l^2) = \sum_{|l| \leq \sqrt{t}} V_2(t-l^2) + O(t^{\frac{1}{3}} \sum_{|l| \leq \sqrt{t}} 1),$$

also

(1) $\quad A_3(t) = V_3(t) + O(t^{\frac{5}{6}}).$

3. Als Gegenstück beweisen wir

(2) $\quad A_3(t) = V_3(t) + \Omega(t^{\frac{1}{2}} \log \log t).$

Dazu nehmen wir an, es gelte für

$$P(t) = A_3(t) - V_3(t)$$

im Gegensatz zu (2)

$$P(t) = o(t^{\frac{1}{2}} \log \log t).$$

Dies bedeutet, dass zu jedem $\varepsilon > 0$ ein $t_0(\varepsilon) \geq 3$ existiert mit

$$|P(t)| < \varepsilon t^{\frac{1}{2}} \log \log t \text{ für } t > t_0(\varepsilon).$$

Insbesondere ist für $t \geq 3$

$$|P(t)| < c t^{\frac{1}{2}} \log \log t$$

mit einer absoluten Konstanten $c > 0$. Deshalb zerlegen wir für $t > t_0(\varepsilon)$:

$$|\sum_{|l| \leq \sqrt{t}} P(t-l^2)| = |P(t) + 2 \sum_{n \leq \sqrt{t}} P(t-n^2)| \leq |P(t)| + 2(\sum_{n < \sqrt{t-t_0}} |P(t-n^2)|$$

$$+ \sum_{\sqrt{t-t_0} \leq n \leq \sqrt{t-3}} |P(t-n^2)| + \sum_{\sqrt{t-3} < n \leq \sqrt{t}} |P(t-n^2)|)$$

und erhalten aus

$$\sum_{n < \sqrt{t-t_0}} |P(t-n^2)| < \varepsilon t \log \log t,$$

$$\sum_{\sqrt{t-t_0} \leq n \leq \sqrt{t-3}} |P(t-n^2)|$$

$$< c t^{\frac{1}{2}} \log \log t (\sqrt{t} - \sqrt{t-t_0} + 1) < 2 c t_0 t^{\frac{1}{2}} \log \log t,$$

$$\sum_{\sqrt{t-3} < n \leq \sqrt{t}} |P(t-n^2)| < c_1$$

insgesamt

$$\frac{|\sum_{|l| \leq \sqrt{t}} P(t-l^2)|}{t \log \log t} < 3\varepsilon \text{ für } t > t_1(\varepsilon).$$

§ 16   Der Fall $k = 3$

Da $\varepsilon > 0$ beliebig war, bedeutet dies

$$\sum_{|l| \leq \sqrt{t}} P(t - l^2) = o(t \log \log t).$$

Hieraus wiederum folgt nach den Schlüssen von Satz 15.1

$$A_4(t) = \sum_{|l| \leq \sqrt{t}} A_3(t - l^2) = \sum_{|l| \leq \sqrt{t}} V_3(t - l^2) + \sum_{|l| \leq \sqrt{t}} P(t - l^2)$$
$$= V_4(t) + o(t \log \log t),$$

was aber Satz 8.4 widerspricht. Darum ist (2) richtig. q.e.d.

4.   Verbesserungen von (1) können gewonnen werden, indem man ähnlich wie bei der in § 9 erfolgten Behandlung des Kreisproblems vorgeht: Zunächst werden die in dreidimensionalen Kugeln liegenden Gitterpunkte auf eine spezielle Weise abgezählt. Das eigentliche Problem besteht dann darin, Summen der Gestalt

$$\sum_{(l,m) \in \mathscr{R}(t)} \psi(\sqrt{t - l^2 - m^2}),$$

wo $\mathscr{R}(t)$ ein gewisses achsenparalleles, »mit t wachsendes« Rechteck des $\mathbb{R}^2$ ist, nicht-trivial abzuschätzen. Anders ausgedrückt geht es darum, den Satz 9.1 auf den zweidimensionalen Fall auszudehnen. Auf diese Weise erhielt WINOGRADOW [1949]

(3) $\alpha_3 \leq \dfrac{2}{3} + \dfrac{5}{162}$

und später [1960]

(4) $\alpha_3 \leq \dfrac{2}{3} + \dfrac{1}{84}.$

Das bislang beste Resultat lautet

Satz 1.

$$A_3(t) = V_3(t) + O(t^{\frac{2}{3}} \log^6 t).$$

5.   Das Ω-Ergebnis (2) lässt sich verbessern zu

Satz 2.

$$A_3(t) = V_3(t) + \Omega(t^{\frac{1}{2}} \log^{\frac{1}{2}} t).$$

Dieses im Gegensatz zu (2) keineswegs elementar gewonnene Resultat ist zugleich das heute beste Ergebnis in der Ω-Richtung. Dass bis heute nur diese geringfügige Verbesserung gefunden wurde, beruht vielleicht darauf, dass eben

$\alpha_3 = 1/2$ gilt (was die Gültigkeit von I) in Satz 15.3 auch für $k=3$ bedeuten würde).

§ 17 Das PILTZsche Teilerproblem

1. Das PILTZsche *Teilerproblem* ist die *Verallgemeinerung des* (DIRICHLETschen) *Teilerproblems* (siehe § 13) auf höhere Dimensionen. Anstelle von $D(t)$ tritt $D_k(t)$ als Anzahl der Gitterpunkte, die im k-dimensionalen »*Hyperboloidsimplex*«

$$\{(u_1, u_2, \ldots, u_k) | u_1 u_2 \ldots u_k \leq t \text{ und } u_1, u_2, \ldots, u_k \geq 1\}$$

liegen. (Man beachte, dass $D_2(t) = D(t)$.) Das Analogon zu (13.3) ist

(1) $\quad D_k(t) = \sum_{n \leq t} \tau_k(n),$

wo

$$\tau_k(n) = \#\{(n_1, n_2, \ldots, n_k) | n_1 n_2 \ldots n_k = n\}$$

die *Anzahl der Zerfällungen von n in ein Produkt von k natürlichen Zahlen* (unter Berücksichtigung der Reihenfolge der Faktoren) ist. (Man beachte, dass $\tau_2(n) = \tau(n)$.)

2. Der Formel (13.4) entspricht der

Satz 1. *Für* $k \geq 2$ *ist*

(2) $\quad D_k(t) = \dfrac{1}{(k-1)!} t \log^{k-1} t + O(t \log^{k-2} t)$

Beweis. Wir führen den Beweis durch Induktion nach k. Für $k=2$ stimmt (2) mit (13.4) überein. Im weiteren besteht die Rekursion

$$D_{k+1}(t) = \sum_{n_1 n_2 \ldots n_k n_{k+1} \leq t} 1 = \sum_{n_{k+1} \leq t} \sum_{n_1 n_2 \ldots n_k \leq t/n_{k+1}} 1$$

(3) $\quad = \sum_{n \leq t} D_k\left(\dfrac{t}{n}\right),$

also unter Annahme von (2)

(4) $\quad D_{k+1}(t) = \dfrac{1}{(k-1)!} t \sum_{n \leq t} \dfrac{1}{n} \log^{k-1} \dfrac{t}{n} + O\left(t \sum_{n \leq t} \dfrac{1}{n} \log^{k-2} \dfrac{t}{n}\right).$

3. Die Auswertung der ersten Summe rechts erfolgt mit Hilfe von Satz 29.1:

§ 17 Das PILTZsche Teilerproblem

(5) $$\sum_{n\leq t}\frac{1}{n}\log^{k-1}\frac{t}{n}=\frac{1}{2}\log^{k-1}t+\int_1^t\frac{1}{u}\log^{k-1}\frac{t}{u}du+\int_1^t\left(\frac{1}{u}\log^{k-1}\frac{t}{u}\right)'\psi(u)du.$$

Wegen

$$\int_1^t\frac{1}{u}\log^{k-1}\frac{t}{u}du=\left[-\frac{1}{k}\log^k\frac{t}{u}\right]_1^t=\frac{1}{k}\log^k t$$

und

$$\int_1^t\left(\frac{1}{u}\log^{k-1}\frac{t}{u}\right)'\psi(u)du=O\left(\int_1^t\left|\left(\frac{1}{u}\log^{k-1}\frac{t}{u}\right)'\right|du\right)$$
$$=O\left(-\int_1^t\left(\frac{1}{u}\log^{k-1}\frac{t}{u}\right)'du\right)=O(\log^{k-1}t)$$

folgt aus (5) weiter

$$\sum_{n\leq t}\frac{1}{n}\log^{k-1}\frac{t}{n}=\frac{1}{k}\log^k t+O(\log^{k-1}t),$$

also aus (4) in der Tat

$$D_{k+1}(t)=\frac{1}{(k-1)!}t\left(\frac{1}{k}\log^k t+O(\log^{k-1}t)\right)+O\left(t\log^{k-2}t\sum_{n\leq t}\frac{1}{n}\right)$$
$$=\frac{1}{k!}t\log^k t+O(t\log^{k-1}t).\qquad\text{q.e.d.}$$

4. Satz 13.1 entspricht die Verbesserung

Satz 2. *Für $k\geq 2$ gilt*

$$D_k(t)=t(\sum_{j=0}^{k-1}a_j\log^j t)+O(t^{1-1/k}\log^{k-2}t)$$

mit von t unabhängigen Zahlen $a_0,a_1,...,a_{k-1}$ und $a_{k-1}\neq 0$.
Beweis. Der Satz besagt mit anderen Worten, dass für $k\geq 2$

(6) $\quad D_k(t)=tP_k(\log t)+O(t^{1-1/k}\log^{k-2}t),$

wo P_k ein Polynom vom Grade $k-1$ bezeichnet. Wir erbringen den Beweis wiederum durch vollständige Induktion, wobei wir aus schreibtechnischen Gründen von $k-1$ auf k schliessen (die Induktionsverankerung ist wegen Satz

13.1 sichergestellt). Im Verlaufe dieses Beweises tauchen gewisse Polynome auf, die wir mit Q_k, P_k^*, Q_k^*, Q_k^{**} bezeichnen. Der Grad von Q_k ist höchstens gleich $k-1$, derjenige von P_k^* gleich $k-2$ und derjenige von Q_k^* und Q_k^{**} gleich $k-1$.

5. Wir trennen die Summe rechts in (3) bei $t^{1/k}$ und erhalten

(7) $\quad D_k(t) = G(t) + H(t)$

mit

$$G(t) = \sum_{n \leq t^{1/k}} D_{k-1}\left(\frac{t}{n}\right)$$

und

(8) $\quad H(t) = \sum_{t^{1/k} < n \leq t} D_{k-1}\left(\frac{t}{n}\right).$

Nach Induktionsannahme ist

$$G(t) = t \sum_{n \leq t^{1/k}} \frac{1}{n} P_{k-1}\left(\log \frac{t}{n}\right) + O(t^{1-\frac{1}{k-1}} \log^{k-3} t \sum_{n \leq t^{1/k}} n^{-1+\frac{1}{k-1}})$$

(9) $\quad = t \sum_{n \leq t^{1/k}} \frac{1}{n} P_{k-1}\left(\log \frac{t}{n}\right) + O(t^{1-\frac{1}{k}} \log^{k-3} t),$

wobei

$$P_{k-1}\left(\log \frac{t}{n}\right) = \sum_{j=0}^{k-2} b_j \log^j \frac{t}{n} = \sum_{j=0}^{k-2} b_j (\log t - \log n)^j.$$

mit von t unabhängigen Zahlen $b_0, b_1, ..., b_{k-2}$ ($b_{k-2} \neq 0$). Von da aus gelangt man mittels des *binomischen Satzes* zu

$$P_{k-1}\left(\log \frac{t}{n}\right) = \sum_{r_1+r_2 \leq k-2} \alpha_{r_1 r_2} \log^{r_1} t \log^{r_2} n.$$

wobei die Koeffizienten $\alpha_{r_1 r_2}$ wiederum von t unabhängig sind (dies trifft auch für die im folgenden auftretenden Zahlen β_{r_2} zu). Damit lässt sich die Summe rechts in (9) nach Satz 29.1 wie folgt auswerten:

$$\sum_{n \leq t^{1/k}} \frac{1}{n} P_{k-1}\left(\log \frac{t}{n}\right) = \sum_{r_1+r_2 \leq k-2} \alpha_{r_1 r_2} \log^{r_1} t \sum_{n \leq t^{1/k}} \frac{\log^{r_2} n}{n}$$

§ 17 Das PILTZsche Teilerproblem

$$= \sum_{r_1+r_2 \leq k-2} \alpha_{r_1 r_2} \log^{r_1} t \left(\int_1^{t^{1/k}} \frac{\log^{r_2} u}{u} du + \beta_{r_2} + O\left(\frac{\log^{r_2} t}{t^{1/k}}\right) \right)$$

$$= Q_k(\log t) + O(t^{-\frac{1}{k}} \log^{k-2} t).$$

Dadurch nimmt jetzt (9) folgende Gestalt an:

(10) $\quad G(t) = t Q_k(\log t) + O(t^{1-\frac{1}{k}} \log^{k-2} t).$

6. Zur Behandlung von (8) nehmen wir gestützt auf (1) und die Induktionsannahme folgende Umformung vor (es sei $N = [t^{1-\frac{1}{k}}]$)

$$H(t) = \sum_{t^{1/k} < n \leq t} \sum_{1 \leq l \leq t/n} \tau_{k-1}(l)$$

$$= \sum_{l=1}^{N} \tau_{k-1}(l) \sum_{t^{1/k} < n \leq t/l} 1$$

$$= \sum_{n=1}^{N} \tau_{k-1}(n) \left(\frac{t}{n} - t^{1/k} + O(1) \right)$$

$$= t \sum_{n=1}^{N} \frac{\tau_{k-1}(n)}{n} - t^{1/k} D_{k-1}(t^{1-1/k}) + O(D_{k-1}(t^{1-1/k}))$$

$$= t \sum_{n=1}^{N} \frac{\tau_{k-1}(n)}{n} - t^{1/k} (t^{1-1/k} P_{k-1}\left(\left(1 - \frac{1}{k}\right) \log t\right)$$

$$+ O(t^{(1-\frac{1}{k})(1-\frac{1}{k-1})} \log^{k-3} t)) + O(t^{1-\frac{1}{k}} \log^{k-2} t)$$

(11) $\quad = t \sum_{n=1}^{N} \frac{\tau_{k-1}(n)}{n} - t P_k^*(\log t) + O(t^{1-\frac{1}{k}} \log^{k-2} t).$

7. Die verbliebene Summe rechts in (11) formen wir mittels ABELscher Summation nach Satz 23.4 um und erhalten gestützt auf (1) und die Induktionsannahme

$$\sum_{n=1}^{N} \frac{\tau_{k-1}(n)}{n} = \sum_{n=1}^{N} \frac{D_{k-1}(n)}{n(n+1)} + \frac{D_{k-1}(t^{1-1/k})}{N+1}$$

(12) $\quad = L_1(t) + L_2(t) + L_3(t) + O(t^{-1/k} \log^{k-3} t)$

mit

$$L_1(t) = \sum_{n=1}^{N} \frac{P_{k-1}(\log n)}{n+1}, L_2(t) = \frac{(N+O(1))P_k^*(\log t)}{n+1},$$

$$L_3(t) = \sum_{n=1}^{N} \frac{R(n)}{n(n+1)},$$

wobei

$$R(n) = O(n^{1-\frac{1}{k-1}} \log^{k-3} n).$$

8. Für $L_1(t)$ erhalten wir (vgl. die Überlegungen zwischen (9) und (10))

$$L_1(t) = \sum_{n=1}^{N} \frac{1}{n+1} \sum_{j=0}^{k-2} b_j \log^j n$$

$$= \sum_{j=0}^{k-2} b_j \sum_{n=1}^{N} \frac{\log^j n}{n+1}$$

$$= \sum_{j=0}^{k-2} b_j \left(\sum_{n=1}^{N} \frac{\log^j n}{n} - \sum_{n=1}^{N} \frac{\log^j n}{n(n+1)} \right),$$

also

$$L_1(t) = Q_k^*(\log t) + O(t^{-1+\frac{1}{k}} \log^{k-2} t)$$

wegen

$$\sum_{n=1}^{N} \frac{\log^j n}{n(n+1)} = \sum_{n=1}^{\infty} \frac{\log^j n}{n(n+1)} + O\left(\int_{N}^{\infty} \frac{\log^j u}{u^2} du \right)$$

$$= \sum_{n=1}^{\infty} \frac{\log^j n}{n(n+1)} + O\left(\frac{\log^j N}{N^{1/2}} \int_{N}^{\infty} \frac{1}{u^{3/2}} du \right).$$

$L_2(t)$ und $L_3(t)$ lassen sich wie folgt darstellen (β hängt nur von k ab):

$$L_2(t) = \left(1 + O\left(\frac{1}{N}\right)\right) P_k^*(\log t) = P_k^*(\log t) + O(t^{-1+1/k} \log^{k-2} t)$$

und

§ 17 Das Piltzsche Teilerproblem

$$L_3(t) = \sum_{n=1}^{\infty} \frac{R(n)}{n(n+1)} + O\left(\sum_{n=N}^{\infty} \frac{n^{1-\frac{1}{k-1}}\log^{k-3}n}{n^2}\right) = \beta + O\left(\int_N^{\infty} \frac{\log^{k-3}u}{u^{1+\frac{1}{k-1}}}\,du\right)$$

$$= \beta + O(t^{-\frac{1}{k}}\log^{k-3}t).$$

9. Werden die so gewonnenen Ausdrücke für $L_1(t)$, $L_2(t)$ und $L_3(t)$ in (12) eingesetzt, so hat man wegen $k \geq 2$

$$\sum_{n=1}^{N} \frac{\tau_{k-1}(n)}{n} = Q_k^{**}(\log t) + O(t^{-1/k}\log^{k-2}t).$$

Dies in (11) und der so gewonnene Ausdruck für $H(t)$ mit (10) in (7) eingesetzt liefert jetzt tatsächlich (6), wenn man beachtet, dass wegen Satz 1

$$\mathrm{Grad}(Q_k + Q_k^{**}) = k - 1$$

sein muss. q.e.d.

10. Das *Piltzsche Teilerproblem* lässt sich nun als Bestimmung von

$$\vartheta_k = \inf\{\xi \mid D_k(t) = tP_k(\log t) + O(t^\xi)\}$$

für $k \geq 2$ präzisieren. Nach Satz 2 ist

(13) $\quad \vartheta_k \leq 1 - \dfrac{1}{k}.$

Es sind Verbesserungen von (13) bekannt. So weiss man seit Voronoï [1903]

(14) $\quad \vartheta_k \leq 1 - \dfrac{2}{k+1}$

Mit Hilfe eines anderen Ansatzes wurde (14) von Landau [1912] erneut bewiesen. Wir reproduzieren diesen Ansatz in *heuristischer und berichtender Form*. Er ist übrigens auch der Ausgangspunkt fast aller bis heute erzielten Verbesserungen von (14).

11. Für $\sigma > 1$ ist mit der Symbolik von § 32:

$$\zeta^k(s) = \left(\sum_{n_1=1}^{\infty} \frac{1}{n_1^s}\right)\left(\sum_{n_2=1}^{\infty} \frac{1}{n_2^s}\right)\cdots\left(\sum_{n_k=1}^{\infty} \frac{1}{n_k^s}\right)$$

$$= \sum_{n=1}^{\infty} \frac{1}{n^s}\left(\sum_{n_1 n_2 \ldots n_k = n} 1\right) = \sum_{n=1}^{\infty} \frac{\tau_k(n)}{n^s}.$$

Daraus folgt durch Anwendung des *diskontinuerlichen Faktors* (32.4) für $c>1$ und $t \notin \mathbb{N}$

$$\frac{1}{2\pi i}\int_{c-i\infty}^{c+i\infty} \zeta^k(s)\frac{t^s}{s}ds = \sum_{n=1}^{\infty}\tau_k(n)\frac{1}{2\pi i}\int_{c-i\infty}^{c+i\infty}\frac{(t/n)^s}{s}ds = \sum_{n\le t}\tau_k(n),$$

also

(15) $\quad D_k(t) = \dfrac{1}{2\pi i}\displaystyle\int_{c-i\infty}^{c+i\infty} \zeta^k(s)\dfrac{t^s}{s}ds.$

12. Eine kleinere Rechnung (vgl. (32.3)) zeigt, dass in der Umgebung von $s=1$ gilt:

$$\zeta^k(s) = (s-1)^{-k} + k\gamma(s-1)^{-k+1} + \sum_{m=-k+2}^{\infty} a_m(s-1)^m.$$

Ausserdem ist

$$\frac{t^s}{s} = t + t(\log t - 1)(s-1) + \sum_{m=2}^{\infty} tA_m(\log t)(s-1)^m,$$

wo A_m ein Polynom vom Grad m ist. Damit bekommt man für $k=2$

$$\operatorname{Res}\left(\zeta^2(s)\frac{t^s}{s}\right)_{s=1} = t\log t + (2\gamma - 1)t$$

und allgemein

$$\operatorname{Res}\left(\zeta^k(s)\frac{t^s}{s}\right)_{s=1} = tB_k(\log t),$$

wo B_k ein Polynom vom Grade $k-1$ ist. Von daher ist eine Auswertung von (15) durch Anwendung auf ein geeignetes achsenparallelen Rechtecks naheliegend. Dieses Vorgehen liefert (alle Integrationen sind vertikal bzw. horizontal von der unteren nach der oberen Grenze auszuführen, wobei als Integrand stets $\zeta^k(s)t^s/s$ zu nehmen ist):

(16) $\quad 2\pi i D_k(t) = \displaystyle\int_{c-iw}^{c+iw} + \int_{c-i\infty}^{c-iw} + \int_{c+iw}^{c+i\infty} = 2\pi i t B_k(\log t) + R(t,c,c',w)$

mit

$$R(t,c,c',w) = \int_{c-iw}^{c'-iw} + \int_{c'-iw}^{c'+iw} + \int_{c'+iw}^{c+iw} + \int_{c-i\infty}^{c-iw} + \int_{c+iw}^{c+i\infty},$$

wobei $0 < c' < 1$ und $w > 0$.

13. Das eigentliche Problem besteht nun darin $R(t,c,c',w)$ für $w\to +\infty$ gut abzuschätzen. Dies wiederum führt zu der schwierigen, bis heute nicht endgültig

§ 17 Das PILTZsche Teilerproblem

beantworteten Frage nach der Grössenordnung von $|\zeta(\sigma + iw)|$ für $w \to +\infty$. Unter der Annahme

(17) $\quad \zeta\left(\dfrac{1}{2} + iw\right) = O(w^\lambda)$

kann man durch geeignete Wahl von $w = w(t)$ zeigen, dass für $k \geqslant 4$ und jedes ε mit $0 < \varepsilon < 1$ gilt:

(18) $\quad R(t, 1+\varepsilon, \varepsilon, w(t)) = O(t^{1 - \frac{1}{2(k-4)\lambda + 2} + \varepsilon})$.

Nun weiss man z.B., dass in (17) $\lambda > 1/6$ genommen werden darf. Deshalb ist wegen (16)

$$D_k(t) = tB_k(\log t) + O(t^{1 - \frac{3}{k+2} + \varepsilon})$$

für alle $\varepsilon > 0$. Ein Vergleich mit Satz 2 zeigt, dass (wie wohl erwartet und im Falle $k = 2$ bereits bestätigt) $B_k = P_k$. Ferner ist jetzt (14) für $k \geqslant 4$ zu

(19) $\quad \vartheta_k \leqslant 1 - \dfrac{3}{k+2}$

verbessert. Auch in den Fällen $k = 2$ und $= 3$ sind Verbesserungen von (14) möglich. Man erhält sie durch geeignete Modifikationen der eben beschriebenen Methode. Über die Ergebnisse im Fall $k = 2$ wurde bereits ausführlich berichtet (siehe § 13). Im Fall $k = 3$ lauten die bislang besten Resultate:

(20) $\quad \vartheta_3 \leqslant 1 - \dfrac{6}{11} \quad$ und $\quad \vartheta_3 \leqslant 1 - \dfrac{53}{96}$.

14. Man kann wiederum ausgehend von (16) auch Abschätzungen von ϑ_k nach unten bekommen. Sie lauten

(21) $\quad \vartheta_k \geqslant \dfrac{1}{2} - \dfrac{1}{2k} \quad$ für $k \geqslant 2$.

Dies folgt auch aus einer Verallgemeinerung von Satz 13.3, in der eine entsprechende Aussage über die Summe

$$\sum_{n_1 n_2 \ldots n_k \leqslant t} h_{n_1} h_{n_2} \ldots h_{n_k}$$

gemacht wird.

Wir fassen zusammen:

Satz 3. *Es gilt*

I) $\quad \vartheta_k \leqslant 1 - \dfrac{3}{k+2} \quad$ für $k \geqslant 4$;

II) $\quad \vartheta_k \leqslant \dfrac{1}{2} - \dfrac{1}{2k} \quad$ für $k \geqslant 2$.

Dies steht in krassem Gegensatz zu Satz 15.3, der das Kugelproblem für $k \geqslant 4$ wirklich löst. In der Tat ist bis heute das PILTZsche *Teilerproblem für kein einziges k erledigt.* Man *vermutet,* dass

$$\vartheta_k = \frac{1}{2} - \frac{1}{2k} \text{ für } k \geqslant 2.$$

Doch selbst die Annahme, dass (17) für alle $\lambda > 0$ besteht (sog. LINDELÖFsche *Vermutung*) würde zunächst nur zu

(22) $\quad \vartheta_k \leqslant \dfrac{1}{2} \text{ für } k \geqslant 2$

führen.

15. Man beachte noch, dass (14) und (19) für »grosse« k (13) nur »unwesentlich« verschärfen wie im übrigen alle Abschätzungen, die im Prinzip in (13) »lediglich« den Zähler 1 durch eine grössere Zahl ersetzen. Eine »*wesentliche« Verbesserung,* nämlich

(23) $\quad \vartheta_k \leqslant 1 - \dfrac{\eta}{k^{2/3}}$

(η ist eine positive Konstante), wurde erst vor rund zehn Jahren gefunden.

§ 18   Weitere Gitterpunktprobleme des Raumes

1. Wir berichten kurz über die Situation, die entsteht, wenn die *Kugel durch ein Tetraeder ersetzt* wird. Genauer: Für positive $\omega_1, \omega_2, ..., \omega_k$ bezeichne $G_{\omega_1, \omega_2, ..., \omega_k}(t)$ die Anzahl der Gitterpunkte, die im k-dimensionalen Tetraeder

$$\{(u_1, u_2, ..., u_k) | \omega_1 u_1 + \omega_2 u_2 + ... + \omega_k u_k \leqslant t \text{ und } u_1, u_2, ..., u_k \geqslant 0\}$$

liegen. Das Volumen dieses Tetraeders berechnet sich bekanntlich zu

$$\frac{t^k}{k! \omega_1 \omega_2 ... \omega_k}.$$

Nach dem Prinzip »*Volumen plus Fehler von der Ordnung des Randes*« ist

$$G_{\omega_1, \omega_2, ..., \omega_k}(t) = \frac{t^k}{k! \omega_1 \omega_2 ... \omega_k} + O(t^{k-1}).$$

Modifiziert man den Hauptterm und stellt an die Koeffizienten $\omega_1, \omega_2, ..., \omega_k$ gewisse Bedingungen, so lässt sich in Verallgemeinerung von Satz 14.5 die folgende Verbesserung erzielen:

Satz 1. *Ist wenigstens für ein* $n = 2, 3, ..., k$ *der Quotient* ω_n / ω_1 *irrational, so gilt*

§ 18   Weitere Gitterpunktprobleme des Raumes

$$G_{\omega_1,\omega_2,\dots,\omega_k}(t) = \frac{t^k}{k!\,\omega_1\omega_2\dots\omega_k} + \frac{1}{2(k-1)!}\frac{\omega_1+\omega_2+\dots\omega_k}{\omega_1\omega_2\dots\omega_k}t^{k-1} + o(t^{k-1}).$$

2.   Dieser Satz lässt sich mit Methoden der komplexen Analysis beweisen, indem man in Analogie zu (17.15) $G_{\omega_1,\omega_2,\dots,\omega_k}(t)$ durch ein längs der vertikalen Geraden von $c-i\infty$ bis $c+i\infty$ ($c>0$) erstrecktes Integral darstellt und diese Darstellung dann auswertet. Man kann jedoch auch »elementar« vorgehen und den Satz mittels vollständiger Induktion beweisen, wobei Satz 14.5 als Induktionsverankerung benutzt wird. Genau gleich wie im Falle $k=2$ sind je nach der »*arithmetischen Natur*« der Koeffizienten $\omega_1,\omega_2,\dots,\omega_k$ Verbesserungen von Satz 1 möglich.

3.   Das Kugelproblem kann unter dem folgenden allgemeinen Aspekt gesehen werden: Es sei h eine auf $\mathbb{R}^k$ *homogene Funktion vom positiven Grad* ω, d.h. es gelte für alle $t \geq 0$

$$h(tu_1, tu_2, \dots, tu_k) = t^\omega h(u_1, u_2, \dots, u_k).$$

Ausserdem sei h auf $\mathbb{R}^k - \{0\}$ positiv und dort je nach Situation genügend oft differenzierbar. Unter diesen Umständen bezeichne $A_h(t)$ die Anzahl der Gitterpunkte, die in

$$\mathcal{M}_h(t) = \{(u_1, u_2, \dots, u_k) \mid h(u_1, u_2, \dots, u_k) \leq t\}$$

liegen; m.a.W. es sei

$$A_h(t) = \#\{(x_1, x_2, \dots, x_k) \mid h(x_1, x_2, \dots, x_k) \leq t\}.$$

Wegen

(1) $\mathcal{M}_h(t) = t^{\frac{1}{\omega}} \cdot \mathcal{M}_h(1)$

werden also anschaulich gesehen die Gitterpunkte in einem Bereich gezählt, der durch »*Aufblasen*« des »*Grundbereiches*« $\mathcal{M}_h(1)$ vom Nullpunkt her entsteht. Aus (1) folgt noch, wenn V_h das Volumen von $\mathcal{M}_h(1)$ ist, dass das Volumen von $\mathcal{M}_h(t)$ durch $V_h t^{k/\omega}$ gegeben wird. Deshalb ist nach dem Prinzip »*Volumen plus Fehler von der Ordnung des Randes*«

(2) $A_h(t) = V_h t^{\frac{k}{\omega}} + O(t^{\frac{k}{\omega} - \frac{1}{\omega}}).$

4.   Es stellt sich natürlich wieder die Frage nach möglichen Verbesserungen der Fehlerordnung in (2). Wählt man $h(u_1, u_2, \dots, u_k) = u_1^2 + u_2^2 + \dots + u_k^2$ (hier ist $\omega = 2$), so entsteht durch diese Fragestellung das *Kugelproblem*. Nimmt man

(3) $h(u_1, u_2, \dots, u_k) = \sum_{l,m=1}^{k} a_{lm} u_l u_m$

(wobei also die Koeffizienten a_{lm} so gewählt werden müssen, dass die quadratische Form h *positiv-definit* wird), so entsteht das sog. *Ellipsoidproblem*, über das wir im nächsten Kapitel ausführlich sprechen werden (auch hier ist $\omega = 2$).

5.   Interessanterweise lässt sich für eine *grosse Klasse* von Funktionen h die Restabschätzung in (2) *entscheidend verbessern*. Für diese hier nicht näher charakterisierten Funktionen gilt

(4) $\quad A_h(t) = V_h t^{\frac{k}{\omega}} + O(t^{\frac{k}{\omega} - \frac{k}{\omega(k-\eta)}})$,

wo η eine von h abhängige Zahl mit $0 < \eta \leq (k-1)/2$ ist. Beschränken wir uns auf $\omega = 2$, so besagt (4) im günstigsten Fall (nämlich für $\eta = (k-1)/2$) dass

(5) $\quad A_h(t) = V_h t^{\frac{k}{2}} + O(t^{\frac{k}{2} - \frac{k}{k+1}})$.

Dies ist bei der Kugel sicher richtig (wir wissen ja sogar noch mehr). Wir werden später sehen, dass (5) *auch im Fall* (3) *des Ellipsoides* stimmt. Im weiteren gibt es noch andere geometrisch einfach zu beschreibende Bereiche, für die (5) zutrifft.

6.   Als konkretes Beispiel bringen wir noch in Anlehnung an Satz 14.6 den

Satz 2. *Es sei*

$$h(u_1, u_2, \ldots, u_k) = u_1^n + u_2^n + \ldots + u_k^n$$

mit geradem n und

$$\lambda = \frac{(n-1)(k-1)}{n^2}, \quad \mu = \frac{k(k-1)}{n(k+1)}, \quad \rho = \text{Max}(\lambda, \mu).$$

Dann ist

$$A_h(t) = V_h t^{\frac{k}{n}} + O(t^\rho).$$

Überdies ist im Falle $\lambda > \mu$, *d.h. im Falle* $n > k+1$, *auch*

$$A_h(t) = V_h t^{\frac{k}{n}} + \Omega(t^\rho).$$

Anmerkungen

§ 15   *Der Fall* $k \geq 4$. Satz 2 wurde erstmals (als Spezialfall eines allgemeineren Satzes (siehe Satz 19.1)) von WALFISZ [1924] bewiesen. Die hier gegebene Beweisanordnung, in der auch der Beweis von Satz 1 steckt, stammt ebenfalls von WALFISZ [1927a].

Im übrigen gibt es eine *umfangreiche Literatur über das Kugelproblem* für $k \geq 4$. Man konsultiere deswegen den *Übersichtsartikel* WALFISZ [1958] sowie die *Monographie* WALFISZ [1957].

§ 16   *Der Fall* $k = 3$. (1) ist historisch gesehen die erste Verbesserung von Satz 1.2 im Falle $k = 3$ (siehe SIERPIŃSKI [1909]). (2) stammt aus BLEICHER-KNOPP [1965], wo auch das seit LANDAU [1912] bekannte Resultat $\alpha_3 \leq 3/4$ auf vereinfachte Art bewiesen wird.

Satz 1 findet man in WINOGRADOW [1963] und [1976], Satz 2 in SZEGÖ [1926]. Die Vorläufer (3), (4) und $\alpha_3 \leq 2/3 + 7/340$ werden in WINOGRADOW [1949], [1960] und FOMENKO [1961] bewiesen. In CHEN [1963] wird sogar *behauptet*, dass im *O*-Term von Satz 1 *der Faktor* $\log^6 t$ *weggelassen werden darf.* Das dreidimensionale Kugelproblem steht übrigens in engem Zusammenhang mit der Behandlung der Summe $\sum_{d \leq t} h(-d)$, wo $h(-d)$ die *Klassenzahl der eigentlich-primitiven binären quadratischen Formen der Diskrimante* $-d$ ist. Näheres dazu in den eben zitierten Arbeiten.

§ 17 *Das* PILTZ*sche Teilerproblem.* Satz 2 stammt von PILTZ [1881], dem das Problem auch seinen Namen verdankt. Zur Geschichte dieses Satzes siehe die Einleitung von LANDAU [1912b]. Im übrigen wird dort das PILTZ*sche Teilerproblem* auf algebraische Zahlkörper ausgedehnt. Diese Verallgemeinerung wurde verschiedentlich wieder aufgenommen, so z.B. in SZEGÖ-WALFISZ [1927] und neuerdings in KARACUBA [1972].

Eine ausführliche Behandlung von ϑ_k mit Hilfe der ζ-Funktion findet man in TITCHMARSH [1951, ch.XII]. Dort ist auch die Abschätzung (19), die auf HARDY-LITTLEWOOD [1922a] zurückgeht, bewiesen (siehe auch HEATH-BROWN [1978]). Für gewisse »kleine« Werte von k gibt es in TONG [1953] Verbesserungen von (19). Wegen (20) siehe CHEN [1965] und die Ankündigung von KOLESNIK [1980]. Die angedeutete Verallgemeinerung von Satz 13.3 wird in RICHERT [1961] hergeleitet. Über den Zusammenhang zwischen (22) und der LINDELÖF*schen Vermutung* kann man sich wiederum in TITCHMARSH [1951, ch.XIII] orientieren. Im übrigen ist die LINDELÖF*sche Vermutung schwächer als die berühmte* RIEMANN*sche Vermutung* (:»*Alle Nullstellen von* $\zeta(s)$ *in* $\sigma > 0$ *liegen auf* $\sigma = 1/2$«). Es sei noch erwähnt, dass in (17) schärfer als angegeben $\lambda > 6/37$, ja sogar $\lambda > (6/37)-(1/39479)$ genommen werden darf (HANEKE [1962], CHEN [1965a], KOLESNIK [1973]). Diese Tatsache führt wie dargelegt anhand von (18) zu einer Verbesserung von (19), die aber für »grosse« k »unwesentlich« ist. Wegen der »*wesentlichen*« *Verbesserung* (23) orientiere man sich bei KARACUBA [1971], [1972a], [1975]. Im übrigen kann in (23) jedes $\eta < 1/36$ genommen werden (LAVRIK-EDGOROV [1973]). In FUJI [1976] wird (23) weiter verschärft.

Einen andern Ansatz zur Verbesserung von (14) findet man in SRINIVASAN [1963], [1965]. Dort wird zwar (14) verbessert, nicht aber (19) erreicht. Trotzdem sind die genannten Arbeiten interessant, weil sie das PILTZ*sche Teilerproblem* in einem sehr allgemeinen Rahmen behandeln (es werden die Gitterpunkte in einem Bereich abgezählt, der durch die Koordiantenebenen und *mehrere Hyperboloidflächen* begrenzt ist).

§ 18 *Weitere Gitterpunktprobleme des Raumes.* Wegen Satz 1 siehe SPENCER [1942] (*komplexe Methode*) und BEUKERS [1975] (*elementare Methode*). Verschärfungen von Satz 1 und Ω-Abschätzungen sind in DIVIŠ [1977], [1979] angegeben. Bei Interesse für den von (2) ausgehenden Problemkreis konsultiere man HERZ [1962], RANDOL [1966] und [1966a], CAHN [1973]. Dort findet man auch weitere Literaturangaben. Wegen der geometrischen Charakterisierungen von Bereichen, für die (5) zutrifft siehe HLAWKA [1950] und KRUPIČKA [1957]. In diesem Zusammenhang ist auch die Ausdehnung der im Absatz 14.14 besprochenen Situation auf höhere Dimensionen zu erwähnen (COLIN DE VERDIÈRE [1977], BÉRARD [1978]). Satz 2 wird in RANDOL [1966a] bewiesen und in KRÄTZEL [1973] auf ungerade n ausgedehnt (wegen der Ω-Abschätzung siehe auch HAYASHI [1975]); in NOWAK [1980b] und [1981] wird der Fall $k=3$ näher untersucht.

Der Vollständigkeit halber sei noch auf eine *mehr geometrisch* (statt wie hier analytisch) *orientierte Gitterpunktlehre* hingewiesen. Man konsultiere zu diesem Zweck die Monographie HAMMER [1977] und z.B. die neueren Arbeiten WILLS [1978], HADWIGER [1979]. Interessant ist auch die *Übertragung des Kugelproblems auf den hyperbolischen Raum*, nicht zuletzt deshalb, weil sie zu ganz neuen Methoden und Fragestellungen führt; siehe HUBER [1956] (den Initianten), YAMADA [1966], HERRMANN [1967], FRICKER [1968], PATTERSON [1975], WOLFE [1979], GÜNTHER [1979] und [1980], THURNHEER [1981] sowie den entsprechenden Abschnitt im Übersichtsartikel von ELSTROD [1981].

Kapitel 4

Das Ellipsoidproblem

§ 19 Problemstellung

1. Im folgenden bezeichnen *grosse griechische Buchstaben sowie U* Punkte von $\mathbb{R}^k$, wobei für die Komponenten die entsprechenden kleinen Buchstaben verwendet werden also

$$\Gamma = (\gamma_1, \gamma_2, ..., \gamma_k), U = (u_1, u_2, ..., u_k).$$

Ein solcher Punkt heisst *rational* bzw. *ganz*, je nachdem ob alle Komponenten in $\mathbb{Q}$ bzw. $\mathbb{Z}$ liegen. Mit W, X, Y, Z seien stets ganze Punkte (*also Gitterpunkte*) gemeint. Für den Ursprung wird wie früher O geschrieben. $\Gamma > 0$ soll heissen, dass $\gamma_n > 0$ für $n = 1, 2, ..., k$. Neben den in § 1 eingeführten Operationen betrachten wir jetzt auch das *skalare Produkt*

$$\Gamma \Lambda = \sum_{n=1}^{k} \gamma_n \lambda_n$$

und damit insbesondere die *Norm*

$$\|\Gamma\| = \sqrt{\Gamma\Gamma}.$$

Daneben spielt auch die *komponentenweise Multiplikation*

$$\Gamma \circ \Lambda = (\gamma_1 \lambda_1, \gamma_2 \lambda_2, ..., \gamma_n \lambda_n)$$

eine Rolle.
Unter

$$\sum_{X=g}^{h}$$

mit $g \leqslant h$ ist die Summation über alle X mit $g \leqslant x_n \leqslant h$ für $n = 1, 2, ..., k$ zu verstehen. Ist $g = -\infty$ bzw. $h = \infty$, so fällt die Bedingung $g \leqslant x_n$ bzw. $x_n \leqslant h$ weg; in den von uns betrachteten Fällen liegt bei unendlicher Summe *stets absolute Konvergenz* vor, so dass diese Verabredung nicht zu Unklarheiten führen kann.

2. Den folgenden Betrachtungen liegt eine *reelle quadratische Form* zugrunde:

$$Q(U) = \sum_{m,n=1}^{k} a_{mn} u_m u_n,$$

deren *Koeffizientenmatrix* ohne Einschränkung der Allgemeinheit als *symmetrisch* ($a_{mn} = a_{nm}$) angenommen wird. Unter der *Determinante dieser Form* verstehen wir

$$D(Q) = \det(a_{mn}).$$

Im übrigen sei Q stets *positiv-definit*, d.h. $Q(U) > 0$ für alle $U \neq O$. Unter diesen Umständen ist insbesondere $a_{mm} \neq 0$ für $m = 1, 2, ..., k$ sowie $D(Q) > 0$.

3. Gegenstand unserer Untersuchungen ist die *Anzahl der Gitterpunkte im Ellipsoid*

(1) $\{U \mid Q(U) \leq t\},$

also die Anzahlfunktion

(2) $A_Q(t) = \# \{X \mid Q(X) \leq t\}.$

Dass diese Anzahl endlich ist, geht aus der folgenden Bestimmung des Volumens $V_Q(t)$ von (1) hervor.

4. Es existiert bekanntlich eine *orthogonale Transformation* (sog. *Hauptachsentransformation*), die (1) in das spezielle Ellipsoid

$$\{U \mid Q'(U) \leq t\}$$

mit

$$Q'(U) = \lambda_1 u_1^2 + \lambda_2 u_2^2 + ... + \lambda_k u_k^2$$

überführt. Die Koeffizienten $\lambda_1, \lambda_2, ..., \lambda_k$ sind die (von selbst positiven) Eigenwerte der Matrix (a_{mn}). Eine erneute lineare Transformation vermöge

$$u_n = \frac{v_n}{\sqrt{\lambda_n}} \text{ für } n = 1, 2, ..., k$$

führt dieses Ellipsoid in die Kugel um den Ursprung mit dem Radius $\sqrt{t}$ über. Die Determinante der ersten Transformation ist betraglich gleich 1, die der zweiten gleich

$$\frac{1}{\sqrt{\lambda_1 \lambda_2 ... \lambda_k}} = \frac{1}{\sqrt{D(Q)}}.$$

Deshalb ist nach Satz 25.2

(3) $V_Q(t) = \dfrac{\pi^{k/2}}{\sqrt{D(Q)}\,\Gamma\left(\dfrac{k}{2}+1\right)} t^{\frac{k}{2}}.$

5. Nach dem bewährten Prinzip »*Volumen plus Fehler von der Ordnung des Randes*« erwartet man, dass in

$$A_Q(t) = V_Q(t) + P_Q(t)$$

zumindest

§ 19 Problemstellung

(4) $\quad P_Q(t) = O(t^{\frac{k-1}{2}})$

besteht. Wir wissen, dass dies im Falle der Kugel, d.h. im Falle

$$a_{mn} = \begin{cases} 1, \text{ falls } m=n \\ 0, \text{ sonst} \end{cases}$$

stimmt, ja dass dann sogar

(5) $\quad P_Q(t) = O(t^{\frac{k}{2}-1})$ für $k \geqslant 5$

und zudem

(6) $\quad P_Q(t) = \Omega(t^{\frac{k}{2}-1})$

gilt. Wir werden sehen, dass (4) für jedes Q richtig ist, ja dass sogar

(7) $\quad P_Q(t) = O(t^{\frac{k}{2}-1+\frac{1}{k+1}})$ für alle Q

besteht. Hingegen lässt sich die Lösung (5)–(6) des Kugelproblems *nicht* auf die Ellipsoide übertragen (vgl. § 22). Immerhin treffen (5) und (6) auf diejenigen quadratischen Formen zu, deren Koeffizienten a_{mn} in einem paarweise rationalen Verhältnis zueinander stehen. Solche Formen sowie die dazugehörigen Ellipsoide nennen wir *rational*, die restlichen Formen sowie die dazugehörigen Ellipsoide *irrational*. Eine rationale Form mit Koeffizienten a_{mn} ist also mit anderen Worten dadurch ausgezeichnet, dass $c \neq 0$ mit $ca_{mn} \in \mathbb{Z}$ für alle a_{mn} existiert.

6. Wird in Analogie zum Kugelproblem die Bestimmung von

$$\alpha_Q = \inf\{\xi \mid P_Q(t) = O(t^\xi)\}$$

als *Ellipsoidproblem* formuliert, so gilt wie eben ausgeführt

Satz 1. *Ist Q rational, so ist für $k \geqslant 5$*

$$\alpha_Q = \frac{k}{2} - 1$$

und

$$A_Q(t) = V_Q(t) + O(t^{\alpha_Q}).$$

Die erste Aussage dieses Satzes wird sich auch im Falle $k=4$ als richtig herausstellen. Hingegen zeigt das Beispiel der Kugel, dass die zweite Aussage (jedenfalls allgemein) nicht auf $k=4$ übertragen werden darf.

7. Nach dem Muster beim Kugelproblem ist es einfach, einen Teil des Satzes, nämlich (6) nachzuweisen. Dazu wähle man $c > 0$ so, dass stets $ca_{mn} \in \mathbb{Z}$.

Dann ist für alle $X \neq O$: $cQ(X) \in \mathbb{N}$. Deshalb gilt für die Folge $t_n = n/c$:

(8) $\quad A_Q(t_n) = \sum_{Q(X) \leq t_n} 1 = \sum_{cQ(X) \leq n + 1/2} 1 = \sum_{Q(X) \leq t_n + \frac{1}{2c}} 1 = A_Q\left(t_n + \frac{1}{2c}\right).$

Wäre nun (6) falsch, so würde im Widerspruch zu (8) folgen (vgl. die Rechnungen beim Beweis von Satz 1.3):

$$A_Q\left(t_n + \frac{1}{2c}\right) - A_Q(t_n) = \frac{kV_Q(1)}{4c} t_n^{\frac{k}{2}-1} + o(t_n^{\frac{k}{2}-1}).$$

8. Um den Beweis von Satz 1 zu vervollständigen, muss noch (5) nachgewiesen werden. Dieser Nachweis ist *derart umfangreich*, dass wir ihm einen *eigenen Paragraphen* widmen. Immerhin erlauben die dabei zur Anwendung gelangenden Methoden, (5) gleich für eine allgemeinere Restfunktion zu belegen. Ist nämlich Λ vorgegeben, so betrachten wir anstelle von (2)

(9) $\quad A_{Q,\Lambda}(t) = \sum_{Q(X) \leq t} e(\Lambda X).$

Jeder Gitterpunkt wird also mit dem *Gewicht* $e(\lambda_1 x_1 + ... \lambda_k x_k)$ versehen. Ist Λ ganz, so kommen wir auf unser altes $A_Q(t)$ zurück. Inhalt von § 21 ist der Beweis der folgenden Verallgemeinerung von (5)

Satz 2. *Ist Q und Λ rational, so ist*

$$A_{Q,\Lambda}(t) = \delta(\Lambda) V_Q(t) + \begin{cases} O(t^{\frac{k}{2}-1}), \text{ falls } k \geq 5 \\ O(t \log^2 t), \text{ falls } k = 4 \end{cases}$$

mit

$$\delta(\Lambda) = \begin{cases} 1, \text{ falls } \Lambda \text{ ganz} \\ 0, \text{ sonst.} \end{cases}$$

Der Beweis von Satz 2 benutzt einige grundlegende Tatsachen aus der Theorie der sog. *Thetafunktionen*. Davon ist vorgängig dem eigentlichen Beweis die Rede.

§ 20 Thetafunktionen

1. Aus der Theorie der *positiv-definiten quadratischen Formen* benutzen wir

Hilfssatz 1. *Es existiert eine nur von Q abhängige positive Zahl η mit*

$Q(U) \geq \eta \|U\|^2$ *für alle* $U \in \mathbb{R}^k$

§ 20 Thetafunktionen

und

Hilfssatz 2. *Für $k \geq 2$ ist*

$$Q(U) = \frac{1}{a_{11}}(a_{11}u_1 + \ldots + a_{1k}u_k)^2 + R(u_2, \ldots, u_k),$$

wo R eine positiv-definite Form in $k-1$ Variablen ist. Dabei gilt

$$D(R) = \frac{D(Q)}{a_{11}}.$$

2. Eine Reihe der Gestalt

$$\vartheta(Q;\Gamma,\Lambda) = \sum_{X=-\infty}^{\infty} \exp(-\pi Q(X+\Gamma) + 2\pi i \Lambda X)$$

heisst *Thetareihe*. Dabei dürfen die Komponenten von Γ und Λ bis auf Widerruf auch komplexe Zahlen sein. Bezüglich der Konvergenz besteht

Satz 1. *Jede Thetareihe ist absolut konvergent.*

Beweis. Zuerst rechnen wir

$$-\pi Q(X+\Gamma) + 2\pi i \Lambda X = -\pi \sum_{m,n=1}^{k} a_{mn}(x_m + \gamma_m)(x_n + \gamma_n) + 2\pi i \Lambda X$$

$$= -\pi Q(X) + \Delta X + \mu,$$

wobei Δ und μ unabhängig von X sind. Hieraus folgt unter Benutzung der Schreibweise

$$\Delta' = (\operatorname{Re}\delta_1, \ldots, \operatorname{Re}\delta_k), \quad \mu' = \operatorname{Re}\mu,$$

dass

$$|\exp(-\pi Q(X+\Gamma) + 2\pi i \Lambda X)| = \exp(-\pi Q(X) + \Delta' X + \mu').$$

Wegen Hilfssatz 1 und $|\Delta' X| \leq \|\Delta'\| \|X\|$ ist deshalb

$$|\exp(-\pi Q(X+\Gamma) + 2\pi i \Lambda X| \leq \exp\left(-\frac{\eta}{2}\|X\|^2\right),$$

sobald $\|X\|$ genügend gross ist. Daraus folgt nun die Behauptung, da mit der geometrischen Reihe

$$\sum_{x=0}^{\infty} \exp\left(-\frac{\eta}{2}x\right)$$

erst recht

$$\sum_{x=-\infty}^{\infty} \exp\left(-\frac{\eta}{2}x^2\right)$$

konvergiert und daher

$$\sum_{X=-\infty}^{\infty} \exp\left(-\frac{\eta}{2}\|X\|^2\right) = \left(\sum_{x=-\infty}^{\infty} \exp\left(-\frac{\eta}{2}x^2\right)\right)^k$$

besteht. q.e.d.

3. Bezeichnet (b_{mn}) die zu (a_{mn}) inverse Matrix, so nennen wir

$$Q^*(U) = \sum_{m,n=1}^{k} b_{mn} u_m u_n$$

die *zu Q inverse Form*. Mit Q ist *auch Q^* positiv-definit*. Ausserdem folgt anhand einer kleinen Rechnung aus Hilfssatz 2, wenn R^* zu der dort auftretenden Form R invers ist,

Hilfssatz 3.

$$Q^*(U) = \frac{1}{a_{11}} u_1^2 + R^*\left(u_2 - \frac{a_{12}}{a_{11}} u_1, \ldots, u_k - \frac{a_{1k}}{a_{11}} u_1\right).$$

Mit dem Begriff der inversen Form lässt sich die folgende *Transformationsformel* aussprechen.

Satz 2.

$$\vartheta(Q;0,\Lambda) = \frac{1}{\sqrt{D(Q)}} \vartheta(Q^*;\Lambda,0).$$

Beweis. Wir führen den Beweis durch Induktion nach k. Für $k=1$ ist Q von der Gestalt $Q(u) = au^2$ mit $a>0$ und die Behauptung lautet

(1) $$\sum_{x=-\infty}^{\infty} \exp(-\pi a x^2 + 2\pi i \lambda x) = \frac{1}{\sqrt{a}} \sum_{x=-\infty}^{\infty} \exp\left(-\frac{\pi}{a}(x+\lambda)^2\right).$$

4. Um (1) einzusehen, betrachten wir die Funktion

(2) $$\varphi(u) = \sum_{x=-\infty}^{\infty} \exp(-\pi a(x+\lambda+u)^2).$$

Die Reihe rechts konvergiert nach Satz 1 absolut für alle $u \in \mathbb{R}$, so dass φ auf ganz $\mathbb{R}$ definiert ist. Man sieht sofort, dass φ die Periode 1 besitzt. Ausserdem ist φ auf dem Periodenintervall $[0,1]$ stetig differenzierbar. Denn dort ist die durch

§ 20 Thetafunktionen

gliedweise Differentiation entstehende Reihe nach WEIERSTRASS *in u* gleichmässig konvergent. Daher ist nach Satz 30.1

(3) $$\sum_{x=-\infty}^{\infty} \exp(-\pi a(x+\lambda)^2) = \varphi(0) = \sum_{g=-\infty}^{\infty} \int_0^1 \varphi(u)e(gu)du.$$

Da die Konvergenz von (2) auf [0,1] wiederum nach WEIERSTRASS *gleichmässig in u* stattfindet, erhält man für die FOURIER*koeffizienten*:

$$\int_0^1 \varphi(u)e(gu)du = \int_0^1 \sum_{x=-\infty}^{\infty} \exp(-\pi a(x+\lambda+u)^2 + 2\pi i gu)du$$

$$= e(-g\lambda) \sum_{x=-\infty}^{\infty} \int_0^1 \exp(-\pi a(x+\lambda+u)^2 + 2\pi i g(x+\lambda+u))du$$

$$= e(-g\lambda) \sum_{x=-\infty}^{\infty} \int_{x+\lambda}^{x+\lambda+1} \exp(-\pi a v^2 + 2\pi i g v)dv$$

$$= e(-g\lambda) \int_{-\infty}^{\infty} \exp(-\pi a u^2 + 2\pi i g u)du$$

(4) $$= \exp\left(-\frac{\pi g^2}{a} - 2\pi i g \lambda\right) \int_{-\infty}^{\infty} \exp\left(-\pi a \left(u - i\frac{g}{a}\right)^2\right)du.$$

5. Ist $g=0$, so erhält man für das Integral rechter Hand

(5) $$\int_{-\infty}^{\infty} \exp(-\pi a u^2)du = \frac{1}{\sqrt{a}}C$$

mit

$$C = \frac{1}{\sqrt{\pi}} \int_{-\infty}^{\infty} \exp(-u^2)du.$$

Ist aber $g \neq 0$, so wende man den CAUCHYschen *Integralsatz* auf die Funktion $\exp(-\pi a s^2)$ in bezug auf das Rechteck mit den Ecken: $-v$, v, $v-ig/a$, $-v-ig/a$ ($v>0$) an. Da die Integrale längs der vertikalen Seiten für $v \to +\infty$ gegen Null gehen, folgt zusammen mit (5) erneut:

$$\int_{-\infty}^{\infty} \exp\left(-\pi a\left(u-i\frac{g}{a}\right)^2\right)du = \int_{-\infty}^{\infty} \exp(-\pi a u^2)du = \frac{1}{\sqrt{a}}C.$$

Damit geht (3) unter Berücksichtigung von (4) über in

$$\sum_{x=-\infty}^{\infty} \exp(-\pi a(x+\lambda)^2) = \frac{C}{\sqrt{a}} \sum_{x=-\infty}^{\infty} \exp\left(-\frac{\pi}{a}x^2 - 2\pi i \lambda x\right)$$

Durch die Wahl $a = 1$ und $\lambda = 0$ erhält man sofort $C = 1$. Nimmt man jetzt noch $1/a$ anstelle von a, so ist damit nach (1) der Satz für $k = 1$ bewiesen.

6. Nun sei $k \geq 2$ und der Satz für $k-1$ richtig. Nach Hilfssatz 2 ist

$$Q(X) = a_{11}x_1^2 + 2Lx_1 + \frac{1}{a_{11}}L^2 + R(X^{(1)}),$$

wenn zur Abkürzung

$$X^{(1)} = (x_2, \ldots, x_k), L = L(X^{(1)}) = a_{12}x_2 + \ldots + a_{1k}x_k$$

gesetzt wird. Schreiben wir entsprechend

$$\Lambda^{(1)} = (\lambda_2, \ldots, \lambda_k),$$

so wird nach Definition von ϑ (man beachte die absolute Konvergenz):

$$\vartheta(Q;0,\Lambda) = \sum_{X^{(1)} = -\infty}^{\infty} \exp\left(-\frac{\pi}{a_{11}}L^2 - \pi R(X^{(1)}) + 2\pi i \Lambda^{(1)} X^{(1)}\right)$$

$$\times \sum_{x_1 = -\infty}^{\infty} \exp(-\pi a_{11} x_1^2 + 2\pi i (\lambda_1 + iL) x_1),$$

also wegen (1)

$$\vartheta(Q;0,\Lambda) = \frac{1}{\sqrt{a_{11}}} \sum_{X = -\infty}^{\infty} \exp\left(-\frac{\pi}{a_{11}}L^2 - \pi R(X^{(1)})\right.$$

$$\left. + 2\pi i \Lambda^{(1)} X^{(1)} - \frac{\pi}{a_{11}}(x_1 + \lambda_1 + iL)^2\right).$$

Die so entstandene Reihe ist nach Satz 1 absolut konvergent. Denn für den Realteil der quadratischen Glieder im Argument von exp erhält man

$$-\frac{\pi}{a_{11}}L^2 - \pi R(X^{(1)}) - \frac{\pi}{a_{11}}x_1^2 + \frac{\pi}{a_{11}}L^2 = -\pi\left(\frac{1}{a_{11}}x_1^2 + R(X^{(1)})\right),$$

wo rechts in der Klammer eine positiv-definite Form in k Variablen steht. Dies gestattet die weitere Umformung

$$\vartheta(Q;0,\Lambda) = \frac{1}{\sqrt{a_{11}}} \sum_{x_1 = -\infty}^{\infty} \exp\left(-\frac{\pi}{a_{11}}(x_1 + \lambda_1)^2\right)$$

$$\times \sum_{X^{(1)} = -\infty}^{\infty} \exp\left(-\pi R(X^{(1)}) + 2\pi i \Lambda^{(1)} X^{(1)} - 2\pi i \frac{x_1 + \lambda_1}{a_{11}} L\right)$$

§ 20 Thetafunktionen

(6) $$= \frac{1}{\sqrt{a_{11}}} \sum_{x_1=-\infty}^{\infty} \exp\left(-\frac{\pi}{a_{11}}(x_1+\lambda_1)^2\right) \vartheta(R; O, \Lambda'),$$

wo

(7) $$\Lambda' = \left(\lambda_2 - \frac{a_{12}}{a_{11}}(x_1+\lambda_1), \ldots, \lambda_k - \frac{a_{1k}}{a_{11}}(x_1+\lambda_1)\right).$$

7. Aus (6) folgt nach Induktionsannahme und Hilfssatz 2

$$\vartheta(Q; O, \Lambda) = \frac{1}{\sqrt{a_{11}}} \sum_{x_1=-\infty}^{\infty} \exp\left(-\frac{\pi}{a_{11}}(x_1+\lambda_1)^2\right) \frac{1}{\sqrt{D(R)}} \vartheta(R^*; \Lambda', O)$$

$$= \frac{1}{\sqrt{D(Q)}} \sum_{X=-\infty}^{\infty} \exp\left(-\frac{\pi}{a_{11}}(x_1+\lambda_1)^2 - \pi R^*(X^{(1)}+\Lambda')\right).$$

Der Beweis ist demnach erbracht, wenn wir für alle X

$$-\frac{\pi}{a_{11}}(x_1+\lambda_1)^2 - \pi R^*(X^{(1)}+\Lambda') = -\pi Q^*(X+\Lambda)$$

zeigen können. Dies wiederum (man ersetze $X+\Lambda$ durch U und beachte (7)) läuft auf die Behauptung von Hilfssatz 3 hinaus. q.e.d.

8. Satz 2 lässt sich verallgemeinern zu

Satz 3.

$$\vartheta(Q; \Gamma, \Lambda) = \frac{1}{\sqrt{D(Q)}} e(-\Gamma \Lambda) \vartheta(Q^*; \Lambda, -\Gamma)$$

Beweis. Wie früher bezeichne (b_{mn}) die Koeffizientenmatrix von Q^*. Weiter sei Δ definiert durch

$$\delta_n = \lambda_n + i \sum_{m=1}^{k} b_{mn} \gamma_m \quad (n=1,2,\ldots,k).$$

Dann zeigen wir als Vorbereitung

(8) $$\vartheta(Q; \Lambda, -\Gamma) = \exp(-\pi Q^*(\Gamma) + 2\pi i \Gamma \Lambda) \vartheta(Q; \Delta, O).$$

Zu diesem Zweck rechnen wir nach Definition von Δ und Q^* (die Summationsbuchstaben m, n, g, h laufen alle stets von 1 bis k):

$$Q(X+\Delta) = \sum_{m,n} a_{mn}(x_m + \lambda_m + i \sum_g b_{gm}\gamma_g)(x_n + \lambda_n + i \sum_h b_{hn}\gamma_h)$$

$$= \sum_{m,n} a_{mn}(x_m + \lambda_m)(x_n + \lambda_n) + 2i \sum_{m,n} a_{mn}(x_m + \lambda_m) \sum_h b_{hn}\gamma_h$$
$$- \sum_{m,n} a_{mn} \sum_{g,h} b_{gm}b_{hn}\gamma_g\gamma_h$$
$$= Q(X+\Lambda) + 2i \sum_{m,h}(x_m + \lambda_m)\gamma_h \sum_n a_{mn}b_{hn} - \sum_{m,g,h} b_{gm}\gamma_g\gamma_h \sum_n a_{mn}b_{hn}$$
$$= Q(X+\Lambda) + 2i(X+\Lambda)\Gamma - Q^*(\Gamma).$$

Wird dies in der rechten Seite von

$$\vartheta(Q;\Delta,0) = \sum_{X=-\infty}^{\infty} \exp(-\pi Q(X+\Delta))$$

eingesetzt, so folgt in der Tat (8).

9. Ersetzt man in Satz 2 Q durch Q^* und wendet dies auf (8) an, so kommt

(9) $\vartheta(Q;\Lambda,-\Gamma) = \sqrt{D(Q^*)} \exp(-\pi Q^*(\Gamma) + 2\pi i \Gamma\Lambda)\vartheta(Q^*;0,\Delta)$

heraus. Nun ist aber

$$\vartheta(Q^*;0,\Delta) = \sum_{X=-\infty}^{\infty} \exp(-\pi Q^*(X) + 2\pi i \Delta X)$$

und nach Definition von Δ

$$-Q^*(X) + 2i\Delta X = - \sum_{m,n} b_{mn}x_m x_n + 2i \sum_n \lambda_n x_n - 2 \sum_{m,n} b_{mn}\gamma_m x_n$$
$$= - \sum_{m,n} b_{mn}(x_m + \gamma_m)(x_n + \gamma_n) + \sum_{m,n} b_{mn}\gamma_m\gamma_n + 2i \sum_n \lambda_n x_n$$
$$= -Q^*(X+\Gamma) + Q^*(\Gamma) + 2i\Lambda X,$$

also

$$\vartheta(Q^*;0,\Delta) = \exp(\pi Q^*(\Gamma))\vartheta(Q^*;\Gamma,\Lambda).$$

Benutzt man dies in (9) und ersetzt noch Q durch Q^*, so hat man die Behauptung. q.e.d.

10. Von jetzt ab seien *die Komponenten von Γ und Λ wieder reell.* Die durch

(10) $\vartheta_{Q;\Gamma,\Lambda}(s) = \sum_{X=-\infty}^{\infty} \exp(-\pi Q(X+\Gamma)s + 2\pi i \Lambda X)$

festgelegte Funktion heisst *Thetafunktion*. Sie ist in der Halbebene $\sigma > 0$ definiert. Denn es ist

$$|\exp(-\pi Q(X+\Gamma)s + 2\pi i \Lambda X)| = \exp(-\pi T(X+\Gamma))$$

mit der positiv-definiten Form

§ 21 Rationale Ellipsoide

(11) $\quad T(X) = \sigma Q(X)$,

so dass nach Satz 1 in $\sigma > 0$ sogar absolute Konvergenz vorliegt. Ausserdem folgt die gleichmässige Konvergenz in jeder Halbebene $\sigma \geq \sigma_0$ mit $\sigma_0 > 0$. (10) definiert daher eine in $\sigma > 0$ holomorphe Funktion.

11. Für Thetafunktionen besteht folgende *Transformationsformel*

Satz 4. *Für $\sigma > 0$ gilt*

$$\vartheta_{Q;\Gamma,\Lambda}(s) = \frac{1}{s^{k/2}\sqrt{D(Q)}} e(-\Gamma\Lambda)\vartheta_{Q^*;\Lambda,-\Gamma}\left(\frac{1}{s}\right),$$

wobei $s^{k/2} = (s^{1/2})^k$ mit Re $s^{1/2} > 0$.

Beweis. Nach dem Prinzip der holomorphen Fortsetzung genügt es, die Behauptung für reelle $s = \sigma > 0$ zu beweisen. Für diese s gilt mit der Bezeichnung (11)

$$\vartheta_{Q;\Gamma,\Lambda}(\sigma) = \vartheta(T;\Gamma,\Lambda),$$

also wegen Satz 3

$$\vartheta_{Q;\Gamma,\Lambda}(\sigma) = \frac{1}{\sqrt{D(T)}} e(-\Gamma\Lambda)\vartheta(T^*;\Lambda,-\Gamma).$$

Beachtet man hier, dass

$$T^* = \frac{1}{\sigma}Q^*, D(T) = \sigma^k D(Q),$$

so erhält man die behauptete Formel. q.e.d.

§ 21 Rationale Ellipsoide

1. Wir beweisen zuerst Satz 19.2. Dabei können wir sogleich annehmen, dass alle a_{mn} in $\mathbb{Z}$ liegen. Denn andernfalls wähle man $c > 0$ so, dass alle ca_{mn} in $\mathbb{Z}$ sind und bilde dann die Form cQ:

$$(cQ)(U) = \sum_{m,n=1}^{k} (ca_{mn})u_m u_n.$$

Beachtet man noch, dass

$$A_{Q,\Lambda}(t) = A_{cQ,\Lambda}(ct)$$

und

$$V_{cQ}(t) = \frac{V_Q(t)}{c^{k/2}},$$

so kann man ohne weiteres aus der Gültigkeit unseres Satzes für Formen mit ganzen Koeffizienten auf diejenige für rationale Formen schliessen.

2.   Mit Hilfe von Q und Λ bilden wir die Thetafunktion

$$\vartheta(s) = \vartheta_{Q;0,\Lambda}(s)$$

und rechnen für $\sigma > 0$

$$\exp(\pi n s) \int_0^1 \vartheta(s - 2iu) e(-nu) du$$

$$= \exp(\pi n s) \sum_{X=-\infty}^{\infty} \exp(-\pi Q(X)s + 2\pi i \Lambda X) \int_0^1 e((Q(X) - n)u) du$$

(1) $$= \sum_{Q(X) = n} e(\Lambda X)$$

wegen der gleichmässigen Konvergenz der Reihe und

$$\int_0^1 e((Q(X) - n)u) du = \begin{cases} 1, \text{ falls } Q(X) = n \\ 0, \text{ sonst.} \end{cases}$$

Indem wir noch speziell $s = 1/t$ wählen, gewinnen wir die Darstellung

(2) $$A_{Q,\Lambda}(t) - 1 = \sum_{n \leq t} \sum_{Q(X) = n} e(\Lambda X) = \int_0^1 \vartheta\left(\frac{1}{t} - 2iu\right) \sum_{n \leq t} \exp\left(\frac{\pi n}{t} - 2\pi i n u\right) du.$$

Wir merken an, dass bereits an dieser Stelle die *Beschränkung auf rationale Formen entscheidend* ist.

3.   Um das Integral in (2) auszuwerten, betrachten wir die zur Schwelle $[\sqrt{t}]$ gehörige FAREY*folge* (siehe § 26). Ist r eine Zahl dieser Folge, so seien r' und r'' die r benachbarten Medianten, wobei $r' < r''$. Nun betrachten wir für $0 \leq r < 1$ die Intervalle $i(r) = [r', r'']$. Der Durchschnitt zweier solcher Intervalle besteht aus höchstens einem Punkt. Da zudem die Vereinigung dieser Intervalle ein Intervall der Länge 1 ergibt und der Integrand in (2) die Periode 1 besitzt, ist auch

(3) $$A_{Q,\Lambda}(t) - 1 = \sum_{0 \leq r < 1} \left(\int_{i(r)} \vartheta\left(\frac{1}{t} - 2iu\right) \sum_{n \leq t} \exp\left(\frac{\pi n}{t} - 2\pi i n u\right) du \right).$$

Für die weitere Rechnung ist es zweckmässig, die Variablentransformation $u \to u + r$ vorzunehmen. Dabei tritt anstelle von $i(r)$ das Intervall $I(r) = [r' - r, r'' - r]$. Wenn wir der Einfachheit halber noch

(4) $$s = s(u) = \frac{1}{t} - 2iu$$

§ 21 Rationale Ellipsoide

setzen, nimmt (3) folgende Gestalt an

(5) $\quad A_{Q,\Lambda}(t) - 1 = \sum_{0 \leq r < 1} \left(\int_{I(r)} \vartheta(s - 2ir) \sum_{n \leq t} \exp\left(\frac{\pi n}{t} - 2\pi in(u+r)\right) du \right).$

4. Für spätere Zwecke notieren wir noch, dass mit $r = p/q$ gilt:

(6) $\quad |u| < \dfrac{1}{q\sqrt{t}} \quad \text{für } u \in I(r)$

und

(7) $\quad |u| \geq \dfrac{1}{2q\sqrt{t}} \quad \text{für } u \notin I(r).$

Ist nämlich $r' = (p+p')/(q+q')$, $r'' = (p+p'')/(q+q'')$, so folgt im Falle $u \in I(r)$ (d.h. $u+r \in i(r)$) nach der Schlussweise von Satz 26.3

$$|u| = |(u+r) - r| \leq \frac{1}{q([\sqrt{t}]+1)} < \frac{1}{q\sqrt{t}}$$

und im Falle $u \notin I(r)$ (d.h. $u+r \notin i(r)$) nach Satz 26.2 wegen der Schwellengrösse $[\sqrt{t}]$

$$|u| = |(u+r) - r| \geq \operatorname{Min}(r - r', r'' - r)$$
$$= \operatorname{Min}\left(\frac{1}{q(q+q')}, \frac{1}{q(q+q'')}\right) \geq \frac{1}{2q\sqrt{t}}.$$

5. Zur Behandlung von (5) führen wir den ersten Faktor des Integranden *mit Hilfe der Thetatransformationsformel* in eine andere Gestalt über. Dazu beachten wir, dass durch $qx + y$ mit $x \in \mathbb{Z}$ und $y \in \{0, 1, \ldots, q-1\}$ jede ganze Zahl genau einmal dargestellt wird. Deshalb ist auch

$$\vartheta(s - 2ir) = \sum_{Y=0}^{q-1} \sum_{X=-\infty}^{\infty} \exp(2\pi i r Q(qX+Y)$$
$$- \pi Q(qX+Y)s + 2\pi i \Lambda Y + 2\pi i (q\Lambda)X),$$

also, da $rq \in \mathbb{Z}$,

(8) $\quad \vartheta(s - 2ir) = \sum_{Y=0}^{q-1} e(rQ(Y)) F_{Q,q,\Lambda,s}(Y)$

mit

$$F_{Q,q,\Lambda,s}(Y) = e(\Lambda Y) \sum_{X=-\infty}^{\infty} \exp\left(-\pi Q\left(X + \frac{Y}{q}\right) q^2 s + 2\pi i (q\Lambda)X\right)$$
$$= e(\Lambda Y) \vartheta_{Q;\frac{Y}{q}, q\Lambda}(q^2 s).$$

Anwendung von Satz 20.4 liefert

$$F_{Q,q,\Lambda,s}(Y) = (D(Q))^{-1/2} q^{-k} s^{-k/2} \vartheta_{Q^*;q\Lambda,-\frac{Y}{q}}\left(\frac{1}{q^2 s}\right)$$

$$= (D(Q))^{-1/2} q^{-k} s^{-k/2}$$

$$\times \sum_{X=-\infty}^{\infty} \exp\left(-\pi Q^*(X+q\Lambda)\frac{1}{q^2 s} - 2\pi i \frac{Y}{q} X\right)$$

$$= (D(Q))^{-1/2} q^{-k} s^{-k/2}$$

$$\times \sum_{X=-\infty}^{\infty} \exp\left(-\pi Q^*(-X-q\Lambda)\frac{1}{q^2 s} - \frac{2\pi i}{q} XY\right).$$

Nimmt man hier unter dem Summenzeichen X anstelle von $-X$ und setzt dies in (8) ein, so entsteht

$$\vartheta(s-2ir) = (D(Q))^{-1/2} q^{-k} s^{-k/2}$$

(9) $$\sum_{X=-\infty}^{\infty} \exp\left(-\pi Q^*(X-q\Lambda)\frac{1}{q^2 s}\right) \sum_{Y=0}^{q-1} e\left(rQ(Y) + \frac{1}{q} XY\right),$$

wobei also $s^{-k/2}$ durch $(s^{-1/2})^k$ und $s^{-1/2}$ seinerseits durch $\operatorname{Re} s^{-1/2} > 0$ festgelegt ist.

6. Im folgenden bezeichne h den *Hauptnenner* der als rational vorausgesetzten $\lambda_1, \lambda_2, ..., \lambda_k$, also das *k.g.V. der positiven Nenner der gekürzten Brüche* $\lambda_1, \lambda_2, ..., \lambda_k$. Ist $q \equiv 0 \bmod h$, so wird $q\Lambda$ ganz, d.h. in (9) tritt ein Summand mit $X = q\Lambda$ auf. Indem wir diesen allfälligen Summanden abspalten, erhalten wir die Darstellung

(10) $$\vartheta(s-2ir) = \vartheta\left(s-2i\frac{p}{q}\right) = \delta(q)(D(Q))^{-1/2} q^{-k} s^{-k/2} S_Q(p,q,\Lambda) + R_r(u,t)$$

mit

(11) $$\delta(q) = \begin{cases} 1, & \text{falls } q \equiv 0 \bmod h \\ 0, & \text{sonst,} \end{cases}$$

(12) $$S_Q(p,q,\Lambda) = \sum_{X=0}^{q-1} e\left(\frac{p}{q} Q(X) + \Lambda X\right)$$

und (man beachte (4))

(13) $$R_r(u,t) = (D(Q))^{-1/2} q^{-k} s^{-k/2} \sum_{X=-\infty}^{\infty}{}' \exp\left(-\pi Q^*(X-q\Lambda)\frac{1}{q^2 s}\right) \times$$

§ 21 Rationale Ellipsoide

$$\times \sum_{Y=0}^{q-1} e\left(rQ(Y)+\frac{1}{q}XY\right),$$

wobei der *Apostroph* bedeutet, dass im Falle $q \equiv 0 \bmod h$ der Summand mit $X = q\Lambda$ wegzulassen ist. Wir werden zeigen, dass

(14) $\quad R_r(u,t) = O(t^{k/4})$ für $u \in I(r)$

mit einer *von u und r unabhängigen O-Konstanten*.

7. Zu diesem Zweck zeigen wir zuerst, dass

(15) $\quad \displaystyle\sum_{Y=0}^{q-1} e\left(rQ(Y)+\frac{1}{q}XY\right) = O(q^{k/2})$

mit einer *von X und p unabhängigen O-Konstanten*.
Zunächst ist

$$\left|\sum_{Y=0}^{q-1} e(rQ(Y)+\ldots)\right|^2 = \left\{\sum_{Y=0}^{q-1} e(rQ(Y)+\ldots)\right\}\left\{\sum_{Y=0}^{q-1} e(-(rQ(Y)+\ldots))\right\}$$

$$= \sum_{Y,Z=0}^{q-1} e\left(r(Q(Y)-Q(Z))+\frac{1}{q}X(Y-Z)\right).$$

Man beachte, dass sich die rechte Seite nicht ändert, wenn die Komponenten von Y und Z anstelle des speziellen Restsystems $\{0,1,\ldots,q-1\}$ je irgendein Restsystem mod q durchlaufen. Da die Komponenten von $W+Z$ für jedes feste Z je ein solches Restsystem durchlaufen, wenn dies die Komponenten von W tun, ist auch

$$\left|\sum_{Y=0}^{q-1}\ldots\right|^2 = \sum_{W,Z=0}^{q-1} e\left(r(Q(W+Z)-Q(Z))+\frac{1}{q}WX\right).$$

Wegen

$$Q(W+Z)-Q(Z) = Q(W) + \sum_{m,n=1}^{k} a_{mn}(w_m z_n + w_n z_m)$$

erhalten wir schliesslich

$$\left|\sum_{Y=0}^{q-1}\ldots\right|^2 = \sum_{W=0}^{q-1} e\left(rQ(W)+\frac{1}{q}WX\right)$$

(16) $\quad \times \displaystyle\sum_{Z=0}^{q-1} e\left(2r \sum_{m,n=1}^{k} a_{mn} w_m z_n\right) \leq \sum_{W=0}^{q-1} |P(W)|$

mit

$$P(W) = \prod_{n=1}^{k} \sum_{z_n=0}^{q-1} e((2r \sum_{m=1}^{k} a_{mn}w_m)z_n).$$

Die Faktoren dieses Produktes nehmen den Wert q oder 0 an, je nachdem ob der vor z_n stehende Faktor ganz ist oder nicht. Das Produkt selbst ist deshalb nur für diejenigen W von Null verschieden, und zwar $=q^k$, deren Komponenten das folgende System von k Kongruenzen erfüllen:

(17) $\quad 2 \sum_{m=1}^{k} a_{mn}w_m \equiv 0 \bmod q \quad (n=1,2,...,k).$

Nun gibt es bekanntlich Zahlen b_{ln} (die sog. *algebraischen Komplemente* von a_{ln}) mit

$$\sum_{n=1}^{k} a_{mn}b_{ln} = \begin{cases} D(Q), \text{ falls } m=l \\ 0, \text{ sonst.} \end{cases}$$

Multipliziert man daher (17) mit b_{ln} und summiert über $n=1,2,...,k$ so erhält man als *notwendige Bedingung für* $P(W) \neq 0$

$$2D(Q)w_l \equiv 0 \bmod q \text{ für } l=1,2,...,k.$$

Hier hat jede Kongruenz $(2D(Q);q)$ Lösungen, also höchstens $2D(Q)$ Lösungen. Es ist also $P(W) \neq 0$ für höchstens $(2D(Q))^k$ Punkte W. Da $P(W) \neq 0$ bedeutet, dass $P(W) = q^k$, folgt jetzt (15) aus (16).

8. Mit (13) haben wir nun

$$R_r(u,t) = O\left(q^{-k/2}|s|^{-k/2} \sum_{X=-\infty}^{\infty}{}' \exp\left(-\pi Q^*(X-q\Lambda)\frac{\tau}{q^2}\right)\right)$$

mit (man beachte (4))

(18) $\quad \tau = \operatorname{Re}\dfrac{1}{s} = \dfrac{\operatorname{Re} s}{|s|^2} = \dfrac{t}{1+4t^2u^2}.$

Benutzt man weiter die Existenz von $\eta > 0$ mit

$$Q^*(Y) \geq \eta \|Y\|^2$$

(vgl. Hilfssatz 20.1), so folgt weiter

(19) $\quad R_r(u,t) = O\left(q^{-k/2}|s|^{-k/2} \sum_{X=-\infty}^{\infty}{}' \exp\left(-\dfrac{\tau\eta}{q^2}\|X-q\Lambda\|^2\right)\right).$

9. Ist $q \equiv 0 \bmod h$, so wird $q\Lambda$ ganz, so dass $Y = X - q\Lambda$ als neuer Summationsbuchstabe genommen werden kann. Beachtet man noch die

§ 21 Rationale Ellipsoide

Bedeutung des Apostrophs, so erhält man auf diese Weise

$$\sum_{X=-\infty}^{\infty}{}' \exp(\ldots) = \sum_{\substack{Y=-\infty \\ \|Y\|>0}}^{\infty} \exp\left(-\frac{\tau\eta}{q^2}\|Y\|^2\right)$$

$$= O\left(\sum_{\substack{Y=0 \\ y_1 \geq 1}}^{\infty} \exp\left(-\frac{\tau\eta}{q^2}\|Y\|^2\right)\right)$$

(20)
$$= O\left(\left\{\sum_{y=0}^{\infty} \exp\left(-\frac{\tau\eta}{q^2}(y+1)^2\right)\right\}\right.$$

$$\left.\times \left\{\sum_{y=0}^{\infty} \exp\left(-\frac{\tau\eta}{q^2}y\right)\right\}^{k-1}\right) \quad \text{für } q \equiv 0 \bmod h.$$

Ist $q \not\equiv 0 \bmod h$, so bringen wir $q\Lambda$ auf die Gestalt

$$q\Lambda = L + \Phi$$

mit ganzem L und $0 \leq \varphi_n < 1$ für $n = 1, 2, \ldots, k$. Nach Annahme ist mindestens eine der Komponenten $q\lambda_n$ nicht ganz, also mindestens eine der Zahlen $\varphi_n > 0$. Wir dürfen für das Folgende o.E.d.A. annehmen, dies treffe für $n = 1$ zu. Nach Definition von h ist dann genauer

(21) $\dfrac{1}{h} \leq \varphi_1 \leq \dfrac{h-1}{h}.$

Indem wir nun $Y = X - L$ als neuen Summationsbuchstaben einführen, finden wir wegen (21)

$$\sum_{X=-\infty}^{\infty}{}' \exp(\ldots) = \sum_{Y=-\infty}^{\infty} \exp\left(-\frac{\tau\eta}{q^2}\|Y-\Phi\|^2\right)$$

$$\leq \sum_{Y=-\infty}^{\infty} \exp\left(-\frac{\tau\eta}{q^2}((|y_1|-\varphi_1)^2 + \ldots + (|y_n|-\varphi_n)^2)\right)$$

$$= O\left(\left\{\sum_{y=0}^{\infty} \exp\left(-\frac{\tau\eta}{q^2}(y-\varphi_1)^2\right)\right\}\left\{\sum_{y=0}^{\infty} \exp\left(-\frac{\tau\eta}{q^2}y\right)\right\}^{k-1}\right)$$

$$= O\left(\left\{\sum_{y=0}^{\infty} \exp\left(-\frac{\tau\eta}{q^2}\left(y+\frac{1}{h}\right)^2\right)\right\}\left\{\sum_{y=0}^{\infty} \exp\left(-\frac{\tau\eta}{q^2}y\right)\right\}^{k-1}\right).$$

Wegen (20) gilt diese Abschätzung auch im Falle $q \equiv 0 \bmod h$. Nun ist aber für $u \in I(r)$ nach (6) und (18)

(22) $\quad \dfrac{\tau}{q^2} = \dfrac{t}{q^2 + 4t^2 q^2 u^2} > \dfrac{t}{q^2 + 4t} \geq \dfrac{1}{5},$

also

$$\sum_{x=-\infty}^{\infty}{}' \exp(\ldots) = O\left(\sum_{y=0}^{\infty} \exp\left(-\dfrac{\tau\eta}{q^2}\left(y+\dfrac{1}{h}\right)^2\right)\right)$$

$$= O\left(\exp\left(-\dfrac{\tau\eta}{q^2 h^2}\right) \sum_{y=0}^{\infty} \exp\left(-\dfrac{\tau\eta}{q^2} y\right)\right)$$

$$= O\left(\exp\left(-\dfrac{\tau\eta}{q^2 h^2}\right)\right).$$

10. Zusammen mit (19) ergibt das

$$R_r(u,t) = O\left(t^{k/4}(tq^2|s|^2)^{-k/4} \exp\left(-\dfrac{\tau\eta}{q^2 h^2}\right)\right).$$

Wegen (4) und (18) ist

$$t|s|^2 = \dfrac{|s|^2}{\operatorname{Re} s} = \dfrac{1}{\tau},$$

also

$$R_r(u,t) = O\left(t^{k/4} \xi^{k/4} \exp\left(-\dfrac{\eta}{h^2}\xi\right)\right)$$

mit

$$\xi = \dfrac{\tau}{q^2}.$$

Daraus folgt in der Tat (14).

11. Dadurch nimmt (5) wegen (10) folgende Gestalt an

(23) $\quad A_{Q,\Lambda}(t) - 1 = S_1(t) + O(t^{k/4} S_2(t))$

mit (der *Apostroph* soll jetzt bedeuten, dass *nur* über die p mit $(p;q)=1$ zu summieren ist):

(24) $\quad S_1(t) = \dfrac{1}{\sqrt{D(Q)}} \sum_{\substack{q \leq \sqrt{t} \\ q \equiv 0 \bmod h}} \sum_{p=0}^{q-1}{}' \dfrac{S_Q(p,q,\Lambda)}{q^k}$

§ 21 Rationale Ellipsoide

$$\times \int_{I(\frac{p}{q})} \left(s^{-k/2} \sum_{n \leq t} \exp\left(\frac{\pi n}{t} - 2\pi i n \left(u + \frac{p}{q}\right)\right)\right) du$$

und

$$S_2(t) = \sum_{0 \leq r < 1} \int_{I(r)} \left(\sum_{n \leq t} \exp\left(\frac{\pi n}{t} - 2\pi i n(u+r)\right)\right) du,$$

also, indem man den von (2) zu (5) führenden Schluss rückgängig macht,

(25) $\quad S_2(t) = \int_0^1 f(u,t) du$

mit

(26) $\quad f(u,t) = \sum_{n \leq t} e(-nu) \exp\left(\frac{\pi n}{t}\right).$

Nun ist einerseits

$$\left|\sum_{n \leq t} e(-nu)\right| \leq \sum_{n \leq t} 1 \leq t$$

und andrerseits für $u \notin \mathbb{Z}$

(27) $\quad \left|\sum_{n \leq t} e(-nu)\right| = \left|e(-u) \frac{e(-[t]u) - 1}{e(-u) - 1}\right|$

$$\leq \frac{2}{\left|e\left(-\frac{u}{2}\right) - e\left(\frac{u}{2}\right)\right|} = \frac{1}{|\sin \pi u|},$$

also

$$\sum_{n \leq t} e(-nu) = O\left(\mathrm{Min}\left(t, \frac{1}{|\sin \pi u|}\right)\right),$$

wobei im Falle $u \in \mathbb{Z}$ die rechte Seite als $O(t)$ zu lesen ist. Hieraus wiederum gewinnt man von (26) ausgehend mittels ABELscher Summation nach Satz 23.4

(28) $\quad f(u,t) = O\left(\mathrm{Min}\left(t, \frac{1}{|\sin \pi u|}\right)\right).$

Für die weitere Umformung ist es zweckmässig, die Funktion

(29) $\quad \rho(u) = \mathrm{Max}\left(\frac{1}{|u|}, \frac{1}{1-|u|}\right) \quad$ für $0 < |u| < 1.$

einzuführen. Denn wegen

$$|\sin u| \geq \begin{cases} \dfrac{2}{\pi}|u|, \text{ falls } |u| \leq \dfrac{\pi}{2} \\ 2 - \dfrac{2}{\pi}|u|, \text{ falls } \dfrac{\pi}{2} \leq |u| \leq \pi \end{cases}$$

ist

(30) $\quad \dfrac{1}{|\sin \pi u|} \leq \rho(u) \quad \text{für } 0 < |u| < 1.$

Damit lässt sich (28) in

(31) $\quad f(u,t) = O(\text{Min}(t, \rho(u))) \quad \text{für } |u| \leq 1$

überführen, wobei die rechte Seite für $u=0$ und $u=\pm 1$ wieder als $O(t)$ zu lesen ist. Dadurch findet man anhand von (25)

(32) $\quad S_2(t) = O\left(\int_0^{1/t} t\,du + \int_{1/t}^{1-1/t} \rho(u)\,du + \int_{1-1/t}^{1} t\,du \right) = O(\log t),$

so dass wir nunmehr anstelle von (23)

(33) $\quad A_{Q,\Lambda}(t) = S_1(t) + O(t^{k/4} \log t)$

haben.

12. Unter Benutzung der Bezeichnung (26) ist (die *absolute Konvergenz* des folgenden uneigentlichen Integrales wird sich sogleich herausstellen):

$$\int_{I(\frac{p}{q})} \left(s^{-k/2} \sum_{n \leq t} \exp\left(\dfrac{\pi n}{t} - 2\pi i n\left(u + \dfrac{p}{q} \right) \right) \right) du$$

$$= \int_{I(\frac{p}{q})} \left(s^{-k/2} f\left(u + \dfrac{p}{q}, t \right) \right) du$$

(34) $\quad = \int_{-\infty}^{\infty} \left(s^{-k/2} f\left(u + \dfrac{p}{q}, t \right) \right) du - J_1 - J_2$

mit (man beachte die Definition von $I(r)$, wo $r = p/q$)

$$J_1 = \int_{-\infty}^{r'-r} (s^{-k/2}\ldots)\,du, \quad J_2 = \int_{r''-r}^{\infty} (s^{-k/2}\ldots)\,du.$$

Wegen (7), (4) und (28) ist

(35) $\quad J_1 = O\left(\int_{\frac{1}{2q\sqrt{t}}}^{\infty} u^{-k/2} \text{Min}\left(t, \left|\sin \pi\left(u - \dfrac{p}{q} \right)\right|^{-1} \right) du \right)$

§ 21 Rationale Ellipsoide

und

(36) $\quad J_2 = O\left(\int\limits_{\frac{1}{2q\sqrt{t}}}^{\infty} u^{-k/2} \operatorname{Min}\left(t, \left|\sin\pi\left(u+\frac{p}{q}\right)\right|^{-1}\right) du \right).$

Im übrigen ist jetzt auch wegen $k \geq 4$ die absolute Konvergenz des Integrales in (34) unmittelbar ersichtlich.

13. Zur weiteren Behandlung von (35) nehmen wir die Zerlegung

(37) $\quad \int\limits_{\frac{1}{2q\sqrt{t}}}^{\infty} \left(u^{-k/2} \operatorname{Min}\left(t, \left|\sin\pi\left(u-\frac{p}{q}\right)\right|^{-1}\right) \right) du = J_{11} + J_{12}$

mit

$$J_{11} = \int\limits_{\frac{1}{2q}}^{\infty} \left(u^{-k/2} \operatorname{Min}\left(t, \left|\sin\pi\left(u-\frac{p}{q}\right)\right|^{-1}\right) \right) du$$

und

$$J_{12} = \int\limits_{\frac{1}{2q\sqrt{t}}}^{\frac{1}{2q}} \left(u^{-k/2} \operatorname{Min}\left(t, \left|\sin\pi\left(u-\frac{p}{q}\right)\right|^{-1}\right) \right) du$$

vor. Für J_{11} erhält man

$$J_{11} = \sum_{l=0}^{\infty} \int\limits_{\frac{1}{2q}+l}^{\frac{1}{2q}+l+1} \left(u^{-k/2} \operatorname{Min}\left(t, \left|\sin\pi\left(u-\frac{p}{q}\right)\right|^{-1}\right) \right) du$$

$$\leq \sum_{l=0}^{\infty} \left(\frac{1}{2q}+l\right)^{-k/2} \int\limits_{\frac{1}{2q}+l}^{\frac{1}{2q}+l+1} \operatorname{Min}\left(t, \left|\sin\pi\left(u-\frac{p}{q}\right)\right|^{-1}\right) du$$

$$\leq (2q)^{k/2} \sum_{l=0}^{\infty} (1+2ql)^{-k/2} \int\limits_{0}^{1} \operatorname{Min}(t, |\sin\pi u|^{-1}) du.$$

Wegen $k \geq 4$ und des zu (32) führenden Schlusses hat man schliesslich

(38) $\quad J_{11} = O(q^{k/2} \log t).$

14. Ist $q=1$, so wird $p=0$, also nach (30)

$$J_{12} \leqslant \int_{\frac{1}{2\sqrt{t}}}^{\frac{1}{2}} u^{-k/2} \rho(u) du \leqslant \int_{\frac{1}{2\sqrt{t}}}^{\frac{1}{2}} u^{-\frac{k}{2}-1} du \leqslant \int_{\frac{1}{2\sqrt{t}}}^{\infty} u^{-\frac{k}{2}-1} du,$$

also

(39) $J_{12} = O(t^{k/4})$ für $q = 1$.

Ist $q > 1$, so ist $p \geqslant 1$ und daher für $0 \leqslant u \leqslant 1/2q$:

$$1 > \frac{p}{q} - u \geqslant \frac{p}{q} - \frac{1}{2q} = \frac{2p-1}{2q} \geqslant \frac{p}{2q}.$$

Anhand dieser Tatsache und (30) findet man unter Berücksichtigung der Definition (29) für J_{12} im Falle $q > 1$

$$J_{12} = O\left(\int_{\frac{1}{2q\sqrt{t}}}^{\frac{1}{2q}} \left(u^{-\frac{k}{2}} \operatorname{Max}\left(\frac{1}{\frac{p}{q}-u}, \frac{1}{1-\frac{p}{q}+u} \right) \right) du \right)$$

$$= O\left(\int_{\frac{1}{2q\sqrt{t}}}^{\frac{1}{2q}} \left(u^{-k/2} \operatorname{Max}\left(\frac{1}{\frac{p}{2q}}, \frac{1}{1-\frac{p}{q}} \right) \right) du \right)$$

$$= O\left(\rho\left(\frac{p}{q}\right) \int_{\frac{1}{2q\sqrt{t}}}^{\infty} u^{-k/2} du \right)$$

(40) $= O\left(\rho\left(\frac{p}{q}\right) q^{\frac{k}{2}-1} t^{\frac{k}{4}-\frac{1}{2}} \right)$ für $q > 1$.

Die Abschätzungen (38)–(40) liefern wegen (35) und (37) insgesamt

$$J_1 = \begin{cases} O(t^{k/4}), \text{ falls } q = 1 \\ O\left(q^{k/2} \log t + \rho\left(\frac{p}{q}\right) q^{\frac{k}{2}-1} t^{\frac{k}{4}-\frac{1}{2}} \right), \text{ falls } q > 1. \end{cases}$$

Dies ist auch mit J_2 anstelle von J_1 richtig: Für $q = 1$ ist das klar, da dann die rechten Seiten von (35) und (36) übereinstimmen; für $q > 1$ braucht man nur p durch $q - p$ zu ersetzen, was (35) in (36) überführt, ohne dass eine Änderung von $\rho(p/q)$ eintritt. Wird dies in (34) berücksichtigt, so erhält man aus (24)

§ 21   Rationale Ellipsoide

(41) $\quad S_1(t) = \dfrac{1}{\sqrt{D(Q)}} \sum\limits_{\substack{q \leq \sqrt{t} \\ q \equiv 0 \bmod h}} \left\{ \sum\limits_{p=0}^{q-1}{}' \dfrac{S_Q(p,q,\Lambda)}{q^k} \right.$

$$\left. \times \int\limits_{-\infty}^{\infty} \left(s^{-k/2} f\left(u + \dfrac{p}{q}, t\right)\right) du \right\} + R(t)$$

mit (man beachte, dass sich $S_Q(p,q,\Lambda)$ im Falle $q \equiv 0 \bmod h$ auf die Gestalt der linken Seite von (15) bringen lässt)

$$R(t) = O\left(t^{k/4} + \sum\limits_{2 \leq q \leq \sqrt{t}} \sum\limits_{p=1}^{q-1} \dfrac{q^{k/2}}{q^k}\left(q^{k/2}\log t + \rho\left(\dfrac{p}{q}\right) q^{k/2-1} t^{\frac{k}{4}-\frac{1}{2}} \right) \right)$$

$$= O\left(t^{k/4} + \left(\sum\limits_{q \leq \sqrt{t}} q\right) \log t + \left(\sum\limits_{q \leq \sqrt{t}} q^{-1} \sum\limits_{p=1}^{q-1} \rho\left(\dfrac{p}{q}\right)\right) t^{\frac{k}{4}-\frac{1}{2}} \right),$$

also wegen

$$\sum\limits_{p=1}^{q-1} \rho\left(\dfrac{p}{q}\right) = \sum\limits_{1 \leq p \leq q/2} \dfrac{q}{p} + \sum\limits_{q/2 < p \leq q-1} \dfrac{q}{q-p}$$

$$= \sum\limits_{1 \leq p \leq q/2} \dfrac{q}{p} + \sum\limits_{1 \leq p \leq q/2} \dfrac{q}{p}$$

(42) $\qquad\qquad = O(q \log q)$

und $k \geq 4$

$$R(t) = O(t^{k/4} + t \log t + (\sum\limits_{q \leq \sqrt{t}} \log q) t^{\frac{k}{4}-\frac{1}{2}})$$

$$= O(t^{k/4} + t \log t + (t^{\frac{1}{2}} \log t) t^{\frac{k}{4}-\frac{1}{2}})$$

(43) $\qquad\qquad = O(t^{k/4} \log t).$

15. Aufgrund der Definitionen (26) und (4) ist (man führe s als neue Integrationsvariable ein):

$$\int\limits_{-\infty}^{\infty} s^{-k/2} f\left(u + \dfrac{p}{q}, t\right) du = \sum\limits_{n \leq t} \left(\exp\left(\dfrac{\pi n}{t} - 2\pi i n \dfrac{p}{q}\right) \int\limits_{-\infty}^{\infty} s^{-k/2} e(-nu) du \right)$$

$$= \dfrac{1}{2i} \sum\limits_{n \leq t} \left(e\left(-n\dfrac{p}{q}\right) \int\limits_{1/t - i\infty}^{1/t + i\infty} s^{-k/2} \exp(\pi n s) ds \right).$$

Setzt man dies unter Beachtung von Satz 25.4 in (41) ein, so erhält man wegen (33) und (43) die grundlegende Formel

$$(44) \quad A_{Q,\Lambda}(t) = \frac{\pi^{k/2}}{\sqrt{D(Q)}\Gamma(k/2)} \sum_{\substack{q \leq \sqrt{t} \\ q \equiv 0 \bmod h}} \left(\sum_{p=0}^{q-1}{}' \frac{S_Q(p,q,\Lambda)}{q^k} \sum_{n \leq t} n^{k/2-1} e\left(-n\frac{p}{q}\right) \right)$$
$$+ O(t^{k/4} \log t).$$

16. Für $m_2 \geq m_1, q > 1$ und die im übrigen in (44) an p gestellten Bedingungen ist wegen (27) und (30)

$$\sum_{n=m_1}^{m_2} e\left(-n\frac{p}{q}\right) = O\left(\rho\left(\frac{p}{q}\right)\right),$$

also nach Anwendung ABELscher Summation gemäss Satz 23.4

$$(45) \quad \sum_{n \leq t} n^{\frac{k}{2}-1} e\left(-n\frac{p}{q}\right) = O\left(\rho\left(\frac{p}{q}\right) t^{\frac{k}{2}-1}\right).$$

Spalten wir nun in (44) den genau im Falle $h=1$, d.h. genau im Falle eines ganzen Λ auftauchenden Summanden mit $q=1$ ab, so erhalten wir wegen Satz 29.3, (25.20) und (19.3)

$$A_{Q,\Lambda}(t) = \delta(\Lambda) V_Q(t) + \sum_{\substack{2 \leq q \leq \sqrt{t} \\ q \equiv 0 \bmod h}} \ldots + O(t^{\frac{k}{2}-1}) + O(t^{\frac{k}{4}} \log t).$$

Wegen (15) (man beachte die auf (41) folgende Bemerkung), (45) und (42) gilt die Restabschätzung

$$\sum_{\substack{2 \leq q \leq \sqrt{t} \\ q \equiv 0 \bmod h}} \ldots = O\left(t^{\frac{k}{2}-1} \sum_{2 \leq q \leq \sqrt{t}} q^{-k/2} \sum_{p=1}^{q-1} \rho\left(\frac{p}{q}\right)\right)$$
$$= O(t^{\frac{k}{2}-1} \sum_{q \leq \sqrt{t}} q^{-\frac{k}{2}+1} \log q)$$
$$= \begin{cases} O(t^{\frac{k}{2}-1}) \text{ für } k > 4 \\ O(t \log^2 t) \text{ für } k = 4. \end{cases}$$

Damit ist Satz 19.2 bewiesen.

17. Der eben bewiesene Satz lässt sich auf *allgemeinere Gitter* ausdehnen. Dazu geben wir $\Phi > 0$ vor und betrachten für alle X die Punkte $X \circ \Phi$. (Nimmt man $\Phi = (1, 1, \ldots, 1)$, so entsteht das »alte« Gitter.) Anschaulich gesehen wird der »erzeugende« Würfel

§ 21 Rationale Ellipsoide

$$\{U \mid 0 \leqslant u_n \leqslant 1 \text{ für } n = 1, 2, ..., k\}$$

durch das *Parallelepiped*

$$\{U \mid 0 \leqslant u_n \leqslant \varphi_n \text{ für } n = 1, 2, ..., k\}$$

ersetzt. Dieses Vorgehen kann man weiter verallgemeinern, indem man bei vorgegebenem Ω anstelle von $X \circ \Phi$ die Punkte $X \circ \Phi + \Omega$ betrachtet, also den »*Ursprung des Gitters*« in den Punkt Ω verlegt (siehe die sich auf den Fall $k = 2$ beziehende Figur 8). Zählt man jetzt die Anzahl dieser »neuen« Gitterpunkte im Ellipsoid $Q(U) \leqslant t$ mit der bereits früher vorgenommenen Gewichtung, so hat man anstelle (19.9)

$$A_Q(t) = \sum_{Q(X \circ \Phi + \Omega) \leqslant t} e(\Lambda(X \circ \Phi + \Omega))$$

zu betrachten (im Grunde genommen müsste genauer etwa $A_{Q;\Phi,\Omega,\Lambda}(t)$ geschrieben werden; doch wurde, um die Schreibweise zu entlasten, auf diese Indexierung verzichtet). Die Einführung von Ω kann übrigens auch so interpretiert werden, dass das »*Zentrum*« *des Ellipsoides* vom Nullpunkt in den Punkt $-\Omega$ *verlegt* wird. Die angekündigte *Verallgemeinerung von Satz* 19.2 lautet nun

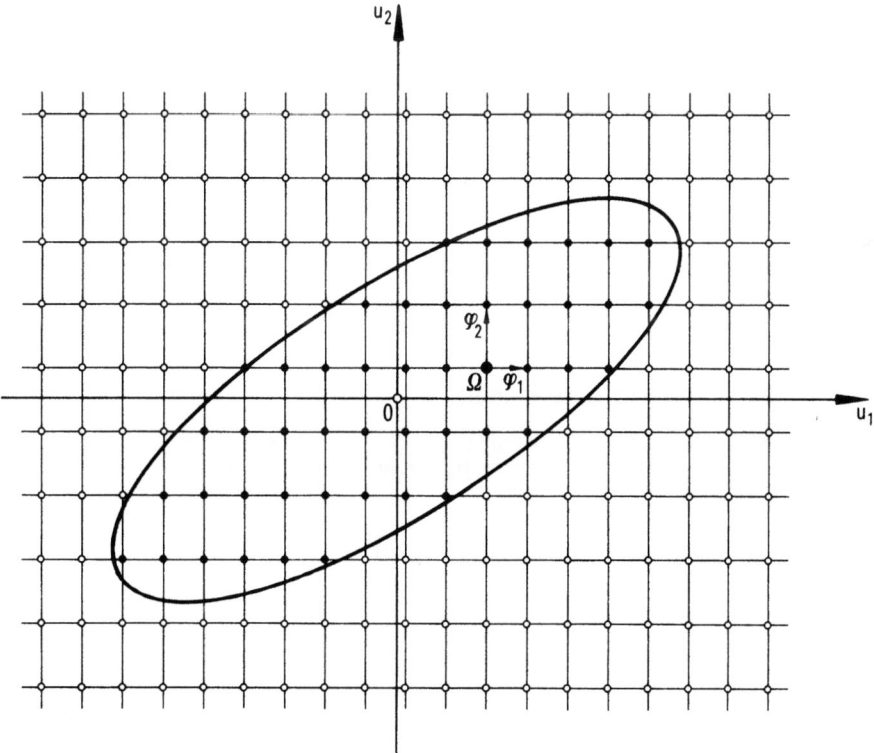

Figur 8.

Satz 1. *Sind Q, Φ, Ω, Λ rational, so gilt*

$$A_Q(t) = \delta(\Lambda \circ \Phi) \frac{e(\Delta\Omega)}{\varphi_1 \varphi_2 \ldots \varphi_k} V_Q(t) + \begin{cases} O(t^{\frac{k}{2}-1}), \text{ falls } k \geq 5 \\ O(t \log^2 t), \text{ falls } k = 4. \end{cases}$$

Beweis. Unser Satz kann durch »*elementare Transformationen*« aus Satz 19.2 gewonnen werden. Wir führen dies zuerst für den Fall $\Lambda = O$ und darauf aufbauend für beliebiges Λ durch. Dabei beschränken wir uns auf den Fall $k \geq 5$. Es wird sich nämlich unmittelbar herausstellen, dass die genannten Transformationen die aus Satz 19.2 übernommenen O-Terme nicht beeinflussen.

18. Ist $\Lambda = O$, so ist für jedes $c > 0$ auch

(46) $$A_Q(t) = \sum_{Q(X \circ (c\Phi) + c\Omega) \leq c^2 t} 1.$$

Nun werde c ausserdem so gewählt, dass $c\Phi$ und $c\Omega$ ganz sind. Im weiteren bezeichne L ein ganzzahliges k-Tupel, dessen Komponenten l_n die Bedingungen $1 \leq l_n \leq c\Phi_n$ erfüllen. Es gibt $\prod_{n=1}^{k}(c\varphi_n)$ solche L und für jedes gilt nach Satz 19.2

$$\sum_{Q(X) \leq c^2 t} \prod_{n=1}^{k} e\left(\frac{l_n x_n}{c\Phi_n}\right) = \sum_{Q(X) \leq c^2 t} e\left(\sum_{n=1}^{k} \frac{l_n}{c\varphi_n} x_n\right) = \delta^*(L) V_Q(c^2 t) + O(t^{\frac{k}{2}-1}),$$

wo

$$\delta^*(L) = \begin{cases} 1, \text{ falls } L = c\Phi \\ 0, \text{ sonst.} \end{cases}$$

Multipliziert man dies mit

$$\prod_{n=1}^{k} e\left(-\frac{l_n \omega_n}{\varphi_n}\right)$$

und summiert über alle L, so kommt

$$\sum_{Q(X) \leq c^2 t} \sum_{L} \prod_{n=1}^{k} e\left(\frac{x_n - c\omega_n}{c\varphi_n}\right) l_n = V_Q(c^2 t) + O(t^{\frac{k}{2}-1})$$

heraus. Andrerseits ist nach Definition von L

$$\sum_{L} \prod_{n=1}^{k} e(\ldots) = \prod_{n=1}^{k} \sum_{l=1}^{c\varphi_n} e\left(\frac{x_n - c\omega_n}{c\varphi_n} l\right)$$

$$= \prod_{n=1}^{k} \begin{cases} c\varphi_n, \text{ falls } \frac{x_n - c\omega_n}{c\varphi_n} \in \mathbb{Z} \\ 0, \text{ sonst} \end{cases}$$

§ 21 Rationale Ellipsoide

$$= \begin{cases} \prod_{n=1}^{k} (c\varphi_n), \text{ falls } X = Y \circ (c\Phi) + c\Omega \\ 0, \text{ sonst} \end{cases}$$

und deshalb

$$\sum_{Q(X \circ (c\Phi) + c\Omega) \leq c^2 t} \prod_{n=1}^{k} (c\varphi_n) = V_Q(c^2 t) + O(t^{\frac{k}{2}-1}).$$

In Verbindung mit (46) und (19.3) gibt das die Behauptung für $\Lambda = 0$.

19. Ist Λ beliebig, so wähle man $c > 0$ derart, dass $\Psi = (c/\varphi_1, c/\varphi_2, ..., c/\varphi_k)$ und $c\Lambda$ ganz sind. Dann lässt sich jedes X eindeutig darstellen als

$$X = Y \circ \Psi + L,$$

wo Y ganz ist und L ein ganzzahliges k-tupel bezeichnet, dessen Komponenten der Bedingung $1 \leq l_n \leq c/\varphi_n$ genügen. Weiter werde $C = (c, c, ..., c)$ gesetzt. Damit wird

$$X \circ \Phi + \Omega = Y \circ C + L \circ \Phi + \Omega$$

und deshalb auch

$$A_Q(t) = \sum_L \sum_{Q(X \circ C + L \circ \Phi + \Omega) \leq t} e(\Lambda(X \circ C + L \circ \Phi + \Omega)),$$

also wegen der Wahl von C

(47) $\quad A_Q(t) = e(\Lambda \Omega) \sum_L e(\Lambda(L \circ \Phi)) \sum_{Q(X \circ C + (L \circ \Phi + \Omega)) \leq t} 1.$

Nun ist einerseits nach dem bereits bewiesenen Fall

$$\sum_{Q(X \circ C + (L \circ \Phi + \Omega)) \leq t} 1 = \frac{1}{c^k} V_Q(t) + O(t^{\frac{k}{2}-1})$$

und andrerseits nach Definition von L

$$\sum_L e(\Lambda(L \circ \Phi)) = \sum_L \prod_{n=1}^{k} e(\lambda_n l_n \varphi_n)$$

$$= \prod_{n=1}^{k} \sum_{l=1}^{c/\varphi_n} e((\lambda_n \varphi_n) l)$$

$$= \prod_{n=1}^{k} \begin{cases} c/\varphi_n, \text{ falls } \lambda_n \varphi_n \in \mathbb{Z} \\ 0, \text{ sonst} \end{cases}$$

$$= \delta(\Lambda \circ \Phi) \prod_{n=1}^{k} \frac{c}{\varphi_n}.$$

In Verbindung mit (47) gibt das die Behauptung im allgemeinen Fall. q.e.d.

20. Durch den eben bewiesenen Satz wird man auf die folgende *Verallgemeinerung des »rationalen« Ellipsoidproblems* geführt: Was lässt sich unter den Voraussetzungen eben dieses Satzes über die Grössenordnung des *»Gitterrestes«*

(48) $\quad P_Q(t) = A_Q(t) - \delta(\Lambda \circ \Phi) \dfrac{e(\Lambda\Omega)}{\varphi_1\varphi_2\cdots\varphi_k} V_Q(t)$

sagen? Man weiss, dass für $\Lambda = 0$:

(49) $\quad P_Q(t) = \Omega(t^{\frac{k}{2}-1})$

Damit lässt sich

(50) $\quad \alpha_Q = \inf\{\xi \mid P_Q(t) = O(t^\xi)\}$

im Falle $\Lambda = O$ und $k \geqslant 4$ zu

(51) $\quad \alpha_Q = \dfrac{k}{2} - 1$

bestimmen. Dieses Ergebnis lässt sich auch auf gewisse $\Lambda \neq O$ ausdehnen, die aber allgemein nicht einfach zu charakterisieren sind (immerhin sind z.B. die Λ mit $\delta(\Lambda \circ \Phi) = 1$ darunter).

21. Aus (44) lassen sich noch einige interessante *Schlüsse bezüglich des Kugelproblems* ziehen. Zunächst liefert die Spezialisierung auf

$$\Lambda = O \text{ und } Q(U) = u_1^2 + u_2^2 + \ldots + u_k^2$$

für (12)

$$S_Q(p,q,O) = \sum_{X=0}^{q-1} e\left(\dfrac{p}{q}Q(X)\right) = \sum_{X=0}^{q-1} \prod_{n=1}^{k} e\left(\dfrac{p}{q}x_n^2\right) = \left(\sum_{x=0}^{q-1} e\left(\dfrac{p}{q}x^2\right)\right)^k,$$

also

$$S_Q(p,q,O) = (S(p,q))^k$$

mit

$$S(p,q) = \sum_{h=0}^{q-1} e\left(\dfrac{p}{q}h^2\right).$$

Aus (15) folgt noch

$$S(p,q) = O(q^{\frac{1}{2}}),$$

was sich übrigens auch ohne weiteres direkt beweisen lässt. Mit (45) und (42) ergibt das für $k \geqslant 5$

§ 21 Rationale Ellipsoide

$$\sum_{q>\sqrt{t}} \sum_{p=0}^{q-1}{}' \left(\frac{S(p,q)}{q}\right)^k \sum_{n\le t} n^{k/2-1} e\left(-n\frac{p}{q}\right)$$

$$= O\left(t^{k/2-1} \sum_{q>\sqrt{t}} q^{-k/2} \sum_{p=1}^{q-1} \rho\left(\frac{p}{q}\right)\right)$$

$$= O(t^{k/2-1}(\sqrt{t})^{2-k/2} \log\sqrt{t}) = O(t^{k/4} \log t).$$

Da in unserem Fall $D(Q)=1$ und $h=1$, folgt damit aus (44)

(52) $\quad A_k(t) = \dfrac{\pi^{\frac{k}{2}}}{\Gamma(k/2)} \sum_{q=1}^{\infty} \sum_{p=0}^{q-1}{}' \left(\dfrac{S(p,q)}{q}\right)^k \sum_{n\le t} n^{\frac{k}{2}-1} e\left(-n\dfrac{p}{q}\right) + O(t^{\frac{k}{4}} \log t).$

Wegen

$$r_k(n) = A_k(n) - A_k(n-1)$$

haben wir deshalb für $k \ge 5$ die Formel

$$r_k(n) = \frac{\pi^{\frac{k}{2}}}{\Gamma(k/2)} n^{\frac{k}{2}-1} \sum_{q=1}^{\infty} \sum_{p=0}^{q-1}{}' \left(\frac{S(p,q)}{q}\right)^k e\left(-n\frac{p}{q}\right) + O(n^{\frac{k}{4}} \log n)$$

In Wirklichkeit gilt sogar

Satz 2. *Für* $k \ge 5$ *ist*

$$r_k(n) = \frac{\pi^{\frac{k}{2}}}{\Gamma(k/2)} n^{\frac{k}{2}-1} \sum_{q=1}^{\infty} \sum_{p=0}^{q-1}{}' \left(\frac{S(p,q)}{q}\right)^k e\left(-n\frac{p}{q}\right) + O(n^{\frac{k}{4}}).$$

Da der Beweis in enger Anlehnung an die Beweisanordnung betr. Satz 19.2 geführt werden kann, bringen wir hier nur den entsprechenden Ansatz. Aus (1) folgt

(53) $\quad r_k(n) = e^{\pi} \displaystyle\int_0^1 \vartheta^k\left(\frac{1}{n} - 2iu\right) e(-nu)\,du,$

wo

$$\vartheta(s) = \sum_{l=-\infty}^{\infty} \exp(-\pi l^2 s).$$

Nun braucht (53) »nur noch« nach dem Muster von (2) ausgewertet zu werden, wobei allerdings einige geringfügige Änderungen nötig sind.

§ 22 Irrationale Ellipsoide

1. In diesem Paragraphen gehen wir auf die Situation ein, die entsteht, wenn in Satz 21.1 eine oder mehrere der vier Rationalitätsbedingungen weggelassen werden. Dabei ist man natürliche insbesondere am Fall $\Omega = \Lambda = 0$, $\Phi = (1, 1, ..., 1)$ und Q beliebig, also *am Fall (19.2) interessiert* (im folgenden zitiert als »*Spezialfall*«) Es sei jedoch gleich betont, dass selbst in dieser »klassischen« Situation *definitive O-Abschätzungen für den Gitterrest* (21.48) *noch nicht durchwegs erreicht worden sind*. Trotzdem liegen gerade aus jüngster Zeit viele interessante Teilergebnisse vor. Da aber allein ihre Darstellung den Umfang eines Buches annehmen würde, müssen wir uns auf die wichtigsten Resultate beschränken. Und auch diese können hier nur in Form eines Berichtes abgehandelt werden. Bei diesem Bericht wird oft absichtlich der *historische Weg* eingeschlagen. Der Leser kann sich nämlich so ein gutes Bild über die Tiefe der gefundenen und noch gesuchten Abschätzungen machen. Wegen der Einzelheiten verweisen wir auf die im folgenden zitierte Originalliteratur sowie auf das in Vorbereitung befindliche Buch von NOVÁK [1981a], wo ausführlich auf diesen Problemkreis eingegangen wird.

2. *Vorbemerkung*: Für die linke Seite von (21.48) (die jetzt also *für völlig beliebige* Q, Φ, Ω, Λ betrachtet wird!) müsste genauer etwa $P_{Q;\Phi,\Omega,\Lambda}(t)$ geschrieben werden. Wir werden jedoch, wenn die Sachlage klar ist, einen oder mehrere der vier Indizes weglassen. Ebenso wird mit $A_{Q;\Phi,\Omega,\Lambda}(t)$ verfahren.

3. Eine *in jedem Fall gültige Abschätzung* liefert

Satz 1. *Für* $k \geq 2$ *und alle* Q, Φ, Ω, Λ *ist*

(1) $\quad P(t) = O(t^{\frac{k}{2}-1+\frac{1}{k+1}})$.

Mit diesem Satz hat LANDAU [1915] die »*systematische*« *Gitterpunktlehre begründet*. Genau genommen hatte er schon in [1912]

(2) $\quad P(t) = O(t^{\frac{k}{2}-1+\frac{1}{k+1}+\varepsilon})$ für alle $\varepsilon > 0$

bewiesen, allerdings unter der Voraussetzung, dass Q *rational*, Φ und Ω *ganz* sind, und Φ ausserdem aus *lauter gleichen Komponenten* besteht. In dieser früheren Arbeit werden sog. DIRICHLET*reihen vom Spezialtypus*

$$f(s) = \sum_{n=1}^{\infty} \frac{c_n}{n^s}$$

betrachtet, wobei an die komplexwertige Koeffizientenfolge c_n gewisse Bedingungen gestellt werden. Unter dieser Voraussetzung wird auf

$$\sum_{n \leq t} c_n = B(t) + O(t^{(\eta+1)\frac{2\mu-1}{2\mu+1}+\varepsilon}) \text{ für alle } \varepsilon > 0$$

§ 22 Irrationale Ellipsoide

geschlossen, wo $B(t)$ eine auf $f(s)$ bezogene Residuensumme ist; η und μ sind gewisse Parameter deren Existenz im Zusammenhang mit den Eigenschaften der c_n vorausgesetzt wird (z.B. $c_n = O(n^{\eta+\varepsilon})$ für alle $\varepsilon > 0$). Dieser sehr allgemeine Satz wird auf das Ellipsoidproblem angewendet (die Koeffizienten von Q können bekanntlich im rationalen Fall o.E.d.A. als ganz angenommen werden):

$$f(s) = \sum_{X=-\infty}^{\infty}{}' \frac{e(\Lambda(X \circ \Phi + \Omega))}{(Q(X \circ \Phi + \Omega))^s} = \sum_{n=1}^{\infty} \frac{c_n}{n^s}$$

mit

$$c_n = \#\{X \mid \sum_{Q(X \circ \Phi + \Omega) = n} e(\Lambda(X \circ \Phi + \Omega))\},$$

also

$$\sum_{n \le t} c_n = A_Q(t)$$

und liefert dann (2). Übrigens wird auf diese Weise auch das Restglied $O(t^{\frac{k-1}{k+1}+\varepsilon})$ beim PILTZschen Teilerproblem hergeleitet.

4. Beim Beweis von Satz 1 wird der *Gitterrest iterativ gemittelt*:

(3) $\quad P_0(t) = P(t)$ und $P_n(t) = \int_0^t P_{n-1}(u)du.$

Der entscheidende Punkt bei diesem Verfahren ist, dass für genügend grosses n eine *definitive O-Abschätzung von $P_n(t)$* möglich wird. Von da aus liefert ein Rückschluss auf $P(t)$ den Satz 1. Übrigens ist dieser Satz für $k=1$ nicht etwa falsch, sondern ziemlich trivial.

5. In [1915a] gelingt es LANDAU das Verfahren von [1912] so zu modifizieren, dass auch Satz 1 analog (2) als Spezialfall eines allgemeinen Satzes über Dirichletreihen herauskommt.
Beim *Teilerproblem* liefert dieser Satz die Restabschätzung $O(t^{\frac{k-1}{k+1}}\log^{k-1}t)$. Durch eine weitere Diskussion dieses Verfahrens erreicht LANDAU [1917]:

$$P(t) = \Omega(t^{\frac{k-1}{4}+\varepsilon}) \text{ für alle } \varepsilon > 0;$$

dabei ist natürlich vom Fall, dass $A(t)$ *identisch verschwindet*, abzusehen. Dass dieser Fall wirklich eintreten kann, zeigt das einfache Beispiel: $Q(U) = u_1^2 + u_2^2 + \ldots + u_k^2$, $\Phi = (2, 1, \ldots, 1)$, $\Omega = (1, 0, \ldots, 0)$ $\Lambda = (1/4, 0, 0, \ldots, 0)$. [1924] findet LANDAU das bis heute nur in Einzelfällen verbesserte Resultat

Satz 2. *Für alle Q, Φ, Ω, Λ verschwindet entweder $A(t)$ identisch oder es ist*
(4) $\quad P(t) = \Omega(t^{\frac{k-1}{4}}).$

In den beiden zitierten Arbeiten wird zwar das Ellipsoidproblem nicht ausdrücklich erwähnt, doch die Voraussetzungen, die zu den genannten Ω-Abschätzungen führen, sind, wie schon in LANDAU [1915a] feststellt, für die Anwendung auf das Ellipsoidproblem erfüllt. Man beachte noch, dass die Sätze 1 und 2 in den Fällen $k = 2$ und $k = 3$ bereits früher behandelte Resultate enthalten. So ist z.B. der Satz von SIERPIŃSKI jetzt ein Spezialfall des viel weitergehenden Satzes 1. In GÜNTHER [1977] werden (1) und (4) mit einer neuen Methode bewiesen und gleichzeitig auf wesentlich allgemeinere Gitter ausgedehnt. Zudem überträgt HLAWKA [1950] (1) und (4) im Spezialfall auf eine grosse Klasse von konvexen Körpern. Interessant ist auch eine Übertragung von (1) *auf gewisse indefinite quadratische Formen*, wobei natürlich eine geeignete Modifizierung von P(t) vorgenommen werden muss (vgl. VENUGOPAL RAO [1974]).

6.   Der Vollständigkeit halber erwähnen wir, dass die Resultate aus dem vorigen Paragraphen ebenfalls in die Zeit von Satz 2 fallen. Wenn auch dadurch für rationale Ellipsoide die Kluft zwischen (1) und (4) wenigstens im Spezialfall beseitigt war, so war doch zu *jener Zeit noch völlig unklar, ob sich die irrationalen Ellipsoide anders verhalten würden als die rationalen*. Angesichts der Schwierigkeit dieser Frage war es nur natürlich, dass man sich *vorerst auf den Spezialfall* beschränkte. Dies sei auch hier bis auf Widerruf getan.

7.   Zunächst versuchte WALFISZ [1927b] sein Glück mit dem »einfachsten« Typ eines irrationalen Ellipsoids, nämlich mit

(5) $Q(U) = au_1^2 + Q'(u_2, ..., u_k),$

wo a irrational und Q' ein rationales Ellipsoid in $k-1$ Variablen ist (selbstverständlich ist $a > 0$ zu nehmen). Ist P der Gitterrest von Q und P' derjenige von Q', so bewies Walsfisz in einem ersten Schritt

$$P(t) = 2P'(t) + 2 \sum_{n \leq \sqrt{t/a}} P'(t - an^2) + O(t^{\frac{k-3}{2}}).$$

Damit ist ein Rückgriff auf den rationalen Fall möglich: Die Formel (21.44) ist auf P' anwendbar. Die anschliessende »Summation in die $k-te$ Dimension« muss dann allerdings genügend behutsam erfolgen. Mit Hilfe von WEYLschen *Sätzen über die Gleichverteilung* aus der Theorie der DIOPHANT*ischen Approximationen* gewinnt Walfisz auf diese Weise

(6) $P(t) = o(t^{\frac{k}{2}-1})$ für die Formen (5) und $k \geq 10$.

(Zum *Begriff der Gleichverteilung* siehe z.B. HLAWKA [1979], zu demjenigen der DIOPHANT*ischen Approximation* KOKSMA [1936], CASSELS [1957], LEKKERKER [1969, § 45] oder LANG [1971], abgesehen von der bereits in den Anmerkungen zum Absatz 14.10 zitierten weniger weitgehenden Literatur.)

Ausserdem konnte WALFISZ zeigen, dass diese Abschätzung in dem folgenden Sinne *definitiv* ist. Für $k \geq 5$ existiert zu jeder Funktion $\varphi(t)$, die für $t \to +\infty$

§ 22 Irrationale Ellipsoide

monoton fallend gegen Null geht, und jeder rationalen Form Q' ein a so, dass für die zugehörige Form (5) gilt:

(7) $\quad P(t) = \Omega(t^{\frac{k}{2}-1} \varphi(t))$.

Die Menge aller a mit (7) liegt *sogar dicht im Intervall* $(0, +\infty)$.

8. Aufgrund von (7) sind allfällige Verschärfungen von (6) nur möglich, falls a eingeschränkt wird. Dazu betrachte man die *regelmässige Kettenbruchentwicklung von a*. Gilt für die Folge a_n der *Teilnenner*

$$a_n = O(n^\eta),$$

so besteht für ein solches a und $k \geq 10$

(8) $\quad R(t) = O(t^{\frac{k}{2}-\frac{6}{5}} \log^{\frac{\eta}{5}} t)$.

Die quadratischen Irrationalitäten (d.h. $a = b_1 + b_2\sqrt{m}$ mit $b_1, b_2 \in \mathbb{Q}$ und $m \in \mathbb{N}$, aber $\sqrt{m} \notin \mathbb{N}$) haben z.B. diese Eigenschaft mit $\eta = 0$. Weiter ist bei vorgegebenem $\varepsilon > 0$ für *fast alle* a (d.h. bis auf eine Ausnahmemenge, die in $\mathbb{R}$ das *Lebesgue-Mass Null* besitzt)

$$a_n = O(n^{1+\varepsilon}) \text{ und } a_n = \Omega(n^{1-\varepsilon}).$$

Darum gilt:

(9) $\quad R(t) = O(t^{\frac{k}{2}-\frac{6}{5}} \log^{\frac{1}{4}} t)$ für jedes $k \geq 10$ und »fast alle« Formen (5).

Obwohl der Beweis von (9) recht scharfsinnig war und mit tiefliegenden Hilfsmitteln arbeitete, so ahnte Walfisz doch, dass (9) im Hinblick auf beliebige irrationale Ellipsoide sehr mangelhaft sein würde.

9. Der eigentliche Durchbruch gelang JARNÍK mit einer Serie von Arbeiten, die 1928 ihren Anfang hat. JARNÍK betrachtet (immer noch im Spezialfall) *Formen von Diagonalgestalt*:

(10) $\quad Q(U) = a_1 u_1^2 + a_2 u_2^2 + \ldots + a_k u_k^2$.

Die Koeffizienten $a_1, a_2, \ldots, a_k$ sind vorläufig beliebige positive Zahlen (es ist also insbesondere erlaubt, dass einige davon oder sogar alle rational sind). Obwohl mit (10) die Wahl des Ellipsoides eingeschränkt ist, so ist doch ein entscheidender Schritt gegenüber (5) getan, indem so viele freie Koeffizienten vorhanden sind, wie die Dimension k anzeigt. Das Ergebnis von JARNÍK [1928] lautet:

Für alle Formen (10) ist

(11) $\quad P(t) = \begin{cases} O(t^{\frac{k}{2}-1} \log t) & \text{für } k \geq 5 \\ O(t \log^2 t) & \text{für } k = 4. \end{cases}$

Wir bringen dafür eine ziemlich ausführliche, in Wirklichkeit aber doch sehr grobe *Beweisskizze*.

10. Wir betrachten mit der Bezeichnung (20.10) die Thetafunktion

$$\vartheta_Q(s) = \vartheta_{Q;0,0}\left(\frac{s}{\pi}\right) = \sum_{X=-\infty}^{\infty} \exp(-Q(X)s).$$

Wird noch

$$\vartheta(s) = \sum_{h=-\infty}^{\infty} \exp(-h^2 s)$$

gesetzt, so erhalten wir für $\sigma > 0$

(12) $\vartheta_Q(s) = \vartheta(a_1 s)\vartheta(a_2 s)\ldots\vartheta(a_k s).$

Nun betrachte man die Werte, die $Q(X)$ annimmt und ordne sie der Grösse nach:

$$\lambda_1 < \lambda_2 < \ldots < \lambda_n < \lambda_{n+1} < \ldots.$$

Es ist $\lambda_1 = 0$ und $\lim_{n \to \infty} \lambda_n = +\infty$. Durch Umordnen erhält man für $\vartheta_Q(s)$ eine sog. DIRICHLET*reihe*:

(13) $\vartheta_Q(s) = \sum_{n=1}^{\infty} d_n e^{-\lambda_n s}.$

Der Koeffizient d_n gibt an, wie oft λ_n durch $Q(X)$ angenommen wird Deshalb ist

$$A_Q(t) = \sum_{n \leq t} d_n.$$

In Analogie zu (17.15) gilt im Falle $t \neq \lambda_n$ für jedes $c > 0$

$$A_Q(t) = \frac{1}{2\pi i} \int_{c-i\infty}^{c+i\infty} \vartheta_Q(s) \frac{e^{ts}}{s} ds,$$

wobei also die Integration längs der Vertikalen $\sigma = c$ von unten nach oben auszuführen ist. Bei der nun folgenden Auswertung machen sich die entscheidendenden Eigenschaften von $\vartheta_Q(s)$ umso mehr bemerkbar, je näher der Integrationsweg in die Nähe der imaginären Achse verlegt wird. Dies kann so gedeutet werden, dass die Singularitäten von (13), mit denen diese Achse vollgespickt ist, für unsere Thetafunktion charakteristisch sind. JARNÍK nimmt deshalb $c = 1/t$:

(14) $A_Q(t) = \dfrac{1}{2\pi i} \displaystyle\int_{1/t-i\infty}^{1/t+i\infty} \vartheta_Q(s) \dfrac{e^{ts}}{s} ds.$

Diese Formel ist also richtig für alle $t \neq \lambda_n$. JARNÍK zeigte aber, dass diese

§ 22 Irrationale Ellipsoide

Einschränkung das Endresultat nicht beeinflusst, ja dass man sich sogar auf die t mit

$$\operatorname*{Min}_{n} |t - \lambda_n| \geq t^{-k/2}$$

beschränken darf; d.h. ist $P(t) = O(t^\eta \log^\mu t)$ ($\eta > 0$ und $\mu \geq 0$) für diese t, so auch für alle t.

11. Der nächste Schritt besteht darin, dass man für jedes t *mit einem endlichen Integrationsweg auskommt*:

$$A_Q(t) = \frac{1}{2\pi i} \int_{1/t - it^k}^{1/t + it^k} \vartheta_Q(s) \frac{e^{ts}}{s} ds + O(1).$$

Jetzt gilt es den *Hauptterm in der Endformel für* $A_Q(t)$ *abzuspalten*. Hier hat man: Für jedes $c > 0$ ist

$$\frac{1}{2\pi i} \int_{1/t - ic/\sqrt{t}}^{1/t + ic/\sqrt{t}} \vartheta_Q(s) \frac{e^{ts}}{s} ds = V_Q(t) + O(t^{k/4}).$$

Um dies zu beweisen, benutzt JARNÍK die Darstellung (12) und die in Satz 20.4 enthaltene Transformationsformel

$$\vartheta(a_m s) = \sqrt{\frac{\pi}{a_m s}} \vartheta\left(\frac{\pi^2}{a_m s}\right).$$

12. Der entscheidende letzte Schritt besteht nun offenbar in der Abschätzung von

(15) $$I = \frac{1}{2\pi i} \int_{1/t + ic/\sqrt{t}}^{1/t + it^k} \vartheta_Q(s) \frac{e^{ts}}{s} ds.$$

Hinzu kommt ein analoges Integral, was aber keine zusätzliche Arbeit bedeutet, da es den gleichen Betrag besitzt. Wegen (12) ist nach der Ungleichung zwischen dem arithmetischen und dem geometrischen Mittel

(16) $$|\vartheta_Q(s)| \leq \sum_{m=1}^{k} |\vartheta^k(a_m s)|$$

und daher

(17) $$|I| \leq \sum_{m=1}^{k} \int_{c/\sqrt{t}}^{t^k} \frac{|\vartheta^k(a_m s)|}{s} du \text{ mit } s = \frac{1}{t} + iu.$$

Damit taucht in jedem der k-Integrale nur noch ein Koeffizient a_m auf, womit eine ähnliche Behandlung wie bei den rationalen Ellipsoiden möglich wird. Denn der Funktion $\vartheta^k(a_m s)$ entspricht ja die »*Kugelform*«

$$a_m(u_1^2 + u_2^2 + \ldots + u_k^2).$$

Wie früher wird nun jedes der k Integrationsintervalle mit Hilfe von FAREY*brüchen* zerlegt und auf jeder dieser Teilstrecken der Integrand geeignet abgeschätzt. Dabei treten gewisse neuartige Schwierigkeiten auf, die darin begründet sind, dass das Integrationsintervall für $t \to +\infty$ gegen $(0, +\infty)$ geht. Diese Schwierigkeiten können behoben werden, indem man eine gewisse, hier nicht besprochene komplizierte Thetatransformationsformel heranzieht. In diesem Zusammenhang wird übrigens auch c in Abhängigkeit der a_m zweckmässig gewählt. Auf diese Weise gelangt man schliesslich zu (11).

13.   Man beachte, dass bei diesem Vorgehen *rationale Ellipsoide* der Gestalt (10) miteingeschlossen sind. Darum lässt sich (11) nach Satz 19.1 sicher nicht mehr wesentlich verbessern. Andrerseits lässt die angewandte Schlussweise vermuten, dass bei gewissen irrationalen Ellipsoiden (10) (also mindestens einer der Quotienten $a_2/a_1, a_3/a_1, \ldots, a_k/a_1$ irrational) wesentlich bessere Ergebnisse erwartet werden dürfen. Dies beruht auf der folgenden Tatsache. Die erwähnten Abschätzungen sind von der Art

$$|\vartheta(a_m s)| < f(a_m u)$$

mit einer »einfachen« Funktion $f(u)$, die noch von t abhängt. Damit hat man

(18) $\quad |I| \leq \displaystyle\int_{c/\sqrt{t}}^{t^k} \frac{f(a_1 u) + f(a_2 u) + \ldots + f(a_k u)}{|s|} du.$

Die *relativen Maxima* von f liegen an den Stellen

$$u = 2\pi \frac{p}{q} \quad (p, q \in \mathbb{N} \text{ und } q \leq \sqrt{t}),$$

also die relativen Maxima von $f(a_m u)$ an den Stellen

$$u = \frac{2\pi}{a_m} \frac{p}{q}.$$

Falls Q rational ist, also z.B. $a_1 = a_2 = \ldots = a_k = 1$, kann es passieren, dass für ein gewisses u alle Funktionen $f(a_m u)$ dort *gleichzeitig* ein relatives Maximum haben. Ist hingegen Q irrational, also z.B. a_2/a_1 irrational, so können $f(a_1 u)$ und $f(a_2 u)$ *nicht an derselben Stelle* ein lokales Maximum besitzen. Dies bedeutet, dass irrationale Ellipsoide denkbar sind, bei denen der Zähler in (18) »*nirgendwo sehr gross*« wird. In der Tat hat JARNÍK auf Grund dieser Tatsache für eine grosse Klasse von Ellipsoiden (10) die Abschätzung (11) überraschend stark verbessern können. Bevor wir darauf zu sprechen kommen, wollen wir doch nicht unerwähnt lassen, dass JARNÍK in [1928a] seine Methode derart verfeinern konnte, dass für alle Ellipsoide (10) (also die *rationalen miteingeschlossen*)

§ 22 Irrationale Ellipsoide

anstelle von (11) die WALFISZ-LANDAUsche Abschätzung aus Satz 19.2 herauskam:

(19) $P(t) = \begin{cases} O(t^{\frac{k}{2}-1}) \text{ für } k \geq 5 \\ O(t \log^2 t) \text{ für } k = 4. \end{cases}$

14. Die Grundidee bestand hier wie bei der LANDAUschen Behandlung des Kreisproblems in § 11 darin, zuerst den *Mittelwert*

$$\int_0^t A(u) du$$

zu betrachten. Für diesen hat man analog zu (14) die Darstellung

(20) $\int_0^t A(u) du = \frac{1}{2\pi i} \int_{1/t-i\infty}^{1/t+i\infty} \vartheta_Q(s) \frac{e^{ts}}{s^2} ds.$

Sie gilt im Gegensatz zu (14) für alle $t > 0$ und ist ebenfalls im Gegensatz zu (14) absolut konvergent. Daher ist eine *leichtere »Bearbeitungsweise«* möglich.

15. Von diesem Ansatz ausgehend hatte JARNÍK schon in [1929] gezeigt (diese Arbeit wurde, obwohl nach [1928a] publiziert, vor [1928a] verfasst), dass für irrationale Formen (10) und $k \geq 6$ gilt:

(21) $P(t) = o(t^{\frac{k}{2}-1}).$

Hier läuft der Beweis darauf hinaus, dass entsprechend (20) ein zu (15) analoges Integral abgeschätzt werden muss. Im Prinzip bedeutet dies die Abschätzung eines Integrals der Gestalt

$$\int_{c/\sqrt{t}}^{\infty} |\vartheta_Q(s)| \frac{g(u)}{u^2} du \text{ mit } s = \frac{1}{t} + iu$$

($g(u)$ soll hier nicht weiter charakterisiert werden). Entscheidend ist nun, dass man dabei nicht ausschliesslich (16) benutzt, also die $a_1, a_2, ..., a_k$ nicht »*völlig trennt*«, da dies ja die vorausgesetzte Irrationalität von Q »*verwischen*« würde. JARNÍK gelangt mit der folgenden Modifikation zum Ziel. Er teilt die durch die FAREYbrüche erzeugten Teilstrecken in zwei Klassen ein. Auf der einen Klasse genügt es, mit (16) zu arbeiten, während auf der anderen Klasse diese Abschätzung nur auf $k-1$ Faktoren $\vartheta(a_m s)$ angewendet und der $k-te$ Faktor getrennt behandelt wird. Man nimmt also z.B.

$$|\vartheta_Q(s)| \leq |\vartheta(a_1 s)| \sum_{m=2}^{k} |\vartheta^{k-1}(a_m s)|.$$

Damit gelingt es, (21) *unter Umgehung der WEYLschen Hilfsmittel* zu beweisen, die beim Beweis von (6) noch benutzt wurden.

16. Später hat JARNÍK [1930] (21) auch auf $k=5$ ausgedehnt und gezeigt, dass für $k=4$ zumindest nicht allgemeine Gültigkeit besteht. Genauer: Zu jeder Funktion $\varphi(t)$, die für $t \to +\infty$ *monoton gegen Null* fällt, existiert eine Form (10) mit $k=4$ und

$$P(t) = \Omega(t\varphi(t) \log \log t).$$

JARNÍK hätte natürlich (19) für $k \geq 6$ aus (21) und dem bereits bestehenden Satz 19.2 folgern können. Doch er wollte zeigen, dass es für (19) einen direkten Beweis gibt, der wesentlich einfacher ist als der Beweis von (21).

17. Dass (21) für $k \geq 5$ nicht verbesserungsfähig ist, wissen wir bereits nach (7). JARNÍK zeigte in [1940] sogar, dass im Falle $k \geq 5$ (7) für alle Formen (10) besteht bis auf eine Menge von *höchstens erster Kategorie* (d.h. die Koeffizienten-k-tupel der durch (7) ausgenommenen Q sind eine abzählbare Vereinigung von Mengen, die in $\mathbb{R}^k$ nirgends dicht sind). Will man daher bessere Ergebnisse erzielen (man beachte die enorme Kluft zwischen (19) und (4)), so müssen weitere Einschränkungen vorgenommen werden. Doch vorerst fassen wir die wichtigsten Ergebnisse über (10) zusammen zum

18. **Satz 3.** *Für*

$$Q(U) = a_1 u_1^2 + a_2 u_2^2 + \ldots + a_k u_k^2$$

gilt:

I)
$$P_Q(t) = \begin{cases} O(t^{\frac{k}{2}-1}) \text{ für } k \geq 5 \\ O(t \log^2 t) \text{ für } k = 4; \end{cases}$$

II) *Ist $k \geq 5$ und wenigstens ein Quotient $a_2/a_1, a_3/a_1, \ldots, a_k/a_1$ irrational, so ist*

$$P_Q(t) = o(t^{\frac{k}{2}-1});$$

III) *Zu jedem für $t \to +\infty$ monoton gegen Null fallenden $\varphi(t)$ existiert im Falle $k \geq 5$ ein Q mit*

$$P_Q(t) = \Omega(t^{\frac{k}{2}-1} \varphi(t))$$

und im Falle $k=4$ ein Q mit

$$P_Q(t) = \Omega(t\varphi(t) \log \log t).$$

19. In [1928] setzt JARNÍK voraus, dass die k Koeffizienten $a_1, a_2, \ldots, a_k$ von (10) in mindestens zwei Klassen von je mindestens vier gleichen zerfallen, dass also

(22) $\quad Q(U) = b_1(u_{1,1}^2 + \ldots + u_{k_1,1}^2) + b_2(u_{1,2}^2 + \ldots + u_{k_2,2}^2)$

§ 22   Irrationale Ellipsoide   151

$$+ \ldots + b_\sigma(u_{1,\sigma}^2 + \ldots + u_{k_\sigma,\sigma}^2),$$

wobei

$$\sigma \geq 2; b_1, b_2, \ldots, b_\sigma > 0; k_1, k_2, \ldots, k_\sigma \geq 4; k_1 + k_2 + \ldots + k_\sigma = k$$

(mit dem Index σ übernehmen wir eine Bezeichnungsweise, die sich eingebürgert hat). Unter dieser Voraussetzung erhielt JARNÍK

(23) $P(t) = O(t^{\frac{k}{2} - \sigma + \varepsilon})$

für jedes feste $\varepsilon > 0$ und »*fast alle*« Formen (22). Dabei soll »fast alle« bedeuten, dass die Menge der σ-tupel $(b_1, b_2, \ldots, b_\sigma)$ der durch (23) evtl. ausgenommenen Q im $\mathbb{R}^\sigma$ das *Lebesgue-Mass Null* besitzt; analog sind die folgenden »fast alle-Aussagen« zu verstehen. Zum Beweis dieser Aussage muss JARNÍK einen tiefliegenden Satz aus der *metrischen Theorie der* DIOPHANT*ischen Approximationen* beweisen, den er zu einer raffinierten Klasseneinteilung der »FAREY*strecken*« benutzt.

20.   Nimmt man speziell $4|k$ und $\sigma = k/4$ an, so lautet (23)

(24) $P(t) = O(t^{\frac{k}{4} + \varepsilon})$.

In Wirklichkeit kann man aus (23) ziemlich leicht schliessen (siehe wiederum JARNÍK [1928]), dass (24) für *fast alle Formen* (10) zutrifft. Dieses doch sehr überraschende Resultat zeigt deutlich, welche *Ausnahmestellung die rationalen Ellipsoide* (von denen es ja nur abzählbar viele gibt) besitzen. Im übrigen ist damit die Abschätzung (4), die nach den bisherigen Ausführungen ziemlich grob erscheinen mag, *glänzend rehabilitiert*. Allerdings ist (4) mit O anstelle von Ω nicht richtig (rationale Ellipsoide!), aber vielleicht ist für jedes feste $\varepsilon > 0$ und fast alle Formen (10)

$$P(t) = O(t^{\frac{k-1}{4} + \varepsilon})$$

Doch man weiss es nicht.

21.   Hingegen konnte JARNÍK [1928] zeigen, dass (23) abgesehen vom Faktor t^ε definitiv ist, d.h. dass für alle Formen (22)

(25) $P(t) = \Omega(t^{\frac{k}{2} - \sigma})$

und für *fast alle* sogar

(26) $P(t) = \Omega(t^{\frac{k}{2} - \sigma} \log^{\frac{\sigma - 1}{\sigma + 1}} t)$.

Der Beweis von (25) kommt mit einem sehr einfachen Gedankengang aus, während bei (26) wieder gewisse Sätze aus der *metrischen Theorie der* DIOPHANT-*ischen Approximationen* eine Rolle spielen.

22. In [1928a] ist es JARNÍK gelungen, die *Nebenbedingung* $k_1, k_2, ..., k_\sigma \geq 4$ für die Formen (22) *zu eliminieren.* Dazu setze man

$$\mu_m = \begin{cases} \dfrac{k_m}{4} \text{ für } 1 \leq k_m \leq 3 \\ 1 \text{ für } k_m \geq 4 \end{cases}$$

und

$$\mu = \mu_1 + \mu_2 + ... + \mu_\sigma.$$

Dann lautet die Verallgemeinerung von (23)

(27) $\quad P(t) = O(t^{\frac{k}{2}-\mu+\varepsilon})$

für jedes feste $\varepsilon > 0$ und *fast alle* Formen (22). Ist $k_1, k_2, ..., k_\sigma \geq 4$, so ist stets $\mu_m = 1$, also $\mu = \sigma$ und damit (23) durch (27) *tatsächlich verallgemeinert.* Nimmt man andrerseits für $k \geq 5$

$$Q(U) = b_1 u_1^2 + b_2(u_2^2 + ... + u_k^2)$$

oder, was auf daselbe herauskommt

(28) $\quad Q(U) = au_1^2 + (u_2^2 + ... + u_k^2),$

so ist

$$\sigma = 2, k_1 = 1, k_2 = k - 1,$$

also

$$\mu = \frac{1}{4} + 1 = \frac{5}{4}$$

und damit nach (27)

(29) $\quad P(t) = O(t^{\frac{k}{2}-\frac{5}{4}+\varepsilon})$

für jedes feste $\varepsilon > 0$ und *fast alle* Formen (28). Damit ist (9) für den Fall verschärft, dass in (5) Q' eine *Kugelform* ist.

23. Für die weitere Diskussion ist es zweckmässig wieder den »*wahren Restexponenten*«

$$f_Q = \inf\{\xi \mid P_Q(t) = O(t^\xi)\}$$

zu betrachten (wir schreiben f_Q statt wie früher α_Q und folgen damit einer seit den JARNÍK*schen Arbeiten* geläufigen Schreibweise). Analog wird allgemein $f_{Q;\Phi,\Omega,\Lambda}$ mittels $P_{Q;\Phi,\Omega,\Lambda}(t)$ erklärt. Doch vorerst diskutieren wir immer noch den *Spezialfall.* f_Q ist offenbar die eindeutig bestimmte Zahl mit der Eigenschaft

$$P_Q(t) = O(t^{f_Q+\varepsilon}) \text{ und } P_Q(t) = \Omega(t^{f_Q-\varepsilon}) \text{ für alle } \varepsilon > 0.$$

§ 22   Irrationale Ellipsoide

Eine *äquivalente Charakterisierung* ist

$$f_Q = \varlimsup_{t \to +\infty} \frac{\log |P_Q(t)|}{\log t}.$$

Wir haben also z.B. nach (4) und (1)

$$\frac{k}{4} - \frac{1}{4} \leq f_Q \leq \frac{k}{2} - 1 + \frac{1}{k+1} \text{ für alle } Q,$$

nach Satz 19.1 und der daran anschliessenden Bemerkung

(30) $\quad f_Q = \dfrac{k}{2} - 1$ für alle rationalen Q mit $k \geq 4$,

nach (25) und Satz 3

(31) $\quad \dfrac{k}{2} - \sigma \leq f_Q \leq \dfrac{k}{2} - 1$ für alle Formen (22),

nach (25) und (23)

(32) $\quad f_Q = \dfrac{k}{2} - \sigma$ für fast alle Formen (22).

Im übrigen ist (30) auch für *gewisse irrationale* Q richtig (man nehme z.B. in Satz 3: $\varphi(t) = 1/\log t$).

24.   Betrachten wir bei (22) den Fall $\sigma = 2$, also

(33) $\quad Q(U) = b_1(u_{1,1}^2 + \ldots + u_{k_1,1}^2) + b_2(u_{1,2}^2 + \ldots + u_{k_2,2}^2)$

mit

$$k_1, k_2 \geq 4 \text{ und } k_1 + k_2 = k,$$

so besagt (31)

(34) $\quad \dfrac{k}{2} - 2 \leq f_Q \leq \dfrac{k}{2} - 1$ für alle Formen (33)

und (32)

(35) $\quad f_Q = \dfrac{k}{2} - 2$ für fast alle Formen (33).

In [1929a] gelingt es JARNÍK, für die durch (35) ausgeschlossenen Formen Q das zugehörige f_Q zu bestimmen. Um dieses Resultat formulieren zu können, beziehen wir uns auf folgende Tatsachen. Nach Satz 26.3 existieren zu jeder Zahl $\xi \in \mathbb{R}$ unendlich viele Brüche p/q ($p \in \mathbb{Z}, q \in \mathbb{N}$) mit

$$\left| \xi - \frac{p}{q} \right| < \frac{1}{q^2}.$$

Anders ausgedrückt: Die Ungleichung

$$|q\xi - p| < \frac{1}{q}$$

besitzt unendlich viele Lösungen (p,q). Durch Einführung von

$$\|\xi\| = \operatorname{Min}(\xi - [\xi], [\xi] + 1 - \xi)$$

(*Abstand zur nächsten ganzen Zahl*) kann dieser Sachverhalt noch kürzer ausgesprochen werden: Die Ungleichung

(36) $\quad \|q\xi\| < \dfrac{1}{q}$

besitzt *unendlich viele Lösungen q*. Für gewisse ξ kann $1/q$ in (36) durch $1/q^\eta$ mit $\eta > 1$ ersetzt werden. Deshalb ist die Zahl

$$\gamma(\xi) = \sup\{\eta \mid \text{ex. unendlich viele } q \text{ mit } \|q\xi\| < q^{-\eta}\}$$

interessant. Sie kann als *Mass* dafür angesehen werden, wie *gut* sich ξ *durch rationale Zahlen approximieren* lässt.

25. Nach dem eben Gesagten ist stets $\gamma(\xi) \geq 1$. Der Fall $\gamma(\xi) = 1$ tritt jedenfalls für quadratische Irrationalitäten ein (sie wurden im Anschluss an (8) definiert). Im übrigen ist $\gamma(\xi) = 1$ für *fast alle* ξ. Es kann auch $\gamma(\xi) = +\infty$ sein. Dies tritt z.B. bei rationalem ξ ein (ist $\xi = p'/q'$, so hat man mit $q = nq'$ stets $\|q\xi\| = 0$). Es kann aber auch $\gamma(\xi) = +\infty$ werden, *ohne dass* $\xi \in \mathbb{Q}$. (Wegen dieser Tatsachen siehe die bereits *früher zitierte Literatur zur* DIOPHANTI*schen Approximation*.)

26. Verabredet man noch $1/\gamma = 0$ für $\gamma = +\infty$, so lautet JARNÍKs Resultat:

(37) $\quad f_Q = \dfrac{k}{2} - 1 - \dfrac{1}{\gamma(b_2/b_1)}$ für alle Formen (33).

(Die hier auftretende Asymmetrie zwischen b_1 und b_2 ist nur scheinbar; man überzeugt sich nämlich leicht davon, dass $\gamma(\xi) = \gamma(1/\xi)$, dass also $\gamma(b_2/b_1) = \gamma(b_1/b_2)$.) Nach den Ausführungen über die Werte von $\gamma(\xi)$ enthält (37) insbesondere (35) (*fast allen* (b_1,b_2) entsprechen *fast alle* b_2/b_1). Für die durch (35) ausgeschlossenen Q ist nach (34) jedenfalls

$$\frac{k}{2} - 2 < f_Q \leq \frac{k}{2} - 1.$$

Für $\gamma(b_2/b_1) = +\infty$ verallgemeinert (37) das für rationale Formen bekannte Resultat

$$f_Q = \frac{k}{2} - 1.$$

§ 22 Irrationale Ellipsoide

In Wirklichkeit kann aber auch *jede Zahl zwischen* $(k/2)-2$ *und* $(k/2)-1$ als f_Q auftreten. Dies folgt aus (37) und der Tatsache, dass es zu jedem $\gamma \geq 1$ ein ξ mit $\gamma(\xi)=\gamma$ gibt. Eine entsprechende Aussage wird für $\sigma > 2$ in JARNÍK [1934] als Ergänzung von (31) und (32) bewiesen: *Zu jeder Zahl f zwischen* $(k/2)-\sigma$ *und* $(k/2)-1$ *existiert ein Q der Form* (22) *mit* $f_Q = f$. Ausserdem kann JARNÍK eine mengentheoretische Aussage über diese Q machen: Ihre HAUSDORFF-*Dimension* ist (auch im Falle $\sigma = 2$) gleich

$$\sigma\left(1 - \frac{2}{k-2f}\right).$$

Allerdings ist der JARNÍKsche Beweis in dem Sinne *nicht konstruktiv*, als nicht eine passende Verallgemeinerung von (37) bewiesen wird.

27. Eine solche Verallgemeinerung ist erst DIVIŠ [1970] durch eine *Weiterführung der JARNÍKschen Methoden* gelungen. Allerdings müssen dabei die $k_1, k_2, \ldots, k_\sigma$ in dem folgenden Sinne *genügend gross sein*. Es sei in Verallgemeinerung von $\gamma(\xi)$

$$\gamma(\xi_1, \xi_2, \ldots, \xi_\sigma) = \sup\{\eta \,|\, \text{ex. unendlich viele } q \text{ mit}$$

$$\text{Max}(\|q\xi_1\|, \|q\xi_2\|, \ldots, \|q\xi_\sigma\|) < q^{-\eta}\}.$$

Diese Zahl kann als *Mass* dafür angesehen werden, wie gut sich die $\xi_1, \xi_2, \ldots, \xi_\sigma$ *gleichzeitig* durch Brüche *mit gemeinsamem Nenner* approximieren lassen. Es ist bekannt, dass stets $\gamma(\xi_1, \xi_2, \ldots, \xi_\sigma) \geq 1/\sigma$ (siehe wiederum die bereits zitierte Literatur zur *diophantischen Approximation*). Die Verallgemeinerung von (37) lautet nun

Satz 4. *Ist*

$$Q(U) = b_1(u_{1,1}^2 + \ldots + u_{k_1,1}^2) + \ldots + b_\sigma(u_{1,\sigma}^2 + \ldots + u_{k_\sigma,\sigma}^2)$$

und

$$\gamma(Q) = \gamma(b_2/b_1, b_3/b_1, \ldots, b_\sigma/b_1),$$

so ist im Spezialfall

$$f_Q = \frac{k}{2} - 1 - \frac{1}{\gamma(Q)} \quad \textit{für } k_1, k_2, \ldots, k_\sigma \geq 2 + \frac{2}{\gamma(Q)};$$

dabei ist für $\gamma = +\infty$ *zu setzen:* $1/\gamma = 2/\gamma = 0$.

Da stets $\gamma(Q) \geq 1/(\sigma-1)$ folgt $2\sigma \geq 2(\gamma(Q)+1)/\gamma(Q)$, so dass die an die k_m gestellte Bedingung von selbst erfüllt ist, falls $k_m \geq 2\sigma$. Im übrigen bemerkt DIVIŠ am Schluss seiner Arbeit, dass sein Resultat auf »*fast-diagonale*« Q ausgedehnt werden kann, d.h. auf die Q der Gestalt

(38) $\quad Q(U) = b_1 Q_1(u_1^{(1)}, \ldots, u_{k_1}^{(1)}) + b_2 Q_2(u_1^{(2)}, \ldots, u_{k_2}^{(2)}) + \ldots + b_\sigma Q_\sigma(u_1^{(\sigma)}, \ldots, u_{k_\sigma}^{(\sigma)}),$

wo $Q_1, Q_2, \ldots, Q_\sigma$ positiv-definite quadratische Formen mit rationalen Koeffizienten sind ($k_1, k_2, \ldots, k_\sigma \geq 1$ und $k_1 + k_2 + \ldots + k_\sigma = k$). Diese Bemerkung hatte schon JARNÍK bei der Publikation seiner Resultate gemacht.

28. Wir wenden uns nun denjenigen Resultaten zu, die *über den Spezialfall hinausgehen*. Die Bedingungen, die an Φ, Ω, Λ gestellt werden, sind dabei stets ausdrücklich anzugeben. Im übrigen sei erneut darauf hingewiesen, dass wir bei $P_{Q;\Phi,\Omega,\Lambda}(t)$ je nach Situation einen oder mehrere Indizes weglassen. Analoges gilt für $f_{Q;\Phi,\Omega,\Lambda}$.

29. Ein erstes interessantes Ergebnis stammt von NOVÁK [1968]. In ihm wird der *Einfluss des »Gewichtes«* Λ diskutiert. NOVÁK bewies in Verallgemeinerung von Satz 22.1 den

Satz 5. *Sind Q, Φ, Ω rational, so ist für alle Λ*

$$P_{Q;\Lambda}(t) = \begin{cases} O(t^{\frac{k}{2}-1}) \text{ für } k \geq 5 \\ O(t \log^2 t) \text{ für } k = 4 \end{cases}$$

Ausserdem zeigte NOVÁK (man beachte die Analogie zu den früher behandelten JARNÍKschen Abschätzungen)

Satz 6. *Im vorigen Satz gilt für $k \geq 5$ genauer*

I) *Ist Λ nicht rational, so ist*

$$P_{Q;\Lambda}(t) = o(t^{\frac{k}{2}-1});$$

II) *Diese Abschätzung kann nicht allgemein verschärft werden, d.h. zu jedem für $t \to +\infty$ monoton gegen Null fallenden $\varphi(t)$ existiert Λ mit*

$$P_{Q;\Lambda}(t) = \Omega(t^{\frac{k}{2}-1}\varphi(t));$$

III) *Für fast alle Λ ist*

$$P_{Q;\Lambda}(t) = O(t^{\frac{k}{2}} \log^{3k} t).$$

Wir machen noch darauf aufmerksam, dass es unwesentlich ist, ob man bei diesen Sätzen die Koeffizienten von Q und die Komponenten von Φ und Ω als rational oder nur als ganzzahlig voraussetzt.
Denn es ist für $c > 0$

$$P_{Q;\Phi,\Omega,\Lambda}(t) = P_{cQ;c\Phi,c\Omega,\Lambda/c}(c^3 t).$$

Dies ist auf Grund der Definition (21.48) leicht einzusehen und zeigt, dass es sogar genügt, dass die Koeffizienten von Q und die Komponenten von Φ und Ω ganze Vielfache derselben reellen Zahl sind. Diese Bemerkung bezüglich *Rationalität* und *Ganzzahligkeit* möge man auch im Zusammenhang mit den folgenden Sätzen beachten.

30. Es liegen auch im Falle, dass Λ rational ist, einige über den Satz 5 hinausgehende Abschätzungen vor. Zunächst erinnern wir daran, dass im Falle $\delta(\Lambda \circ \Phi) = 1$

§ 22   Irrationale Ellipsoide

(39) $P_{Q;\Lambda}(t) = \Omega(t^{\frac{k}{2}-1})$.

Aber auch bei $\delta(\Lambda \circ \Phi) = 0$ stimmt (39) für $k \geq 4$ in einer sehr allgemeinen Situation (WALFISZ [1956]). NOVÁK [1968a] konnte den entsprechenden Beweis vereinfachen und sogar auf $k \geq 2$ ausdehnen. Trifft (39) nicht zu, so ist wiederum nach WALFISZ [1956]

$$P_{Q;\Lambda}(t) = O(t^{\frac{k}{4}} \log t) \text{ für } k \geq 4$$

und sogar

$$P_{Q;\Lambda}(t) = O(t^{\frac{k}{4} - \frac{1}{10}}) \text{ für } k \geq 5.$$

Dies ist bis heute die »*stärkste Annäherung*« an (4). In NOVÁK [1976] wird auf die Frage eingegangen, wann (39) schärfer mit n anstelle von t richtig ist.

31.   Satz 5 kann bei geeigneten Einschränkungen von Φ und Ω *wesentlich verbessert* werden. So gilt z.B. (NOVÁK [1974])

Satz 7. *Ist Q rational, $\Phi = (1, 1, ..., 1)$, $\Omega = 0$, Λ beliebig und*

$$\gamma(\Lambda) = \gamma(\lambda_1, \lambda_2, ..., \lambda_k),$$

so gilt

$$f_{Q;\Lambda} = \frac{k}{2} - 1 - \frac{k-2}{4(\gamma(\Lambda)+1)} \quad \text{für } k \geq 4 + \frac{2}{\gamma(\Lambda)};$$

dabei ist für $\gamma = +\infty$ zu setzen: $(k-2)/4(\gamma+1) = 2/\gamma = 0$.

In NOVÁK [1981] wird diese Diskussion fortgesetzt.

32.   Was den *Einfluss des* »*Zentrums*« Ω betrifft, so liegt ein tiefliegendes Ergebnis von DIVIŠ [1977a] vor. Es bezieht sich auf den Fall, dass Q von der Gestalt (38) und Ω beliebig ist. Damit dieses Ergebnis formuliert werden kann, denke man sich die Komponenten $\omega_1, \omega_2, ..., \omega_k$ von Ω umnumeriert in $\omega_1^{(1)}, ..., \omega_{k_1}^{(1)}, ..., \omega_1^{(\sigma)}, ..., \omega_{k_\sigma}^{(\sigma)}$ entsprechend der Umnumerierung von $u_1, u_2, ..., u_k$ durch (38) in $u_1^{(1)}, ..., u_{k_1}^{(1)}, ..., u_1^{(\sigma)}, ..., u_{k_\sigma}^{(\sigma)}$. Nun setze man

$$\gamma(Q, \Omega) = \sup\{\eta \mid \text{ex. unendlich viele } q \in \mathbb{N} \text{ mit}$$

$$\underset{1 \leq j \leq \sigma}{\text{Max}} \|(b_j/b_1)q\| < q^{-\eta} \text{ und}$$

$$\underset{1 \leq j \leq \sigma, 1 \leq l \leq k_j}{\text{Max}} \|(b_j/b_1)\omega_l^{(j)}\| < q^{-\eta/2}\}.$$

Dann lautet der erwähnte »*Zentrumssatz*«

Satz 8. *Ist Q von der Gestalt (38) mit $\sigma \geq 2$, $\Phi = (1, 1, ..., 1)$, Ω beliebig und $\Lambda = 0$, so gilt*

$$f_{Q;\Omega} = \frac{k}{2} - 1 - \frac{1}{\gamma(Q, \Omega)}, \text{ falls } k_j \geq 2 + \frac{4}{\gamma(Q, \Omega)};$$

dabei ist für $\gamma = +\infty$ *zu setzen:* $1/\gamma = 4/\gamma = 0$.
Falls Q rational ist, wird

$$\gamma(Q,\Omega) = 2\gamma(\omega_1, \omega_2, ..., \omega_k)$$

und man erhält durch Satz 8 ein Resultat, das vorher schon von NOVÁK [1976a] bewiesen wurde. In [1979] beschreibt DIVIŠ recht elementare Methoden, mit denen man $f_{Q;\Omega}$ nach unten abschätzen kann.

33. Da in vielen Fällen definitive f-Resultate nicht erreicht wurden, begannen schon LANDAU [1923] und CRAMÉR [1922] (beim Kreis) mit der Untersuchung der *Mittelwertsfunktion*

(40) $\quad M_Q(t) = \int\limits_0^t P_Q^2(u)du.$

Da durch dieses Vorgehen gewissermassen eine *Glättung* vorgenommen wird ($M(t)$ ist nicht-negativ und monoton wachsend), ist $M(t)$ einfacher zu untersuchen als $P(t)$. Andrerseits ist es oft möglich, ausgehend von »guten« Resultaten über $M(t)$ Abschätzungen von $P(t)$ herzuleiten, die ohne diesen Umweg nicht erreichbar scheinen. Das interessante ist noch, dass die Abschätzungen von $M(t)$ oft das liefern, was aus den »eigentlich erwarteten« Ergebnissen über $P(t)$ folgen würde. Genauer: Ist $P(t) = O(t^\xi)$, so folgt ohne weiteres $M(t) = O(t^{2\xi+1})$. Umgekehrt hat man den Eindruck (*bewiesen ist aber nichts!*), dass $P(t) = O(t^{\xi+\varepsilon})$ für alle $\varepsilon > 0$ aus $M(t) = O(t^{2\xi+1})$ folgt. So ist z.B. beim Kreisproblem $M(t) = O(t^{3/2})$ bekannt, was zu der schon verschiedentlich geäusserten Vermutung $P(t) = O(t^{1/4+\varepsilon})$ führen würde. Wegen des hier geschilderten Zusammenhangs kann man sich ausführlicher in DIVIŠ [1977b] orientieren.

34. Der Anstoss zur Untersuchung von (40) beim Ellipsoid gab JARNÍK durch eine Serie von Abhandlungen, die im Jahre 1931 beginnt (siehe z.B. [1931], [1931a], [1940a]). Ein neueres Resultat in dieser Richtung stammt von NOVÁK [1969] und lautet

Satz 9. *Sind* Q, Φ, Ω *und* Λ *rational, so ist mit einer von* Q, Φ, Ω *und* Λ *abhängigen Konstanten* $C \geq 0$

$$M_Q(t) = Ct^{k-1} + O(t^{k-2}) \text{ für } k > 5$$

und

$$M_Q(t) = Ct^4 + O(t^3 \log^2 t) \text{ für } k = 5.$$

(NOVÁK gibt auch im Falle $k < 5$ Abschätzungen an.) Man weiss, wann $C > 0$ ist (z.B. im Falle $\delta(\Lambda \circ \Phi) = 1$). Im Falle $C = 0$ hat man schärfere Aussagen. So konnte schon JARNÍK [1931a] beweisen, dass für $k \geq 4$ und fast alle Formen (36) *im Spezialfall* gilt:

(41) $\quad M_Q(t) = O(t^{\frac{k}{2}+\frac{1}{2}} \log^{3k+3} t).$

§ 22   Irrationale Ellipsoide

Wenn der oben zitierte »Schluss« zutreffend wäre, würde daraus

$$P_Q(t) = O(t^{\frac{k-1}{4}+\varepsilon})$$

folgen, womit die Abschätzung (4) *endgültig rehabilitiert* wäre.
Weitere Angaben über den Fall $C=0$ findet man in NOVÁK [1969].

35. Wir kommen zurück auf die Iteration (3). In CHANDRASEKHARAN-NARASIMHAN [1962] wurde $P_n(t)$ (allerdings in einer sehr viel allgemeineren Situation) ausgedehnt zu:

$$P_0(t) = P(t) \text{ und } P_\rho(t) = \frac{1}{\Gamma(\rho)} \int_0^t P_0(u)(t-u)^{\rho-1} du \text{ für } \rho > 0$$

(die Indexbezeichnung durch ρ ist heute üblich). Man sieht leicht, dass für alle $\rho \geq 1$

$$P_\rho(t) = \int_0^t P_{\rho-1}(u) du,$$

so dass für natürliches ρ die *alte Definition* (3) entsteht. JARNÍK studierte in [1968] $P_\rho(t)$ *im Spezialfall* und gab so Anlass zu weiteren interessanten Untersuchungen. Um ein Ergebnis in dieser Richtung formulieren zu können, führen wir in naheliegenderweise

$$f(\rho) = \inf\{\xi \mid P_\rho(t) = O(t^\xi)\}$$

ein, wobei je nach Fall f noch mit Q, Φ, Ω, Λ indiziert wird. Für rationale Q findet JARNÍK

Satz 10. *Ist Q rational, so gilt für $k \geq 4$ im Spezialfall*

$$f_Q(\rho) = \begin{cases} \dfrac{k}{2} - 1, \text{ falls } \rho \leq \dfrac{k}{2} - 2 \\ \dfrac{k-1}{4} + \dfrac{\rho}{2}, \text{ falls } \rho \geq \dfrac{k}{2} - \dfrac{1}{2}. \end{cases}$$

JARNÍK erhält auch für $(k/2) - 2 < \rho < (k/2) - 1/2$ Resultate, doch handelt es sich nur um Abschätzungen. Es stellt sich fast von selbst die Frage, ob $f_Q(\rho)$ schon vor der Schwelle $(k/2) - 1/2$ gleich $(k-1)/4 + \rho/2$ ist. Man interessiert sich also mit anderen Worten für

$$\rho_0 = \inf\left\{\xi \mid f_Q(\rho) = \frac{k-1}{4} + \frac{\rho}{2} \text{ für } \rho \geq \xi\right\}.$$

Es ist klar, dass $(k/2) - 2 \leq \rho_0 \leq (k/2) - 1/2$, doch es ist kein Fall bekannt, bei dem man ρ_0 bestimmen könnte. Vielmehr handelt es sich um eine sehr schwerwiegende Frage, deren Tiefe mit dem Kreisproblem verglichen werden kann. Was das Intervall $[0, \rho_0]$ betrifft, so vermutet man, dass $f_Q(\rho)$ dort stetig ist

ist. Schliesslich sei noch bemerkt, dass der für $\rho \geq (k/2) - 1/2$ angegebene Wert von $f_Q(\rho)$ bei beliebigem Q richtig ist.

36. Die meisten der heute bekannten f-Resultate ($f = f(0)$) lassen sich auf $f(\rho)$-Resultate ausdehnen, ja wurden oft gleich als $f(\rho)$-Resultate bewiesen. So ist z.B. in Verallgemeinerung von Satz 4 (DIVIŠ-NOVÁK [1974])

Satz 11. *Ist*

$$Q(U) = b_1(u_{1,1}^2 + \ldots + u_{k_1,1}^2) + \ldots + b_\sigma(u_{1,\sigma}^2 + \ldots + u_{k_\sigma,\sigma}^2)$$

und

$$\gamma(Q) = \gamma(b_2/b_1, b_3/b_1, \ldots, b_\sigma/b_1),$$

so ist im Spezialfall

$$f_Q(\rho) = \frac{k}{2} - 1 + \frac{\rho + 1}{\gamma(Q)}$$

für

$$k_1, k_2, \ldots, k_\sigma \geq \frac{2(\rho + 1)(\gamma(Q) + 1)}{\gamma(Q)}$$

und

$$\rho < \frac{r}{2} - 1;$$

dabei ist für $\gamma = +\infty$ zu setzen: $(\rho + 1)/\gamma = 0$, $2(\rho + 1)(\gamma + 1)/\gamma = 2(\rho + 1)$, in Verallgemeinerung von Satz 7 (NOVÁK [1974])

Satz 12. *Ist Q rational, $\Phi = (1, 1, \ldots, 1)$, $\Omega = 0$, Λ beliebig und*

$$\gamma(\Lambda) = (\lambda_1, \lambda_2, \ldots, \lambda_k),$$

so gilt

$$f_{Q;\Lambda}(\rho) = \frac{k}{2} - 1 - \frac{k - 2 - 2\rho}{4(\gamma(\Lambda) + 1)}$$

für

$$\rho \leq \frac{k}{2} - 2 - \frac{1}{\gamma(\Lambda)};$$

dabei ist für $\gamma = +\infty$ zu setzen: $(k - 2 - 2\rho)/4(\gamma + 1) = 1/\gamma = 0$ und in Verallgemeinerung von Satz 8 (DIVIŠ [1977a])

Satz 13. *Mit den Voraussetzungen und Bezeichnungen von Satz 8 ist*

$$f_{Q;\Omega}(\rho) = \frac{k}{2} - 1 - \frac{\rho + 1}{\gamma(Q, \Omega)}$$

für

$$k_1, k_2, \ldots, k_\sigma \geq \frac{2(\rho+1)(\gamma(Q,\Omega)+2)}{\gamma(Q,\Omega)};$$

dabei ist für $\gamma = +\infty$ *zu setzen:* $(\rho+1)/\gamma = 0$, $2(\rho+1)(\gamma+2)/\gamma = 2(\rho+1)$

Weitere Informationen über $f(\rho)$-Resultate findet man in der zitierten Literatur sowie dem Übersichtsartikel NOVÁK [1971].

37. In Analogie zu (40) wird nunmehr allgemeiner

$$M_\rho(t) = \int_0^t P_\rho^2(u)\,du$$

betrachtet. Auch hier liegen Verallgemeinerungen von $M(t)$-Resultaten vor. So gilt z.B. in Verallgemeinerung von Satz 9 (NOVÁK [1971a]; man beachte dort die Bemerkung auf p.261)

Satz 14. *Mit den Voraussetzungen und Bezeichnungen von Satz 9 gilt*

$$M_\rho(t) = Ct^{k-1} + O(t^{k-2})$$

für $\rho < 1/2(k-3)$ *mit einer von* ρ *abhängigen positiven Konstanten C.*

Anmerkungen

§ 19 *Problemstellung.* (4) ist von MINKOWSKI [1905]. Satz 1 wurde erstmals von WALFISZ [1924] bewiesen; zwar nur für $k \geq 8$, aber sogleich in der allgemeineren Form von Satz 2. Die Ausdehnung von Satz 2 auf $k \geq 4$ ist LANDAU [1924a] gelungen. Über die in Satz 1 nicht erfassten Fälle $k = 2, 3, 4$ ist folgendes zu sagen. Zunächst besteht in diesen Fällen (6). Ausserdem liefert Satz 2

$$P_Q(t) = O(t \log^2 t) \text{ für } k = 4.$$

Dies lässt sich zu

$$P_Q(t) = O(t \log^{2/3} t) \text{ für } k = 4$$

verschärfen (WALFISZ [1960]). Zudem besagt (7)

$$P_Q(t) = O(t^{1/3}) \text{ für } k = 2$$

und

$$P_Q(t) = O(t^{3/4}) \text{ für } k = 3.$$

§ 20 *Thetafunktionen.* Dieser Paragraph lehnt sich stark an die Darstellung LANDAU [1962, p.231–239] an. Dort sind auch die Hilfssätze 1–3 bewiesen.

§ 21 *Rationale Ellipsoide.* Der hier gegebene Beweis von Satz 19.2 hat LANDAU [1924a] als Vorbild. Es handelt sich bei dieser Arbeit um eine scharfsinnige Anwendung der von HARDY, RAMANUJAN und LITTLEWOOD (HARDY-RAMANUJAN [1918], HARDY-LITTLEWOOD [1920]) begründeten »*Kreismethode*«. Sie besteht in unserem Fall darin, dass (2) mit Hilfe einer *raffinierten Unterteilung* des Integrationsintervalles [0,1] ausgewertet wird. Der Name »Kreismethode« rührt daher, dass man die rechte Seite von (2) auch als ein über eine Kreislinie erstrecktes komplexes Integral interpretieren kann. Der genannten Unterteilung entspricht dann eine gewisse Unterteilung der Kreislinie. Satz 19.2 wurde in Unkenntnis der Arbeit von LANDAU [1924a] auf andere Weise auch von PETERSSON [1926] bewiesen.

Satz 1 sowie (49) findet man in LANDAU [1925]. Wegen der Ausdehnung von (51) auf gewisse $\Lambda \neq 0$ siehe die Ausführungen in Absatz 22.30.

Begnügt man sich mit (52) anstelle von (44), so braucht man aus der Theorie der Thetafunktionen *nur* (20.1). Wegen der *sonstigen Abkürzungsmöglichkeiten* siehe WALFISZ [1957, p. 28–36]. Eine Ausführung des für Satz 2 gegebenen Beweisansatzes findet man in WALFISZ [1957, p.37–39]. Der Satz selbst wurde erstmals von HARDY [1918a] formuliert. Dort wurde aber lediglich darauf hingewiesen, dass ein Beweis mit der in HARDY-RAMANUJAN [1918] entwickelten Methode möglich sei. Der erste, in allen Einzelheiten durchgeführte Beweis ist WALFISZ [1924]. In HARDY [1920a] wird vermerkt, dass für $5 \leqslant k \leqslant 8$ das Restglied identisch verschwindet, dass also der Hauptterm in Satz 2 bereits $r_k(n)$ darstellt (sog. HARDYsche *Identität*). Ein Beweis für diese Tatsache, der sich wie der ursprüngliche auf die Theorie der *Modulfunktionen* stützt, wird in KNOPP [1970] gegeben. Ein davon freier Beweis, der nur mit den Methoden der »*klassischen Funktionentheorie*« arbeitet, ist möglich (WALFISZ [1957, p.142–149]). Die HARDYsche *Identität* ist für $k > 8$ falsch, hingegen ist sie auch noch für $k = 3$ und $k = 4$ richtig (BATEMAN [1951]). Bei diesen Fällen treten insofern neuartige Schwierigkeiten auf, als die entsprechenden Reihen *nicht mehr absolut* konvergieren. Während diese Schwierigkeiten im Falle $k = 4$ noch relativ leicht behoben werden können, sind im Falle $k = 3$ umfangreiche Zusatzüberlegungen notwendig. Ist $k = 2$, so bleibt die HARDYsche *Identität* richtig, falls vor der Reihe noch der Faktor 2 angebracht wird. Dies kann durch eine ziemlich einfache Rechnung und einen Vergleich mit Satz 4.1 bestätigt werden. Der entscheidende Punkt ist, dass die zugehörige Reihe *aufsummiert* werden kann, da es für $(S(p,q))^2$ einen einfachen geschlossenen Ausdruck gibt (siehe z.B. WALFISZ [1957, p.13–14]). Weitere interessante Beiträge zu Satz 2 sind die Übersichtsartikel HARDY [1940, p.132–160] und WALFISZ [1952]; siehe auch RANKIN [1962] sowie RANKIN [1977, ch.7].

§ 22 *Irrationale Ellipsoide.* Die wichtigsten Autoren zu dem hier behandelten Problemkreis sind EDMUND LANDAU (1877–1938), ARNOLD WALFISZ (1892–1962), VOJTĚCH JARNÍK (1897–1970) sowie *zwei Schüler von* JARNÍK: Der nach menschlichem Ermessen viel zu früh gestorbene BOHUSLAV DIVIŠ (1942–1976) und der in Prag an der Karls-Universität wirkende BŘETISLAV NOVÁK.

Ausser der bereits zitierten Literatur sind folgende Unterlagen für ein

Weiterstudium nützlich: Die *Übersichtsartikel* WALFISZ [1928a] und JARNÍK [1934a]; ausserdem die *Nachrufe* auf WALFISZ von LOMADSE [1964], auf JARNÍK von KURZWEIL-NOVÁK [1971] und NOVÁK-SCHWARZ [1972], auf DIVIŠ von SCHWARZ-ZASSENHAUS [1977]. Diesen Nachrufen sind auch *vollständige Bibliographien* beigefügt. Die Nachrufe auf LANDAU von HARDY-HEILBRONN [1938] und KNOPP [1950] enthalten nur ausgewählte bibliographische Angaben. Ein *vollständiges Schriftenverzeichnis* findet man aber in TURÁN [1968]. Erwähnenswert ist noch LANDAU-WALFISZ [1962], eine durch den Herausgeber WALFISZ mit wertvollen Zusätzen versehene *Sammlung von* LANDAU*schen Originalarbeiten* zur Gitterpunktlehre. In dieser Sammlung sind auch alle Beiträge von LANDAU zu Gitterpunktproblemen aufgezählt.

In der Bibliographie des vorliegenden Buches wurden deshalb nur diejenigen Arbeiten von LANDAU, WALFISZ, JARNÍK, DIVIŠ aufgenommen, auf die *direkt Bezug* genommen wird. Hingegen werden bei NOVÁK *alle bisher erschienenen Arbeiten zur Gitterpunktlehre* erwähnt.

Anhang

§ 23 Das Summenzeichen

1.   Ist $f(l)$ eine auf den $b-a+1$ aufeinanderfolgenden ganzen Zahlen $a, a+1, ..., b$ definierte, reell- oder komplexwertige Funktion, so kürzt man die Summe

(1) $f(a)+f(a+1)+...+f(b)$

bekanntlich mit

(2) $\sum\limits_{l=a}^{b} f(l)$

ab. Dabei heisst l *Summationsbuchstabe* oder *Summationsindex*, $\{a, a+1, ..., b\}$ *Wertebereich des Summationsbuchstabens* bzw. *– index*. Dieser Wertebereich legt abgesehen von $f(l)$ die Summe (1) fest. Es ist oft zweckmässig, diesen Wertebereich durch »*Summationsbedingungen*« festzulegen, die unterhalb des Summenzeichens $\sum$ angebracht werden. In diesem Sinne ist

(3) $\sum\limits_{a \leq l \leq b} f(l)$

und (2) dieselbe Summe.

2.   Wir bringen einige weitere Beispiele für Summationsbedingungen, wie sie in diesem Buch laufend auftreten: Ist n für die Bezeichnung natürlicher Zahlen reserviert, so kürzt für $a \in \mathbb{N}$

(4) $\sum\limits_{n \leq a} f(n)$

die Summe

(4') $f(1)+f(2)+...+f(a)$

ab. Ist j für die Bezeichnung von nicht-negativen ganzen Zahlen reserviert, so kürzt für $a \in \mathbb{N} \cup \{0\}$

(5) $\sum\limits_{j \leq a} f(j)$

die Summe

$f(0)+f(1)+...+f(a)$

ab.

3.   Der Wertebereich des Summationsbuchstabens braucht *keineswegs aus aufeinanderfolgenden ganzen Zahlen* zu bestehen. Ist zum Beispiel d für die Bezeichnung von natürlichen Zahlen reserviert, so kürzt für $a \in \mathbb{Z} - \{0\}$

§ 23 Das Summenzeichen

(6) $$\sum_{d\mid a} f(d)$$

die Summe

$$f(d_1)+f(d_2)+\ldots+f(d_r)$$

ab, wo $\{d_1, d_2, \ldots, d_r\}$ die Menge der positiven Teiler von a ist.

4. Werden mehrere Summationsbedingungen unterhalb des Summenzeichens notiert, so ist damit gemeint, dass diese *Bedingungen alle gleichzeitig* zu erfüllen sind. So kürzt zum Beispiel in Weiterführung von (6)

(7) $$\sum_{\substack{d\mid a \\ 2\nmid d}} f(d)$$

die Summe

$$f(d_1)+f(d_2)+\ldots+f(d_s)$$

ab, wo $\{d_1, d_2, \ldots, d_s\}$ jetzt die Menge der ungeraden positiven Teiler von a ist. Wird vereinbart, dass u ungerade natürliche Zahlen bezeichnen soll, so könnte (7) auch durch

(8) $$\sum_{u\mid a} f(u)$$

ersetzt werden.

5. Ist die Summationsbedingung gar nicht erfüllbar, ist also der Wertebereich des Summationsbuchstabens leer, so spricht man von einer *leeren Summe*. Es ist zweckmässig, leeren Summen den Wert 0 beizulegen. So sind zum Beispiel die Summen (2) und (3) für $b < a$ gleich 0.

6. Eine Summe der Gestalt

(9) $$\sum_{(l)} 1$$

((l) soll irgendeine Summationsbedingung für den Summationsbuchstaben l symbolisieren), ist so zu lesen, dass $f(l) = 1$ für alle zugelassenen l. (9) gibt also die *Anzahl der Zahlen aus dem Wertebereich* an. So ist zum Beispiel mit den Verabredungen von (8)

$$\sum_{u\mid a} 1$$

die Anzahl der ungeraden positiven Teiler von a.

7. Nach diesen Bemerkungen ist es ziemlich klar, was die Summen (3), (4), (5) bedeuten, wenn dort a und b beliebige reelle Zahlen sind. So bezeichnet zum

Beispiel (3) für $a \notin \mathbb{Z}$ und $b \geqslant [a] + 1$ die Summe

$$f([a]+1) + f([a]+2) + \ldots + f([b]).$$

(Für $a \in \mathbb{Z}$ wäre noch der Summand $f(a)$ hinzuzufügen.) Ist in (4) $a \geqslant 1$, aber sonst beliebig, so tritt anstelle von (4′)

$$f(1) + f(2) + \ldots + f([a]).$$

(Für $a < 1$, wäre (4) gleich 0.)

8. Als weitere Illustration beweisen wir drei *Summenumformungen*, bei denen *wichtige Prinzipien* zur Anwendung gelangen. Dabei bezeichnen d, n natürliche Zahlen; ausserdem sei mit t eine beliebige positive Zahl gemeint.

9. **Satz 1.**

(10) $$\sum_{n \leqslant t} \sum_{d \mid n} f(d) = \sum_{n \leqslant t} f(n) \left[\frac{t}{n}\right].$$

Beweis. Offenbar ist d der Einschränkung $d \leqslant n$, also insgesamt der Einschränkung $d \leqslant t$ unterworfen. Ist umgekehrt ein d mit $d \leqslant t$ vorgegeben, so existieren genau $[t/d]$ Zahlen n mit $n \leqslant t$ und $d \mid n$, nämlich

$$n = 1 \cdot d, 2 \cdot d, \ldots, \left[\frac{t}{d}\right] \cdot d.$$

Deshalb ist die Summe links in (10) gleich

$$\sum_{d \leqslant t} f(d) \left[\frac{t}{d}\right],$$

und das ist die Behauptung. q.e.d.

10. **Satz 2.**

(11) $$\sum_{n \leqslant t} \sum_{2d \mid n} f(d) = \sum_{n \leqslant t/2} \sum_{d \mid n} f(d).$$

Beweis. Links ist d der Einschränkung $2d \leqslant n$, also insgesamt der Einschränkung $2d \leqslant t$, d.h. $d \leqslant t/2$ unterworfen. Ist umgekehrt ein solches d vorgegeben, so gibt es genau $[t/(2d)]$ Zahlen n mit $n \leqslant t$ und $2d \mid n$, nämlich

$$n = 1 \cdot 2d, 2 \cdot 2d, \ldots, \left[\frac{t}{2d}\right] \cdot 2d.$$

Deshalb ist die linke Seite von (11) gleich

$$\sum_{d \leqslant t/2} f(d) \left[\frac{t}{2d}\right].$$

§ 23   Das Summenzeichen

Wendet man jetzt darauf (10) von rechts nach links mit $t/2$ anstelle von t an, so folgt die Behauptung. q.e.d.

11.   **Satz 3.**

(12) $$\sum_{n \leq t} \sum_{d|n} f(d) = \sum_{n \leq t} \sum_{d \leq t/n} f(d).$$

Beweis. Rechts ist d der Einschränkung $d \leq t/n$, also insgesamt der Einschränkung $d \leq t$ unterworfen. Ist umgekehrt d mit $d \leq t$ vorgegeben, so gibt es genau $[t/d]$ Zahlen n mit $n \leq t$ und $d \leq t/n$, nämlich

$$n = 1, 2, \ldots, \left[\frac{t}{d}\right].$$

Deshalb ist die rechte Seite von (12) gleich

$$\sum_{d \leq t} f(d) \left[\frac{t}{d}\right].$$

Wendet man jetzt (10) von rechts nach links an, so folgt die Behauptung. q.e.d.

12.   Ein wichtiges Hilfsmittel bei der Abschätzung von Summen ist

Satz 4 (ABELsche Summation). *Mit*

$$G(i) = \sum_{j=l}^{i} g(j)$$

ist

$$\sum_{i=l}^{m} f(i)g(i) = \sum_{i=l}^{m-1} (f(i) - f(i+1))G(i) + f(m)G(m).$$

Beweis. Wegen

$$g(i) = G(i) - G(i-1)$$

ist (man beachte: $G(l-1) = 0$)

$$\sum_{i=l}^{m} f(i)g(i) = \sum_{i=l}^{m} f(i)(G(i) - G(i-1)) = \sum_{i=l}^{m} f(i)G(i) - \sum_{i=l}^{m} f(i)G(i-1)$$

$$= \sum_{i=l}^{m} f(i)G(i) - \sum_{i=l}^{m-1} f(i+1)G(i),$$

woraus unmittelbar die Behauptung folgt.

13. Anstelle eines einzigen Summationsbuchstabens kann auch ein k-tupel $(k = 2, 3, ...)$ treten. So hat zum Beispiel, wenn l für die Bezichnung ganzer Zahlen reserviert ist und t eine positive Zahl bedeutet, die Summe

(13) $$\sum_{l_1^2 + l_2^2 + ... + l_k^2 \leq t} f(l_1, l_2, ..., l_k)$$

folgende Bedeutung: Als Argumente von f sind sämtliche k-tupel $(l_1, l_2, ..., l_k)$ zu nehmen, die der angegebenen Summationsbedingung genügen; die so entstehenden Funktionswerte sind anschliessend zu summieren. Im übrigen sind die im Falle $k=1$ gemachten Bemerkungen sinngemäss zu übertragen. So wird z.B. (13) für $t<0$ gleich Null.

14. Anstelle des *Summenzeichens* $\sum$ tritt manchmal auch das *Produktzeichen* $\prod$. Der Unterschied besteht darin, dass die entstehenden Funktionswerte zu *multiplizieren* sind. Ein *leeres Produkt* wird zweckmässigerweise gleich 1 gesetzt.

§ 24 Asymptotische Aussagen

1.[*) *Bezeichnungen*: $k, n \in \mathbb{N}; l \in \mathbb{N} \cup \{0\}; \alpha, u \in \mathbb{R}; t \in \mathbb{R}^+; U \in \mathbb{R}^k$.

2. Eine der Hauptaufgaben der sog. *Asymptotik* besteht darin, eine im $\mathbb{R}^k$ definierte reell- oder komplexwertige Funktion mit »*unübersichtlichem Verlauf*« dadurch zu erfassen, dass man sie durch einen »*überschaubaren Hauptterm*« (z.B. ein Polynom) und eine gute Restabschätzung darzustellen versucht. Dabei soll natürlich auch die in die Restabschätzung eingehende Funktion »überschaubar« sein. Das ist der Hintergrund der folgenden

Definition. *Seien $f(U)$, $g(U)$ auf $\mathcal{M} \subset \mathbb{R}^k$ definierte reell- oder komplexwertige Funktionen, $h(U)$ eine auf $\mathcal{M}$ definierte reellwertige Funktion mit $h(U) > 0$ für alle $U \in \mathcal{M}$ und U_0 ein Häufungspunkt von $\mathcal{M}$. Existiert eine positive Konstante C mit der Eigenschaft*

(1) $\quad |f(U) - g(U)| < C \cdot h(U)$

für alle U in $\mathcal{M}$ bzw. in einer punktierten Umgebung von U_0, so wird dieser Sachverhalt mit

(2) $\quad f(U) = g(U) + O(h(U))$ *für $U \in \mathcal{M}$*

bzw. mit

(3) $\quad f(U) = g(U) + O(h(U))$ *für $U \to U_0$*

abgekürzt. Der zweite Term rechts in (2) und (3) heisst Gross-O-Term und wird als »Gross-O von $h(U)$« gelesen. (»*Gross-O*« *weist auf den Anfangsbuchstaben von* »*Ordnung*« *hin.*)

§ 24 Asymptotische Aussagen

Die Zusätze »*für $U \in \mathcal{M}$*« und »*für $U \to U_0$*« bei (2) und (3) werden weggelassen, wenn Missverständnisse ausgeschlossen sind.

3. Diese von BACHMANN und LANDAU um die Jahrhundertwende eingeführte Schreibweise »verschluckt« Konstanten, *auf deren Wert oder Wertabschätzung es einem nicht ankommt*. Man kann sich deshalb dadurch unter Umständen sehr viel Schreibarbeit ersparen.

4. Streng genommen sind die hier eingeführten Abkürzungen bezüglich des Gebrauchs des Gleichheitszeichens nicht ganz korrekt. Denn es können ja *ganz verschiedene* »*Restfunktionen*« $r(U) = f(U) - g(U)$ mit dem *gleichen Symbol* bezeichnet werden. Anders ausgedrückt: Aus

$$f_1(U) = g_1(U) + O(h(U))$$

und

$$f_2(U) = g_2(U) + O(h(U))$$

folgt keineswegs zwingend

$$f_1(U) - g_1(U) = f_2(U) - g_2(U).$$

Missverständnisse sind aber ausgeschlossen, wenn man sich vor Augen führt, dass $O(h(U))$ *stellvertretend* für eine Restfunktion $r(U)$ mit

$$|r(U)| < C \cdot h(U)$$

geschrieben wird.

5. Gemäss Definition bedeutet

$$f(U) = O(h(U)),$$

dass

$$|f(U)| < C \cdot h(U).$$

Unter diesen Umständen (*aber nur unter diesen Umständen!*) ist auch die von WINOGRADOW um 1940 herum eingeführte Schreibweise

$$f(U) \ll h(U)$$

gebräuchlich (englisch gelesen als »*less-less*«). Bei dieser Gelegenheit sei noch erwähnt, dass

$$f(U) = O(1)$$

oder also

$$f(U) \ll 1$$

nach Definition bedeutet, dass $|f(U)|$ nach oben beschränkt ist.

6. Die Konstante C in (1) ist natürlich keineswegs eindeutig bestimmt. Trotzdem ist es üblich von »*der*« O-Konstanten zu sprechen. Man tut dies dann, wenn man dieser Konstanten eine bestimmte Eigenschaft zuspricht. Die Meinung ist bei dieser Gelegenheit die, *dass es wenigstens eine Konstante mit der betr. Eigenschaft gibt.* So bedeutet zum Beispiel »die O-Konstante in

$$\left(\frac{n}{n^2+u^2}\right)^n = O\left(\frac{1}{u^n}\right) \text{ für } u>1$$

ist *absolut* (d.h. unabhängig von n)«, dass eine absolute Zahl $C>0$ mit

(3) $\qquad \left(\dfrac{n}{n^2+u^2}\right)^n < \dfrac{C}{u^n}$ für $u>1$

existiert. Wegen

$$n^2 + u^2 \geqslant 2nu > nu$$

kann in der Tat in (3) z.B. $C=1$ genommen werden.

7. Ein *Gegenbeispiel* ist

(4) $\qquad \dfrac{n}{1+u} = O\left(\dfrac{1}{u}\right)$ für $u>0$.

Zwar ist für jedes feste n

$$\frac{n}{1+u} < \frac{n}{u} \text{ für } u>0,$$

aber die O-Konstante in (4) ist nicht absolut. Denn es ist

$$\frac{n}{1+u} > \frac{n}{2u} \text{ für } u>1,$$

so dass in (4) nicht für jedes n dieselbe Konstante genommen werden kann. Wird aber die linke Seite von (4) als *Funktion der beiden Variablen n und u* aufgefasst, so besteht natürlich

$$\frac{n}{1+u} = O\left(\frac{n}{u}\right) \quad \text{für } (u,n) \in \mathbb{R}^+ \times \mathbb{N}$$

mit einer absoluten O-Konstanten.

8. Wir notieren noch *einige Regeln* im Umgang mit dem O-Symbol, die leicht zu verifizieren sind. Ist

$$f_1(U) = O(h_1(U)) \text{ und } f_2(U) = O(h_2(U)),$$

so folgt

§ 24 Asymptotische Aussagen

$$f_1(U) \pm f_2(U) = O(h_1(U) + h_2(U)),$$
$$f_1(U) \pm f_2(U) = O(\mathrm{Max}(h_1(U), h_2(U))),$$
$$f_1(U) f_2(U) = O(h_1(U) h_2(U)).$$

Ist

$$f(U) = O(h_1(U)) \text{ und } h_1(U) = O(h_2(U)),$$

so folgt

$$f(U) = O(h_2(U)).$$

In der Praxis werden diese Regeln bzw. meist in der Form

$$O(h_1(U)) \pm O(h_2(U)) = O(h_1(U) + h_2(U)) = O(\mathrm{Max}(h_1(U), h_2(U))),$$
$$O(h_1(U)) O(h_2(U)) = O(h_1(U) h_2(U)),$$
$$O(O(h_1(U))) = O(h_2(U))$$

benutzt.

9. Zur Illustration bringen wir hier nur ein paar ganz einfache Beispiele. Der Anfänger möge seine Fertigkeit im Umgang mit dem O-Symbol bei der Lektüre des Buches schulen (unter ständiger Beachtung der Erläuterungen in Absatz 4).

10. Für $u \to 0$ folgt aus den entsprechenden TAYLOR*entwicklungen*

(5) $\quad e^u = 1 + u + O(u^2)$

und

(6) $\quad \log(1 + u) = u + O(u^2).$

Daraus ergibt sich für $u \to 0$ weiter

$$(1 + u)^\alpha = e^{\alpha \log(1 + u)}$$
$$= 1 + \alpha \log(1 + u) + O(\log^2(1 + u))$$
$$= 1 + \alpha(u + O(u^2)) + O((u + O(u^2))^2)$$
(7) $\quad\quad\quad = 1 + \alpha u + O(u^2)$

(mit einer *möglicherweise* von α abhängigen O-Konstanten). Man beachte, dass hier der Zusatz »für $u \to 0$« wesentlich ist. Denn für $u \to +\infty$ etwa gilt

$$(1+u)^\alpha = u^\alpha \left(1 + \frac{1}{u}\right)^\alpha = u^\alpha \left(1 + \frac{\alpha}{u} + O\left(\frac{1}{u^2}\right)\right) = u^\alpha + \alpha u^{\alpha-1} + O(u^{\alpha-2}).$$

11. Ist $0 < \alpha < 1$, so gilt für $t \geq 1$

(8) $$\sum_{l \leqslant t} \alpha^l = \frac{1-\alpha^{[t]+1}}{1-\alpha} = \frac{1}{1-\alpha} + O(\alpha^t),$$

was natürlich erst für $t \to +\infty$ interessant wird.

12. Wir besprechen noch ein in der »O-Theorie« oft angewandtes Prinzip: das *Balancieren von Termen*. Es ist am einfachsten, dieses Prinzip gleich an Hand eines Beispiels zu erläutern. Dazu fragen wir nach dem Verhalten der Summe

$$S(t) = \sum_{n \leqslant t} (-1)^n \left[\frac{t}{n} \right]$$

für $t \to +\infty$.

13. Da $[t/n]$ bei festem t mit wachsendem n monoton fällt, ist der absolute Fehler beim Abbrechen der Summe nach dem m-ten Summanden höchstens gleich dem Betrag des $(m+1)$-ten Summanden, also mit anderen Worten

(9) $$S(t) = \sum_{n \leqslant t^*} (-1)^n \left[\frac{t}{n} \right] + O\left(\frac{t}{t^*}\right) \text{ für } t^* \leqslant t.$$

Nun fassen wir die rechte Seite als Funktion der beiden Variablen t und t^* auf. Solange t^* gegenüber t »nicht zu gross« ist, ist es sinnvoll, in (9) mit der trivialen Abschätzung

(10) $$\left[\frac{t}{n}\right] = \frac{t}{n} + O(1)$$

weiterzuarbeiten. Dieses »nicht zu gross« lässt sich durch die folgende Rechnung »konkretisieren«.

14. Nach (10) ist für alle $t^* \leqslant t$

(11) $$\sum_{n \leqslant t^*} (-1)^n \left[\frac{t}{n}\right] = \sum_{n \leqslant t^*} (-1)^n \frac{t}{n} + O(t^*) = t \sum_{n \leqslant t^*} \frac{(-1)^n}{n} + O(t^*).$$

Da $1/n$ monoton gegen Null fällt, existiert

$$L = \sum_{n=1}^{\infty} \frac{(-1)^n}{n}$$

und es wird (man beachte die Bemerkung vor (9))

$$\sum_{n \leqslant t^*} \frac{(-1)^n}{n} = L + O\left(\frac{1}{t^*}\right),$$

§ 24 Asymptotische Aussagen

also wegen (11)

$$\sum_{n \leq t^*}(-1)^n\left[\frac{t}{n}\right] = Lt + O\left(\frac{t}{t^*}\right) + O(t^*).$$

Wird dies in (9) berücksichtigt, so hat man nunmehr

$$S(t) = Lt + O\left(\frac{t}{t^*}\right) + O(t^*).$$

Es geht jetzt offenbar darum, nachträglich t^* so zu wählen, dass *keiner der beiden O-Terme den andern überwiegt*, also darum, diese beiden Terme zu »balancieren«. Die Balance tritt für $t/t^* = t^*$, also für $t^* = \sqrt{t}$ ein und liefert

(12) $S(t) = Lt + O(\sqrt{t}).$

15. **Definition.** *Sind $f(u), g(u), h(u)$ in einer punktierten Umgebung von u_0 definiert und ausserdem dort $h(u) > 0$, so soll*

(13) $f(u) = g(u) + o(h(u))$ für $u \to u_0$

heissen, dass

(14) $\lim\limits_{u \to u_0} \dfrac{f(u) - g(u)}{h(u)} = 0.$

Die Negation von (13) wird mit

(15) $f(u) = g(u) + \Omega(h(u))$ für $u \to u_0$

abgekürzt. Der zweite Term rechts in (13) bzw. in (15) wird gelesen als »Klein-o von $h(u)$« bzw. als »Omega von $h(u)$«.
Man beachte, dass aus (13) die Existenz von $\varphi(u)$ mit

$$\lim_{u \to u_0} \varphi(u) = 0$$

und

(16) $f(u) = g(u) + O(h(u)\varphi(u))$ für $u \to u_0$

folgt. Kann man umgekehrt ein solches $\varphi(u)$ »explizit« angeben, so hat man mit (16) *mehr Information* als mit (13). Man weiss dann nämlich etwas über die *Stärke der Konvergenz* von (14).

16. Das eigentlich *erstrebenswerte Ziel* besteht natürlich darin, bei gegebenem $f(u)$ und Hauptterm $g(u)$ die »beste« O-Aussage zu finden. Sie ist erreicht, wenn neben

(17) $f(u) = g(u) + O(h(u))$ für $u \to u_0$

auch

$f(u) = g(u) + \Omega(h(u))$ für $u \to u_0$

besteht. Dies bedeutet nämlich, dass (17) in dem Sinne *optimal* ist, als bei $h(u)$ kein Faktor mehr angebracht werden kann, der für $u \to u_0$ gegen Null geht. Man sagt deshalb in dieser Situation, die Restfunktion $r(u) = f(u) - g(u)$ habe die »*wahre Grössenordnung*« $h(u)$. Doch es kann sehr schwierig sein, diese wahre Grössenordnung in Gestalt einer »einfachen« Funktion zu finden. In diesem Sinne ist z.B. das aus (12) resultierende »*O-Ω-Problem*« bis heute nicht gelöst.

§ 25 Kugelvolumen und Gammafunktion

1. *Bezeichnungen:* $z \in \mathbb{C}$; $a, u, v, \varepsilon, \rho \in \mathbb{R}$ und $t \in \mathbb{R}^+$; $l, m \in \mathbb{N} \cup \{0\}$; $k, n \in \mathbb{N}$.

2. Für den *Inhalt* $V_k(t)$ *der k-dimensionalen Kugel*
$$\mathscr{K}(t) = \{(u_1, u_2, \ldots, u_k) \mid u_1^2 + u_2^2 + \ldots + u_k^2 \leq t\}$$
mit dem Zentrum im Ursprung und dem Radius $\sqrt{t}$ gilt

(1) $\quad V_k(t) = \beta_k t^{k/2}$

mit einem von t unabhängigen Koeffizienten β_k. Dies kann wie folgt durch vollständige Induktion eingesehen werden.

3. Es ist offenbar
$$V_1(t) = 2\sqrt{t},$$
also (1) für $k = 1$ richtig mit

(2) $\quad \beta_1 = 2.$

Für beliebiges k folgt mit
$$\mathscr{K}^*(t) = \{(u_1, u_2, \ldots, u_{k+1}) \mid u_1^2 + u_2^2 + \ldots + u_{k+1}^2 \leq t\}$$
$$V_{k+1}(t) = \underset{\mathscr{K}^*(t)}{\int\int \ldots \int} du_1 du_2 \ldots du_{k+1}$$
$$= \int_{-\sqrt{t}}^{\sqrt{t}} (\underset{\mathscr{K}(t-u^2)}{\int\int \ldots \int} du_1 du_2 \ldots du_k) du,$$

also

(3) $\quad V_{k+1}(t) = \int_{-\sqrt{t}}^{\sqrt{t}} V_k(t - u^2) du.$

Wird nun (1) als richtig angesehen, so erhält man weiter
$$V_{k+1}(t) = 2\beta_k \int_0^{\sqrt{t}} \sqrt{t-u^2}^k \, du$$

§ 25 Kugelvolumen und Gammafunktion

und damit nach Substitution von u durch $\sqrt{t}\sin u$

$$V_{k+1}(t) = (2\beta_k \int_0^{\pi/2} \cos^{k+1} u\, du)\, t^{(k+1)/2}.$$

Damit ist (1) bewiesen und zugleich die *Rekursion*

(4) $\quad \beta_{k+1} = 2\beta_k J_{k+1}$

mit

(5) $\quad J_m = \int_0^{\pi/2} \cos^m u\, du$

gewonnen.

4. Es ist

(6) $\quad J_0 = \dfrac{\pi}{2},\ J_1 = 1$

und für $m \geq 2$

$$J_m = [\sin u \cos^{m-1} u]_0^{\pi/2} + (m-1)\int_0^{\pi/2} \sin^2 u \cos^{m-2} u\, du$$

$$= (m-1)J_{m-2} - (m-1)J_m,$$

also

(7) $\quad J_m = \dfrac{m-1}{m} J_{m-2} \quad \text{für } m \geq 2.$

Aus (6) und (7) folgt für $l \geq 1$

$$J_{2l} = J_0 \cdot \frac{J_2}{J_0} \cdot \frac{J_4}{J_2} \cdot \ldots \cdot \frac{J_{2l}}{J_{2l-2}} = \frac{\pi}{2} \cdot \frac{1 \cdot 3 \cdot \ldots \cdot (2l-1)}{2 \cdot 4 \cdot \ldots \cdot (2l)}$$

(8) $\quad = \dfrac{\pi}{2} \cdot \dfrac{(2l)!}{2^2 \cdot 4^2 \cdot \ldots \cdot (2l)^2} = \dfrac{(2l)!\pi}{2^{2l+1}(l!)^2}$

und analog

(9) $\quad J_{2l+1} = J_1 \cdot \dfrac{J_3}{J_1} \cdot \dfrac{J_5}{J_3} \cdot \ldots \cdot \dfrac{J_{2l+1}}{J_{2l-1}} = \dfrac{2^{2l}(l!)^2}{(2l+1)!},$

was beides auch für $l=0$ stimmt. Nützlich sind noch

(10) $\quad J_{2l} J_{2l+1} = \dfrac{\pi}{2(2l+1)},$

(11) $\quad \dfrac{J_{2l+1}}{J_{2l}} = \dfrac{2}{\pi(2l+1)} \cdot \left(\dfrac{2 \cdot 4 \cdot \ldots \cdot (2l)}{1 \cdot 3 \cdot \ldots \cdot (2l-1)}\right)^2 \quad \text{für } l \geq 1,$

(12) $\quad J_{2l} - J_{2l+2} = \dfrac{(2l)!\pi}{2^{2l+2}l!(l+1)!}.$

(10) und (11) folgen direkt aus (8) und (9), während (12) auf

$$J_{2l} - J_{2l+2} = J_{2l}\left(1 - \dfrac{J_{2l+2}}{J_{2l}}\right),$$

(8) und (7) beruht.

5.   Anhand von (4) gewinnt man jetzt unter Benutzung von (2) und (10)

(13) $\quad \beta_{2l+1} = \beta_1 \cdot \dfrac{\beta_2}{\beta_1} \cdot \dfrac{\beta_3}{\beta_2} \cdot \ldots \cdot \dfrac{\beta_{2l+1}}{\beta_{2l}} = 2^{2l+1}(J_2 J_3)\ldots(J_{2l}J_{2l+1}) = \dfrac{2^{2l+1}l!\pi^l}{(2l+1)!}$

und daraus unter Benutzung von (9)

(14) $\quad \beta_{2l} = \dfrac{\beta_{2l+1}}{2J_{2l+1}} = \dfrac{\pi^l}{l!}.$

6.   Bevor wir die Auswertung von (13) und (14) fortsetzen, notieren wir uns noch den

Satz 1 (*Produkt von* WALLIS).

$$\lim_{n\to\infty} \dfrac{1}{\sqrt{n}} \cdot \dfrac{2 \cdot 4 \cdot \ldots \cdot (2n)}{1 \cdot 3 \cdot \ldots \cdot (2n-1)} = \sqrt{\pi}.$$

Beweis. Nach (7) ist

$$\lim_{n\to\infty} \dfrac{J_{2n+2}}{J_{2n}} = \lim_{n\to\infty} \dfrac{2n+1}{2n+2} = 1.$$

Andrerseits ist nach der Definition (5)

$$J_{2n} \geqslant J_{2n+1} \geqslant J_{2n+2},$$

also auch

$$\lim_{n\to\infty} \dfrac{J_{2n+1}}{J_{2n}} = 1.$$

Die Behauptung folgt jetzt sofort aus (11).   q.e.d.

7.   Aus der *Theorie der Gammafunktion* benötigen wir zunächst die

Definition. *Für $t > 0$ wird*

(15) $\quad \Gamma(t) = \displaystyle\int_0^\infty e^{-u} u^{t-1} du$

gesetzt.

§ 25 Kugelvolumen und Gammafunktion

Die Existenz des definierenden Integrals ist für jedes $t > 0$ gesichert. Denn wegen

$$e^{-u}u^{t-1} < \frac{1}{u^2} \text{ für } u \geq u_0(t)$$

konvergiert

$$\int_1^\infty e^{-u}u^{t-1}du$$

und wegen

(16) $\quad \int_\varepsilon^1 e^{-u}u^{t-1}du \leq \int_\varepsilon^1 u^{t-1}du = \frac{1-\varepsilon^t}{t} < \frac{1}{t}$

für $0 < \varepsilon < 1$ konvergiert

$$\int_0^1 e^{-u}u^{t-1}du$$

(die linke Seite von (16) ist ja für $\varepsilon \downarrow 0$ *monoton wachsend*).

8. Aus (15) folgt sofort

(17) $\quad \Gamma(t) > 0$ für alle $t > 0$

und

(18) $\quad \Gamma(1) = 1.$

Der Funktionswert

(19) $\quad \Gamma\left(\frac{1}{2}\right) = \sqrt{\pi}$

ergibt sich aus (man substituiere $v = \sqrt{u}$)

$$\Gamma\left(\frac{1}{2}\right) = \int_0^\infty e^{-u}\frac{1}{\sqrt{u}}du = 2\int_0^\infty e^{-v^2}dv = \sqrt{\pi}.$$

Die letzte Beziehung rechts darf als bekannt vorausgesetzt werden. Im übrigen wird sie in Absatz 20.5 nebenbei bewiesen. Ganz abgesehen davon, dass (19) auch mit Hilfe von Satz 1 und des folgenden Satzes 3 ohne weiteres belegt werden kann.

9. Wichtig ist noch die *Funktionalgleichung der Gammafunktion*:

(20) $\quad \Gamma(t+1) = t\Gamma(t).$

Sie folgt leicht durch eine partielle Integration von (15):

$$\Gamma(t+1) = \int_0^\infty e^{-u} u^t \, du = [-e^{-u} u^t]_0^\infty + t \int_0^\infty e^{-u} u^{t-1} \, du$$

$$= t \int_0^\infty e^{-u} u^{t-1} \, du = t \Gamma(t).$$

Fortgesetzte Anwendung von (20) gibt

(21) $\quad \Gamma(t+n) = (t+n-1)(t+n-2)\ldots(t+1) t \Gamma(t).$

Daraus folgt wegen (18)

(22) $\quad \Gamma(n+1) = n!$

und wegen (19)

(23) $\quad \Gamma\left(n+\frac{1}{2}\right) = \frac{1 \cdot 3 \cdot \ldots \cdot (2n-1)}{2^n} \sqrt{\pi} = \frac{(2n)! \sqrt{\pi}}{2^{2n} n!}.$

Ein Vergleich dieser Resultate mit (13) und (14) liefert zusammen mit (1) den

Satz 2. *Es ist*

$$V_k(t) = \frac{\pi^{k/2}}{\Gamma\left(\frac{k}{2}+1\right)} t^{k/2}.$$

10. Neben (15) könnte die Gammafunktion auch durch ein *unendliches Produkt* definiert werden. Dies ist der Inhalt von

Satz 3. *Es ist*

$$\Gamma(t) = \lim_{n \to \infty} \frac{n! \, n^t}{t(t+1)(t+2)\ldots(t+n)}.$$

Beweis. Nach (21) und (22) ist die Behauptung äquivalent mit

(24) $\quad \lim_{n \to \infty} \frac{\Gamma(t+n)}{n^t \Gamma(n)} = 1.$

Ferner folgt nach (20) aus der Richtigkeit der Formel (24) für ein festes t auch deren Richtigkeit für $t+1$ anstelle von t. Deshalb kann man sich beim folgenden Beweis auf $0 < t < 1$ beschränken (für $t = 1$ ist (24) sowieso klar).

11. Nach (15) ist

(25) $\quad \Gamma(t+n) = I_1 + I_2$

mit

$$I_1 = \int_0^n e^{-u} u^{t+n-1} \, du$$

§ 25   Kugelvolumen und Gammafunktion

und

$$I_2 = \int_n^\infty e^{-u} u^{t+n-1} du.$$

Für $0 < u \leq n$ ist

$$u^t \leq n^t \quad \text{und} \quad u^{t-1} \geq n^{t-1},$$

also

(26) $\quad n^{t-1} \int_0^n e^{-u} u^n du \leq I_1 \leq n^t \int_0^n e^{-u} u^{n-1} du.$

Völlig analog begründet man

(27) $\quad n^t \int_n^\infty e^{-u} u^{n-1} du \leq I_2 \leq n^{t-1} \int_n^\infty e^{-u} u^n du.$

Sorgt man noch durch partielle Integration dafür, dass in (26) rechts und links jeweils die gleichen Integranden wie in (27) entstehen, so liefert dies wegen (25) zu (27) addiert

$$n^t \Gamma(n) - e^{-n} n^{t+n-1} \leq \Gamma(t+n) \leq n^{t-1} \Gamma(n+1) + e^{-n} n^{t+n-1}.$$

Insgesamt besagt dies wegen (22), dass

(28) $\quad \left| \dfrac{\Gamma(t+n)}{n^t \Gamma(n)} - 1 \right| \leq \dfrac{n^n}{e^n n!}.$

Es verbleibt daher zu zeigen, dass hier die rechte Seite für $n \to \infty$ gegen Null geht.

12.   Der TAYLOR-*Entwicklung* von e^n entnimmt man

$$e^n > \sum_{l=0}^m \frac{n^{n+l}}{(n+l)!}$$

für jedes m. Daher ist für $m \geq 1$

$$\frac{e^n n!}{n^n} > 1 + \sum_{l=1}^m \frac{n^l}{(n+1)(n+2)\ldots(n+l)}$$

$$= 1 + \sum_{l=1}^m \frac{1}{\left(1+\dfrac{1}{n}\right)\left(1+\dfrac{2}{n}\right)\ldots\left(1+\dfrac{l}{n}\right)}.$$

Ist m fest, so geht die rechte Seite für $n \to \infty$ gegen $1+m$, so dass

$$\frac{e^n n!}{n^n} > m \quad \text{für } n \geq n_0(m).$$

Da m beliebig war, konvergiert die rechte Seite von (28) für $n\to\infty$ tatsächlich gegen Null. q.e.d.

13. $\Gamma(t)$ besitzt auch eine Darstellung durch ein sog. *Schleifenintegral*. Dazu betrachten wir in der längs der negativen reellen Achse aufgeschnittenen z-Ebene die Funktion

(29) $\quad z^t = e^{t(\log|z| + i \arg z)}$ mit $-\pi < \arg z < \pi$.

Dies ist die *holomorphe Fortsetzung* der für reelles positives z eindeutig definierten Funktion z^t. Nun dehnen wir (29) durch $\arg z = +\pi$ bzw. $\arg z = -\pi$ auf das »*obere*« bzw. »*untere Schnittufer*« aus. Damit ist z^t insbesondere auf der für $0 < \varepsilon < \rho$ durch den folgenden Verlauf definierten »*Schleife*« $C(\rho,\varepsilon)$ festgelegt: Man gehe längs des unteren Schnittufers von $-\rho$ bis $-\varepsilon$, umkreise den Nullpunkt in der positiven Richtung bis zum Punkt $-\varepsilon$ des oberen Ufers und kehre längs dieses Ufers nach $-\rho$ zurück. Daneben betrachten wir noch die »*unendliche Schleife*« $C(\varepsilon) = C(+\infty,\varepsilon)$. Mit diesen Verabredungen gilt

(30) $\quad \dfrac{1}{\Gamma(t)} = \dfrac{1}{2\pi i} \int\limits_{C(\varepsilon)} \dfrac{e^z}{z^t} dz = \dfrac{1}{2\pi i} \lim\limits_{\rho \to +\infty} \int\limits_{C(\rho,\varepsilon)} \dfrac{e^z}{z^t} dz.$

Es würde im Rahmen dieses Anhangs zu weit führen, diese sog. HANKELsche *Darstellung* herzuleiten. Wir benötigen aber (30) zum Beweis des nachstehenden Satzes 4. Eine angenehme *Begründung für* (30), die bei (15) »startet«, findet der interessierte Leser in SMIRNOW [1955, p.230ff.] und BEHNKE-SOMMER [1976, p.493ff.].

14. **Satz 4.** *Für $a, u > 0$ und $t > 1$ ist mit »senkrechter Integration«*:

(31) $\quad \dfrac{1}{\Gamma(t)} = \dfrac{u^{1-t}}{2\pi i} \int\limits_{a-i\infty}^{a+i\infty} \dfrac{e^{uz}}{z^t} dz = \dfrac{u^{1-t}}{2\pi i} \lim\limits_{\rho \to +\infty} \int\limits_{a-i\rho}^{a+i\rho} \dfrac{e^{uz}}{z^t} dz.$

Beweis. Es sei schon $\rho > 2a$. Dann ist für $0 < \varepsilon < \rho - a$ nach dem CAUCHYschen *Integralsatz* das Integral ganz rechts gleich dem Integral von e^{uz}/z^t längs des aus den drei folgenden Stücken zusammengesetzten Weges: I) Viertelskreis mit Zentrum a und Radius ρ von $a - i\rho$ bis zum Punkt $a - \rho$ des unteren Ufers, II) $C(\rho - a, \varepsilon)$, III) Viertelskreis mit Zentrum a und Radius ρ vom Punkt $a - \rho$ des oberen Ufers zu $a + i\rho$. Auf den beiden Viertelskreisen ist

$$\left|\dfrac{e^{uz}}{z^t}\right| \leq \dfrac{e^{ua}}{(\rho-a)^t} \leq e^{ua}\left(\dfrac{2}{\rho}\right)^t.$$

Die Länge dieser Viertelskreise ist je $(\pi/2)\rho$. Darum gehen die entsprechenden Integrale gegen Null, falls $\rho \to +\infty$. Dies bedeutet aber

§ 26 FAREYbrüche

$$\int_{a-i\infty}^{a+i\infty} \frac{e^{uz}}{z^t} dz = \int_{C(\varepsilon)} \frac{e^{uz}}{z^t} dz.$$

Substituiert man noch z durch uz, so erhält man nach (30) in der Tat

$$\frac{u^{1-t}}{2\pi i} \int_{a-i\infty}^{a+i\infty} \frac{e^{uz}}{z^t} dz = \frac{1}{2\pi i} \int_{C(\varepsilon/u)} \frac{e^z}{z^t} dz = \frac{1}{\Gamma(t)}.$$ q.e.d.

§ 26 FAREYbrüche

1. *Bezeichnungen*: $b, n \in \mathbb{N}$; $a, x, y \in \mathbb{Z}$; $\xi \in \mathbb{R}$; $(a;b)$ ist der g.g.T. von a und b.

2. **Definition.** *Bei festem n heissen die Elemente der Menge*

$$\left\{ \frac{a}{b} \,\middle|\, (a;b) = 1 \text{ und } b \leq n \right\}$$

FAREY*brüche der Schwelle n. Werden diese Brüche der Grösse nach geordnet, so heisst die so gebildete Folge* FAREY*folge der Schwelle n (Bezeichnung: $\mathscr{F}_n$). Zwei verschiedene Brüche aus $\mathscr{F}_n$ heissen benachbart, falls das durch diese Brüche begrenzte offene Intervall keinen Bruch aus $\mathscr{F}_n$ enthält.*

3. Das halboffene Intervall $[0,1)$ enthält sicher nur endlich viele Fareybrüche der Schwelle n. Da mit a/b auch $(a \pm b)/b$ ein Fareybruch der Schwelle n ist, geht $\mathscr{F}_n$ durch »*Verschiebung um 1*« in sich über. Man kennt also $\mathscr{F}_n$, wenn man den in $[0,1)$ fallenden Abschnitt dieser Folge kennt. Für $n=7$ z.B. ist dieser Abschnitt durch

$$\frac{0}{1}, \frac{1}{7}, \frac{1}{6}, \frac{1}{5}, \frac{1}{4}, \frac{2}{7}, \frac{1}{3}, \frac{2}{5}, \frac{3}{7}, \frac{1}{2}, \frac{4}{7}, \frac{3}{5}, \frac{2}{3}, \frac{5}{7}, \frac{3}{4}, \frac{4}{5}, \frac{5}{6}, \frac{6}{7}$$

gegeben.

4. **Satz 1.** *Sind a/b und a'/b' benachbarte Brüche aus $\mathscr{F}_n$, so gilt*

(1) $\quad \left| \dfrac{a'}{b'} - \dfrac{a}{b} \right| = \dfrac{1}{b'b}$

und

(2) $\quad b + b' \geq n + 1$.

Beweis. Wegen der Symmetrie der Behauptung darf

$$\frac{a'}{b'} > \frac{a}{b}$$

angenommen werden. (1) ist dann äquivalent mit

(3) $a'b - ab' = 1$.

5.   Wegen $(a;b) = 1$ ist die Gleichung

(4) $bx - ay = 1$

lösbar. (x, y) bezeichne die eindeutig bestimmte Lösung mit

(5) $n - b < y \leqslant n$.

Da auch $(x; y) = 1$, folgt

$$\frac{x}{y} \in \mathscr{F}_n.$$

6.   Nach (4) ist

(6) $$\frac{x}{y} = \frac{a}{b} + \frac{1}{by},$$

also nach Voraussetzung

$$\frac{x}{y} \geqslant \frac{a'}{b'}.$$

Gälte sogar das Grösserzeichen, so wäre wegen (5)

$$\frac{x}{y} - \frac{a}{b} = \left(\frac{x}{y} - \frac{a'}{b'}\right) + \left(\frac{a'}{b'} - \frac{a}{b}\right) = \frac{b'x - a'y}{b'y} + \frac{a'b - ab'}{bb'} \geqslant \frac{1}{b'y} + \frac{1}{bb'}$$

$$= \frac{b + y}{bb'y} > \frac{n}{bb'y} \geqslant \frac{1}{by}$$

im Widerspruch zu (6). Deshalb ist

$$\frac{x}{y} = \frac{a'}{b'},$$

also $x = a'$ und $y = b'$. (3) folgt jetzt sofort aus (4) und (2) aus (5).   q.e.d.

7.   **Definition.** *Sind a/b und a'/b' benachbarte Brüche aus $\mathscr{F}_n$, so heisst*

$$\frac{a + a'}{b + b'}$$

ihre Mediante.

§ 27 Der Primzahlsatz von Dirichlet

Anmerkung: Die Folge der Medianten geht wie $\mathscr{F}_n$ selbst durch »*Verschiebung um* 1« in sich über.

8. **Satz 2.** *Sind* a/b *und* a'/b' *benachbarte Brüche aus* $\mathscr{F}_n$, *so gilt*

(7) $$\left|\frac{a+a'}{b+b'} - \frac{a}{b}\right| = \frac{1}{b(b+b')}.$$

Beweis. Aus Satz 1 folgt

$$\left|\frac{a+a'}{b+b'} - \frac{a}{b}\right| = \frac{|a'b - ab'|}{b(b+b')} = \frac{1}{b(b+b')}. \qquad \text{q.e.d.}$$

Anmerkung: Der Beweis zeigt, dass in (7) das Betragszeichen genau dann weggelassen werden kann, wenn $a'/b' > a/b$. Dies besagt insbesondere, dass eine Mediante stets *zwischen* den dazugehörigen Brüchen liegt.

9. **Satz 3.** *Zu jedem* ξ *existiert bei vorgegebenem* n *ein Bruch* $a/b \in \mathscr{F}_n$ *mit*

$$\left|\xi - \frac{a}{b}\right| \leq \frac{1}{b(n+1)}.$$

Beweis. Man denke sich die Brüche aus $\mathscr{F}_n$ samt ihren Medianten auf der Zahlgeraden aufgetragen. Daraus wird ersichtlich, dass ξ in einem Intervall liegt, dessen einer Endpunkt ein Bruch $a/b \in \mathscr{F}_n$ und dessen anderer Endpunkt eine dazugehörige Mediante $(a+a')/(b+b')$ ist. Nach Satz 1 und 2 ist deshalb

$$\left|\xi - \frac{a}{b}\right| \leq \left|\frac{a+a'}{b+b'} - \frac{a}{b}\right| = \frac{1}{b(b+b')} \leq \frac{1}{b(n+1)}. \qquad \text{q.e.d.}$$

§ 27 Der Primzahlsatz von Dirichlet

1. *Bezeichnungen*: $a, l, x \in \mathbb{Z}$; $m, n \in \mathbb{N}$; p ist positive, ungerade Primzahl.

2. Da es unendlich viele Primzahlen gibt, enthält wenigstens eine der beiden Mengen

(1) $\{l \mid l \equiv 1 \bmod 4\}$

und

(2) $\{l \mid l \equiv 3 \bmod 4\}$

unendlich viele Primzahlen. In Wirklichkeit trifft dies sogar für beide Mengen zu.

3. Für (2) zeigt man dies analog dem EUKLIDischen *Beweis* für die Unendlichkeit aller Primzahlen: Ist $n \geqslant 4$, so besitzt $n! - 1$ mindestens einen Teiler $p \equiv 3 \bmod 4$. Es ist sicher $p \nmid n!$, also $p > n$. Da $n \geqslant 4$ beliebig war, ist der Fall (2) erledigt.

4. Der Fall (1) kann offensichtlich nicht auf diese Weise behandelt werden. Benutzt man aber, dass $x^2 \equiv -1 \bmod p$ nur für $p \equiv 1 \bmod 4$ lösbar ist, so kommt man mit der folgenden *Modifikation* zum Ziel: Ist $n \geqslant 2$, so ist jeder Primteiler von $(n!)^2 + 1$ ungerade, also nach dem eben Gesagten $\equiv 1 \bmod 4$. Ausserdem ist jeder solche Teiler grösser als n.

5. Hinter dieser Situation steckt der folgende, allgemeine Sachverhalt:

Satz 1 (DIRICHLETscher *Primzahlsatz*). *Ist* $(a; m) = 1$, *so gibt es unendlich viele* $p \equiv a \bmod m$.

Der Beweis dieses Satzes kann nur in einigen wenigen Spezialfällen an Hand von Teilbarkeitsüberlegungen geführt werden. Vielmehr ist der vollständige Beweis *ziemlich umfangreich* und *recht tiefliegend*. Der interessierte Leser sei etwa auf LANDAU [1927], CHANDRASEKHARAN [1968], SCHWARZ [1969], RIEGER [1976], APOSTOL [1976] verwiesen.

§ 28 Der zweite Mittelwertsatz der Integralrechnung

1. *Bezeichnungen*: $a, b, c, u \in \mathbb{R}$ und $t \in \mathbb{R}^+$

2. Es handelt sich um den

Satz 1. *Sind die reellwertigen Funktionen $f(u)$ und $g(u)$ integrierbar über $[a,b]$ und $f(u)$ sogar monoton auf $[a,b]$, so existiert $c \in [a,b]$ mit*

(1) $$\int_a^b f(u)g(u)du = f(a)\int_a^c g(u)du + f(b)\int_c^b g(u)du.$$

Einen Beweis dafür findet man z.B. in OSTROWSKI [1967, p.111–113].

3. Interessant sind die beiden folgenden Spezialisierungen:

Satz 2. *Ist $f(u)$ auf $[a,b]$ monoton wachsend mit $f(a) \geqslant 0$ oder monoton fallend mit $f(a) \leqslant 0$ und $g(u)$ integrierbar über $[a,b]$, so existiert $c \in [a,b]$ derart, dass*

$$\int_a^b f(u)g(u)du = f(b)\int_c^b g(u)du$$

und

Satz 3. *Ist $f(u)$ auf $[a,b]$ monoton wachsend mit $f(b) \leq 0$ oder monoton fallend mit $f(b) \geq 0$ und $g(u)$ integrierbar über $[a,b]$, so existiert $c \in [a,b]$ derart, dass*

$$\int_a^b f(u)g(u)du = f(a) \int_a^c g(u)du.$$

Man erhält diese Sätze aus Satz 1, indem man (falls notwendig) neu $f(a) = 0$ bzw. $f(b) = 0$ definiert. Dadurch wird weder die Monotonie von $f(u)$ zerstört noch das Integral links in (1) verändert.

4. Eine typische Anwendung besteht in einer »*guten*« Abschätzung von

$$\int_a^b f(u)\sin tu\, du$$

für »*grosse*« t. Trivial ist

$$\left|\int_a^b f(u)\sin tu\, du\right| \leq \int_a^b |f(u)|du.$$

Erfüllt aber $f(u)$ z.B. die Voraussetzungen von Satz 2, so gilt das viel bessere Resultat

(2) $\quad \left|\int_a^b f(u)\sin tu\, du\right| = |f(b)\int_c^b \sin tu\, du| \leq \dfrac{2|f(b)|}{t}.$

§ 29 Die EULERsche Summenformel

1. *Bezeichnungen:* $a,b,\mu,\varepsilon,u,v \in \mathbb{R}$; $t \in \mathbb{R}^+$ und $t \geq 1$; $l \in \mathbb{Z}$; $n \in \mathbb{N}$; $\psi(u) = u - [u] - 1/2$.

2. **Satz 1** (EULERsche Summenformel). *Ist die komplexwertige Funktion $f(u)$ auf dem Intervall $[a,b]$ stetig differenzierbar, so gilt*

(1) $\quad \displaystyle\sum_{a < l \leq b} f(l) = \int_a^b f(u)du + \psi(a)f(a) - \psi(b)f(b) + \int_a^b \psi(u)f'(u)du.$

3. *Beweis.* Enthält das halboffene Intervall $(a,b]$ keine ganze Zahl, so werden in (1) beide Seiten Null. Für die linke Seite ist das klar. Für die rechte Seite folgt dies durch partielle Integration:

$$\int_a^b \psi(u)f'(u)du = \psi(b)f(b) - \psi(a)f(a) - \int_a^b f(u)du;$$

dabei wurde benutzt, dass $\psi(u)$ auf dem abgeschlossenen Intervall $[a,b]$ stetig differenzierbar ist mit konstanter Ableitung 1.

4.   Enthält $(a,b]$ genau eine ganze Zahl, und zwar b, so reduziert sich die linke Seite von (1) auf $f(b)$. Um dies auch für die rechte Seite einzusehen, betrachte man

$$\psi^*(u) = \begin{cases} \psi(u), \text{ falls } a \leqslant u < b \\ \frac{1}{2}, \text{ falls } u = b. \end{cases}$$

Diese Funktion ist auf $[a,b]$ stetig differenzierbar mit konstanter Ableitung 1. Deshalb ist in der Tat

$$\int_a^b \psi(u)f'(u)du = \int_a^b \psi^*(u)f'(u)du = \psi^*(b)f(b) - \psi^*(a)f(a) - \int_a^b f(u)du$$

$$= f(b) + \psi(b)f(b) - \psi(a)f(a) - \int_a^b f(u)du.$$

5.   Wird über $(a,b]$ nichts vorausgesetzt, so betrachte man die geordnete Folge $a_1, a_2, \ldots, a_{n-1}$ der ganzen Zahlen aus dem offenen Intervall (a,b) und setze noch $a_0 = a$ und $a_n = b$. Dann enthält jedes der halboffenen Intervalle $(a_{i-1}, a_i]$ $(i=1,2,\ldots,n)$ höchstens eine ganze Zahl, nämlich a_i. Deshalb ist nach dem bereits Bewiesenen

$$\sum_{a < l \leqslant b} f(l) = \sum_{i=1}^n \sum_{a_{i-1} < l \leqslant a_i} f(l)$$

$$= \sum_{i=1}^n \left(\int_{a_{i-1}}^{a_i} f(u)du + \psi(a_{i-1})f(a_{i-1}) - \psi(a_i)f(a_i) \right.$$

$$\left. + \int_{a_{i-1}}^{a_i} \psi(u)f'(u)du \right)$$

$$= \int_{a_0}^{a_n} f(u)du + \psi(a_0)f(a_0) - \psi(a_n)f(a_n) + \int_{a_0}^{a_n} \psi(u)f'(u)du$$

und das ist (1). q.e.d.

6.   Anwendung von (1) auf $f(u) = 1/u$, $a=1$ und $b=t$ liefert

$$\sum_{n \leqslant t} \frac{1}{n} = 1 + \sum_{1 < l \leqslant t} \frac{1}{l} = 1 + \int_1^t \frac{du}{u} - \frac{1}{2} - \frac{\psi(t)}{t} - \int_1^t \frac{\psi(u)}{u^2} du.$$

Wegen der (sogar absoluten) Konvergenz des Integrales ganz rechts für $t \to +\infty$ folgt weiter

$$\sum_{n \leqslant t} \frac{1}{n} = \log t + \gamma - \frac{\psi(t)}{t} + \int_t^\infty \frac{\psi(u)}{u^2} du$$

§ 29   Die EULERsche Summenformel

mit der sog. EULER*schen Konstanten*

$$\gamma = \frac{1}{2} - \int_1^\infty \frac{\psi(u)}{u^2} du \, (=0{,}577215\ldots).$$

Für $t' > t$ ist nach Satz 28.3

$$\int_t^{t'} \frac{\psi(u)}{u^2} du = \frac{1}{t^2} \int_t^{t'} \psi(u) du,$$

also

Satz 2.

$$\sum_{n \leq t} \frac{1}{n} = \log t + \gamma - \frac{\psi(t)}{t} + O\left(\frac{1}{t^2}\right).$$

Wegen

$$\sum_{n \leq t, 2 \nmid n} \frac{1}{n} = \sum_{n \leq t} \frac{1}{n} - \sum_{2n \leq t} \frac{1}{2n} = \sum_{n \leq t} \frac{1}{n} - \frac{1}{2} \sum_{n \leq t/2} \frac{1}{n}$$

kann man aus Satz 2 noch

(2) $$\sum_{n \leq t, 2 \nmid n} \frac{1}{n} = \frac{1}{2} \log t + \frac{1}{2}(\gamma + \log 2) + \frac{\psi(t/2) - \psi(t)}{t} + O\left(\frac{1}{t^2}\right)$$

gewinnen.

7.   Für $\mu \neq -1$ folgt aus Satz 1

(3) $$\sum_{n \leq t} n^\mu = \frac{1}{2} - \frac{1}{\mu+1} + \frac{t^{\mu+1}}{\mu+1} - \psi(t) t^\mu + \mu \int_1^t \psi(u) u^{\mu-1} du.$$

Nach Satz 28.2 ist für $\mu \geq 1$

$$\int_1^t \psi(u) u^{\mu-1} du = t^{\mu-1} \int_{t'}^t \psi(u) du,$$

so dass

Satz 3. *Für $\mu \geq 1$ ist*

$$\sum_{n \leq t} n^\mu = \frac{t^{\mu+1}}{\mu+1} - \psi(t) t^\mu + O(t^{\mu-1}).$$

8. Für die weitere Diskussion von (3) benötigen wir die Existenz von

$$\int_1^\infty \frac{\psi(u)}{u^\varepsilon} du$$

im Falle $\varepsilon > 0$. Diese für $\varepsilon > 1$ unmittelbar einleuchtende Tatsache erhält man allgemein durch die folgende Zerlegung:

$$\int_1^t \frac{\psi(u)}{u^\varepsilon} du = \sum_{n=1}^{[t]-1} \int_n^{n+1} \frac{\psi(u)}{u^\varepsilon} du + \int_{[t]}^t \frac{\psi(u)}{u^\varepsilon} du.$$

Denn für die einzelnen Summanden gilt

$$\left| \int_n^{n+1} \frac{\psi(u)}{u^\varepsilon} du \right| = \left| \int_n^{n+1} \left(u - n - \frac{1}{2}\right) \frac{1}{u^\varepsilon} du \right| = \left| \int_0^1 \left(v - \frac{1}{2}\right) \frac{1}{(v+n)^\varepsilon} dv \right|$$

$$= \left| \left[\left(\frac{v^2}{2} - \frac{v}{2}\right) \frac{1}{(v+n)^\varepsilon} \right]_0^1 + \frac{\varepsilon}{2} \int_0^1 v(v-1) \frac{1}{(v+n)^{1+\varepsilon}} dv \right|$$

$$= \frac{\varepsilon}{2} \int_0^1 v(1-v) \frac{1}{(v+n)^{1+\varepsilon}} dv \leq \frac{\varepsilon}{2n^{1+\varepsilon}} \int_0^1 v(1-v) dv$$

und

$$\left| \int_{[t]}^t \frac{\psi(u)}{u^\varepsilon} du \right| \leq (t - [t]) \frac{1}{[t]^\varepsilon} \leq \frac{1}{(t/2)^\varepsilon}.$$

9. Anwendung von Absatz 8 und Satz 28.3 gibt für $\mu < 1$

$$\int_1^t \psi(u) u^{\mu-1} du = \int_1^\infty \frac{\psi(u)}{u^{1-\mu}} du + O\left(\frac{1}{t^{1-\mu}}\right).$$

Wird dies in (3) berücksichtigt, so gewinnt man die Sätze:

Satz 4. *Für* $0 \leq \mu < 1$ *ist*

$$\sum_{n \leq t} n^\mu = \frac{t^{\mu+1}}{\mu+1} - \psi(t) t^\mu + K(\mu) + O\left(\frac{1}{t^{1-\mu}}\right)$$

mit

§ 29 Die EULERsche Summenformel

$$K(\mu) = \frac{1}{2} - \frac{1}{\mu+1} + \mu \int_1^\infty \frac{\psi(u)}{u^{1-\mu}} du.$$

Satz 5. *Ist $\mu > 0$ und $\neq 1$, so gilt*

$$\sum_{n \leq t} \frac{1}{n^\mu} = \frac{t^{1-\mu}}{1-\mu} + L(\mu) - \frac{\psi(t)}{t^\mu} + O\left(\frac{1}{t^{\mu+1}}\right)$$

mit

$$L(\mu) = \frac{1}{2} - \frac{1}{1-\mu} - \mu \int_1^\infty \frac{\psi(u)}{u^{1+\mu}} du.$$

Aus diesem Satz folgt weiter

Satz 6. *Für $\mu > 1$ ist*

$$\sum_{n \leq t} \frac{1}{n^\mu} = L(\mu) - \frac{1}{\mu-1}\frac{1}{t^{\mu-1}} - \frac{\psi(t)}{t^\mu} + O\left(\frac{1}{t^{\mu+1}}\right)$$

mit

$$L(\mu) = \sum_{n=1}^\infty \frac{1}{n^\mu};$$

ausserdem gilt

$$\sum_{n > t} \frac{1}{n^\mu} = \frac{1}{\mu-1}\frac{1}{t^{\mu-1}} + \frac{\psi(t)}{t^\mu} + O\left(\frac{1}{t^{\mu+1}}\right).$$

10. Wegen

$$\log n! = \log 2 + \log 3 + \ldots + \log n$$

ist nach Satz 1

(4) $\quad \log n! = n \log n - n + \frac{1}{2}\log n + J_n$

mit

$$J_n = 1 + \int_1^n \frac{\psi(u)}{u} du.$$

Nach Absatz 8 und Satz 28.3 ist auch

$$J_n = J + O\!\left(\frac{1}{n}\right),$$

wobei

$$J = 1 + \int_1^\infty \frac{\psi(u)}{u}\,du.$$

J lässt sich wie folgt ausrechnen.

11. Nach (4) ist

(5) $\log(2n+1)! = \left(2n + \frac{3}{2}\right)\log(2n+1) - (2n+1) + J_{2n+1}$

und

(6) $\log(2^2 4^2 \ldots (2n)^2) = 2n\log 2 + 2\log n! = (2n+1)\log(2n) - 2n - \log 2 + 2J_n.$

Differenzenbildung von (5) und (6) liefert das Zwischenresultat

$$\log\!\left(\frac{2 \cdot 4 \cdot \ldots \cdot (2n)}{1 \cdot 3 \cdot \ldots \cdot (2n-1)} \cdot \frac{1}{\sqrt{2n+1}}\right)$$

$$= (2n+1)\log\!\left(1 - \frac{1}{2n+1}\right) + 1 - \log 2 + 2J_n - J_{2n+1}.$$

Daraus erhält man durch beidseitigen Grenzübergang unter Beachtung von Satz 25.1 und (24.6)

$$J = \log\sqrt{2\pi}.$$

12. Insgesamt lautet jetzt (4)

(7) $\log n! = n\log n - n + \frac{1}{2}\log n + \log\sqrt{2\pi} + O\!\left(\frac{1}{n}\right)$

oder »*kontinuierlich*«

Satz 7.

$$\sum_{n \leqslant t} \log n = t\log t - t - \psi(t)\log t + \log\sqrt{2\pi} + O\!\left(\frac{1}{t}\right).$$

13. Man beachte noch, dass (7) die STIRLING*sche Formel*

$$n! = \sqrt{2\pi n}\left(\frac{n}{e}\right)^n + o\left(\sqrt{n}\left(\frac{n}{e}\right)^n\right)$$

enthält. Ausserdem folgt wegen

$$\sum_{n\leq t, 2\nmid n} \log n = \sum_{n\leq t} \log n - \sum_{2n\leq t} \log 2n$$
$$= \sum_{n\leq t} \log n - \sum_{n\leq t/2} \log n - \sum_{n\leq t/2} \log 2$$

aus Satz 7 reichlich

(8) $\quad \displaystyle\sum_{n\leq t, 2\nmid n} \log n = \frac{t}{2}\log t - \frac{t}{2} + O(\log t).$

§ 30 FOURIERreihen

1. *Bezeichnungen:* $u, v \in \mathbb{R}$; $l, m \in \mathbb{Z}$; $n \in \mathbb{N}$; $e(u) = e^{2\pi i u}$ (i ist die imaginäre Einheit).

2. Ist die komplexwertige Funktion $f(u)$ integrierbar über $[-\pi, \pi]$, so heisst

(1) $\quad c_m = \dfrac{1}{2\pi} \displaystyle\int_{-\pi}^{\pi} f(u) e^{-imu} du$

m-ter FOURIER*koeffizient von* $f(u)$ und

(2) $\quad \displaystyle\sum_{m=-\infty}^{\infty} c_m e^{imu}$

die *zu $f(u)$ gehörige* FOURIER*reihe.* Unter der *Konvergenz* von (2) ist die Konvergenz von

$$\sum_{m=-n}^{n} c_m e^{imu}$$

für $n \to \infty$ zu verstehen.

3. Die Theorie der FOURIERreihen beschäftigt sich damit, unter welchen Umständen (2) konvergiert und ob gegebenenfalls $f(u)$ dargestellt wird. Obwohl eine umfangreiche Theorie existiert, ist diese Frage bis heute nicht restlos geklärt. Auch wenn wir hier nur gerade die einfachsten Resultate zitieren, so ist ihre Begründung doch recht tiefliegend. Wer sich für die Einzelheiten interessiert, konsultiere etwa ROGOSINSKI [1959] oder die ausführlichen Werke von BARY [1964] und ZYGMUND [1968].

4. Um die für unsere Zwecke ausreichenden Bedingungen an $f(u)$ formulieren zu können, verabreden wir

Definition. *Eine auf* $[a,b]$ *definierte reellwertige Funktion* $f(u)$ *heisst stückweise monoton, wenn es eine endliche Folge*

$$a_0 = a < a_1 < a_2 < ... < a_{n-1} < a_n = b$$

derart gibt, dass $f(u)$ *auf jedem Intervall* (a_j, a_{j+1}) $(j=0,1,...,n-1)$ *monoton ist.*

Definition. *Eine auf* $[a,b]$ *definierte reellwertige Funktion* $f(u)$ *heisst stückweise glatt, wenn es eine endliche Folge*

$$a_0 = a < a_1 < a_2 < ... < a_{n-1} < a_n = b$$

derart gibt, dass $f(u)$ *auf jedem Intervall* (a_j, a_{j+1}) $(j=0,1,...,n-1)$ *mit beschränkter Ableitung stetig differenzierbar ist.*

Definition. *Eine auf einem abgeschlossenen Intervall definierte reellwertige Funktion heisst zulässig, falls sie entweder stückweise monoton oder stückweise glatt ist. Eine auf einem abgeschlossenen Intervall definierte komplexwertige Funktion heisst zulässig, wenn sowohl ihr Real- als auch ihr Imaginärteil zulässig ist.*

Mit Hilfe dieser Definitionen ist die folgende Antwort auf unsere Frage möglich.

5. **Satz 1.** *Ist die komplexwertige Funktion* $f(u)$ *zulässig und stetig auf* $[-\pi,\pi]$, *so ist (2) auf* $[-\pi,\pi]$ *konvergent und gleichmässig konvergent auf jedem abgeschlossenen Teilintervall, das* $-\pi$ *und* π *nicht enthält; zudem stellt (2) für alle* $u \neq \pm\pi$ *die Funktion* $f(u)$ *und für* $u = \pm\pi$ *den Wert*

$$\frac{f(-\pi) + f(\pi)}{2}$$

dar.

Interessant ist noch

Satz 2 (PARSEVALsche Gleichung). *Unter den Voraussetzungen von Satz 1 ist*

$$\int_{-\pi}^{\pi} |f(u)|^2 \, du = 2\pi \sum_{m=-\infty}^{\infty} |c_m|^2.$$

6. Satz 1 ist z.B. auf $f(u) = u$ anwendbar. Die FOURIERkoeffizienten berechnen sich in diesem Fall wie folgt: Für $m = 0$ ist

$$c_0 = \frac{1}{2\pi} \int_{-\pi}^{\pi} u \, du = 0,$$

für $m \neq 0$ dagegen

§ 30 FOURIERreihen   193

$$c_m = \frac{1}{2\pi} \int_{-\pi}^{\pi} u e^{-imu} du = \frac{1}{2\pi}\left(\left[-u\frac{e^{-imu}}{im}\right]_{-\pi}^{\pi} + \frac{1}{im}\int_{-\pi}^{\pi} e^{-imu} du\right)$$

$$= -\frac{e^{im\pi}}{im}.$$

Deshalb ist (der *Apostroph* soll heissen, dass $m=0$ *wegzulassen* ist)

$$-\frac{1}{i}\sum_{m=-\infty}^{\infty}{}' \frac{e^{im\pi}}{m} e^{imu} = \begin{cases} u, \text{ falls } -\pi < u < \pi, \\ 0, \text{ für } u = \pm\pi. \end{cases}$$

Substituiert man hier u durch $2\pi u - \pi$, so erhält man

(3) $$-\frac{1}{2\pi i}\sum_{m=-\infty}^{\infty}{}' \frac{e(mu)}{m} = \begin{cases} u - \frac{1}{2}, \text{ falls } 0 < u < 1, \\ 0, \text{ falls } u = 0 \text{ oder } = 1. \end{cases}$$

7. Für $0 < u < 1$ stellt (3) die Funktion

$$\psi(u) = u - [u] - \frac{1}{2}$$

dar. Da sowohl $e(mu)$ als auch $\psi(u)$ die Periode 1 besitzen, haben wir allgemein

Satz 3. *Für* $u \notin \mathbb{Z}$ *ist*

(4) $$\psi(u) = -\frac{1}{2\pi i}\sum_{m=-\infty}^{\infty}{}' \frac{e(mu)}{m}.$$

Nach Satz 1 ist die Konvergenz gleichmässig auf jedem abgeschlossenen Intervall, das keine ganze Zahl enthält. Daraus folgt insbesondere, dass die Reihenentwicklung (4) *über jedes endliche Intervall gliedweise integriert* werden darf.

8. Nimmt man in (4) speziell $u = 1/4$, so entsteht

$$-\frac{1}{\pi}\sum_{n=1}^{\infty} \frac{\sin(\pi/2)n}{n} = -\frac{1}{4},$$

also

(5) $$\sum_{l=0}^{\infty} \frac{(-1)^l}{2l+1} = \frac{\pi}{4}.$$

Schliesslich liefert die Anwendung der PARSEVALschen *Gleichung* unmittelbar

(6) $$\sum_{n=1}^{\infty} \frac{1}{n^2} = \frac{\pi^2}{6}.$$

9. Erfüllt $f(u)$ auf $[l, l+1]$ die Voraussetzungen von Satz 1, so

$$g(u) = f\left(\frac{u}{2\pi} + \frac{1}{2} + l\right)$$

eben diese Voraussetzungen auf $[-\pi, \pi]$. Deshalb ist nach Satz 1

$$\frac{1}{2}(f(l) + f(l+1)) = \frac{1}{2}(g(-\pi) + g(\pi)) = \sum_{m=-\infty}^{\infty} c_m e^{\pi i m}$$

mit

$$c_m = \frac{1}{2\pi} \int_{-\pi}^{\pi} g(u) e^{-imu} du = \frac{1}{2\pi} \int_{-\pi}^{\pi} f\left(\frac{u}{2\pi} + \frac{1}{2} + l\right) e^{-imu} du$$

$$= e^{-\pi i m} \int_{l}^{l+1} f(v) e(mv) dv,$$

also

(7) $$\frac{1}{2}(f(l) + f(l+1)) = \sum_{m=-\infty}^{\infty} \int_{l}^{l+1} f(u) e(mu) du.$$

Genügt nun $f(u)$ auf $[a,b]$ den Voraussetzungen von Satz 1, wobei vorerst $a, b \in \mathbb{Z}$, so liefert die Summation von (7) über $l = a, a+1, \ldots, b-1$

(8) $$\sum_{a \leq l \leq b}{}' f(l) = \sum_{m=-\infty}^{\infty} \int_{a}^{b} f(u) e(mu) du;$$

der *Apostroph* soll heissen, dass die Summanden $f(a)$ und $f(b)$ mit dem *Faktor* 1/2 zu versehen sind. Ist $f(a) = f(b) = 0$, so kann der Apostroph natürlich weggelassen werden. In Wirklichkeit gilt sogar bei beliebigem a und b der

Satz 4 (POISSONsche Summenformel). *Ist die komplexwertige Funktion $f(u)$ zulässig und stetig auf $[a,b]$, so gilt im Falle $f(a) = f(b) = 0$*

$$\sum_{a \leq l \leq b} f(l) = \sum_{m=-\infty}^{\infty} \int_{a}^{b} f(u) e(mu) du.$$

Beweis. Man wende (8) auf

$$f^*(u) = \begin{cases} f(u), \text{ falls } u \in [a,b] \\ 0, \text{ sonst} \end{cases}$$

bezüglich $[[a], [b]+1]$ an. q.e.d.

§ 31 BESSELfunktionen

1. *Bezeichnungen*: $z \in \mathbb{C}$; $u \in \mathbb{R}$ und $t \in \mathbb{R}^+$; $l \in \mathbb{N} \cup \{0\}$; $k, n \in \mathbb{N}$.

2. **Definition.**

(1) $$J_n(z) = \sum_{l=0}^{\infty} \frac{(-1)^l}{l!(l+n)!} \left(\frac{z}{2}\right)^{2l+n}$$

heisst BESSELfunktion (erster Art) der Ordnung n.

Etwa das Quotientenkriterium zeigt, dass die Potenzreihe (1) für alle z konvergiert. Deshalb ist $J_n(z)$ *für jedes n eine ganze Funktion. Im übrigen sind auch die Funktionen*

(2) $$\frac{J_n(z)}{z^k} \text{ für } k = 1, 2, \ldots, n$$

ganz, wenn der Funktionswert für $z = 0$ im Falle $k = 1, 2, \ldots, n-1$ durch 0 und im Falle $k = n$ durch $1/(2^n n!)$ festgelegt wird. In diesem Sinne ist (2) im folgenden zu verstehen. Wir beschäftigen uns hier nur mit den für uns ausreichenden Fällen $n = 1$ und 2.

3. **Satz 1.** *Es gilt*

(3) $$(z^2 J_2(z))' = z^2 J_1(z)$$

und

(4) $$\left(\frac{J_1(z)}{z}\right)' = -\frac{J_2(z)}{z}.$$

Beweis. Zwei einfache Rechnungen sind notwendig, nämlich

$$(z^2 J_2(z))' = \left(\sum_{l=0}^{\infty} \frac{(-1)^l}{l!(l+2)!} \frac{z^{2l+4}}{2^{2l+2}}\right)' = \sum_{l=0}^{\infty} \frac{(-1)^l(2l+4)}{l!(l+2)!} \frac{z^{2l+3}}{2^{2l+2}}$$

$$= z^2 \sum_{l=0}^{\infty} \frac{(-1)^l}{l!(l+1)!} \left(\frac{z}{2}\right)^{2l+1} = z^2 J_1(z)$$

und

$$\left(\frac{J_1(z)}{z}\right)' = \left(\sum_{l=0}^{\infty} \frac{(-1)^l}{l!(l+1)!} \frac{z^{2l}}{2^{2l+1}}\right)' = \sum_{l=1}^{\infty} \frac{(-1)^l 2l}{l!(l+1)!} \frac{z^{2l-1}}{2^{2l+1}}$$

$$= \sum_{l=1}^{\infty} \frac{(-1)^l}{(l-1)!(l+1)!} \frac{z^{2l-1}}{2^{2l}} = -\frac{1}{z} \sum_{l=0}^{\infty} \frac{(-1)^l}{l!(l+2)!} \left(\frac{z}{2}\right)^{2l+2}$$

$$= -\frac{J_2(z)}{z}.$$ q.e.d.

4. **Satz 2.** *Es gilt*

(5) $$J_1(z) = \frac{2}{\pi} z \int_0^1 \sqrt{1-u^2} \cos zu \, du,$$

(6) $$J_1(z) = \frac{2}{\pi} \int_0^1 \frac{u}{\sqrt{1-u^2}} \sin zu \, du$$

und

(7) $$J_2(z) = 2\frac{J_1(z)}{z} - \frac{2}{\pi} \int_0^1 \frac{\cos zu}{\sqrt{1-u^2}} du.$$

Beweis. Vorbemerkung: Die (sogar absolute) Konvergenz der uneigentlichen Integrale in (6) und (7) ist gesichert. Denn für festes z ist $\sin zu$ und $\cos zu$ auf $[0,1]$ beschränkt und

$$\int_0^1 \frac{1}{\sqrt{1-u}} du$$

konvergiert.

5. Die Taylor-Entwicklung von $\cos zu$ liefert

$$\int_0^1 \sqrt{1-u^2} \cos zu \, du = \int_0^1 \left(\sqrt{1-u^2} \sum_{l=0}^{\infty} \frac{(-1)^l}{(2l)!} z^{2l} u^{2l}\right) du$$

(8) $$= \sum_{l=0}^{\infty} \frac{(-1)^l}{(2l)!} z^{2l} \int_0^1 u^{2l} \sqrt{1-u^2} \, du.$$

Um das Integral ganz rechts auszuwerten substituiere man u durch $\cos u$. Das gibt unter Verwendung der Definition (25.5) und Formel (25.12) (man lasse sich bitte durch die Bezeichnung der Hilfsgrösse (25.5) nicht verwirren!)

§ 31 BESSELfunktionen

$$\int_0^1 u^{2l}\sqrt{1-u^2}\,du = \int_0^{\pi/2} \cos^{2l}u \sin^2 u\, du = J_{2l} - J_{2l+2} = \frac{(2l)!\pi}{2^{2l+2}l!(l+1)!}.$$

Wird dies in (8) eingesetzt, so gelangt man ohne weiteres zu (5).

6.   (6) folgt durch partielle Integration aus (5):

$$\int_0^1 \frac{u}{\sqrt{1-u^2}}\sin zu\,du = [-\sqrt{1-u^2}\sin zu]_0^1 + z\int_0^1 \sqrt{1-u^2}\cos zu\,du$$

$$= z\int_0^1 \sqrt{1-u^2}\cos zu\,du.$$

7.   Aus (4) und (5) folgt:

$$J_2(z) = -z\left(\frac{J_1(z)}{z}\right)' = -\frac{2}{\pi}z\left(\int_0^1 \sqrt{1-u^2}\cos zu\,du\right)'.$$

Da der Integrand auf $\mathbb{C} \times [0,1]$ stetig und für jedes $u \in [0,1]$ ganz ist, darf unter dem Integralzeichen differenziert werden:

$$J_2(z) = \frac{2}{\pi}z\int_0^1 u\sqrt{1-u^2}\sin zu\,du.$$

Partielle Integration und erneute Anwendung von (5) ergeben (7):

$$J_2(z) = \frac{2}{\pi}z\left(\left[-u\sqrt{1-u^2}\,\frac{\cos zu}{z}\right]_0^1\right.$$

$$\left.+\frac{1}{z}\int_0^1 \left(\sqrt{1-u^2} - \frac{u^2}{\sqrt{1-u^2}}\right)\cos zu\,du\right)$$

$$= \frac{2}{\pi}\int_0^1 \left(2\sqrt{1-u^2} - \frac{1}{\sqrt{1-u^2}}\right)\cos zu\,du$$

$$= 2\frac{J_1(z)}{z} - \frac{2}{\pi}\int_0^1 \frac{\cos zu}{\sqrt{1-u^2}}\,du. \qquad\text{q.e.d.}$$

8.   **Satz 3.** *Es existiert eine absolute Konstante $C > 0$ derart, dass für $n = 1,2$ und alle $t > 0$*

$$|J_n(t)| < \frac{C}{\sqrt{t}}.$$

Beweis. Man verwende die Darstellung (6) und nehme das Integral an der Stelle $1-\varepsilon$ $(0<\varepsilon<1)$ auseinander. Für die entstehenden Integrale bestehen die Abschätzungen

$$\left|\int_0^{1-\varepsilon} \frac{u}{\sqrt{1-u^2}} \sin tu\, du\right| < \frac{2}{t\sqrt{\varepsilon}}$$

(nach (28.2)) und

$$\left|\int_{1-\varepsilon}^1 \frac{u}{\sqrt{1-u^2}} \sin tu\, du\right| \leq \int_{1-\varepsilon}^1 \frac{du}{\sqrt{1-u}} = 2\sqrt{\varepsilon}.$$

Ist $t>2$, so kann $\varepsilon = 1/t$ genommen werden. Das gibt

$$|J_1(t)| < \frac{4}{\sqrt{t}} \text{ für } t>2.$$

Für $0<t\leq 2$ ist nach (6) ebenfalls

$$|J_1(t)| \leq \int_0^1 \frac{du}{\sqrt{1-u}} = 2 < \frac{4}{\sqrt{t}}.$$

Das ist die Behauptung im Falle $n=1$. Den Fall $n=2$ behandelt man ausgehend von (7), indem man auf den ersten Summanden die bereits bewiesene Abschätzung anwendet und den zweiten Summanden mit der eben beschriebenen Methode behandelt. q.e.d.

§ 32 Die Zetafunktion

1. *Bezeichnungen:* $a,u \in \mathbb{R}$; $c,t,w,\varepsilon \in \mathbb{R}^+$; $l,m \in \mathbb{Z}$; $n \in \mathbb{N}$; γ bezeichnet die EULERsche *Konstante*; $s \in \mathbb{C}$ und $\sigma = \text{Re } s$; i: imaginäre Einheit

2. Die Reihe

(1) $$\sum_{n=1}^\infty \frac{1}{n^s}$$

ist wegen $|n^s| = n^\sigma$ nach dem *Kriterium von* WEIERSTRASS in jeder Halbebene $\sigma \geq 1+\varepsilon$ gleichmässig konvergent und stellt deshalb in $\sigma > 1$ eine holomorphe

§ 32 Die Zetafunktion

Funktion dar. Diese Funktion lässt sich in die ganze Ebene meromorph fortsetzen, wobei als einzige Singularität ein Pol erster Ordnung auftritt, und zwar in $s=1$ (siehe z.B. TITCHMARSH [1951], APOSTOL [1976]). Diese Fortsetzung wird *Zetafunktion* genannt und mit $\zeta(s)$ bezeichnet. Wir beweisen hier nur die Existenz der Fortsetzung in $\sigma > 0$, da dies für unsere Zwecke ausreicht.

3.   Für $\sigma > 1$ ist

(2) $\quad (1-2^{1-s})\zeta(s) = \sum\limits_{n=1}^{\infty} \dfrac{1}{n^s} - 2\sum\limits_{n=1}^{\infty} \dfrac{1}{(2n)^s} = \sum\limits_{n=1}^{\infty} \dfrac{(-1)^{n+1}}{n^s}.$

Dabei stellt die Reihe rechts eine sogar in $\sigma > 0$ holomorphe Funktion dar. Um dies einzusehen, beachte man, dass für $m \geq l \geq 1$

$$\sum_{n=l}^{m} \frac{(-1)^{n+1}}{n^s} = \sum_{n=l}^{m-1} a_n\left(\frac{1}{n^s} - \frac{1}{(n+1)^s}\right) + \frac{a_m}{m^s},$$

wo

$$a_n = \begin{cases} (-1)^{l+1}, & \text{falls } n \equiv l \bmod 2 \\ 0, & \text{sonst.} \end{cases}$$

Daraus folgt nämlich

$$\left|\sum_{n=l}^{m} \frac{(-1)^{n+1}}{n^s}\right| \leq \sum_{n=l}^{m} \left|s \int_{n}^{n+1} \frac{du}{u^{s+1}}\right| + \frac{1}{m^\sigma} \leq |s| \int_{l}^{m+1} \frac{du}{u^{\sigma+1}} + \frac{1}{l^\sigma} \leq \left(\frac{|s|}{\sigma} + 1\right)\frac{1}{l^\sigma},$$

so dass die Reihe rechts in (2) in jedem Halbkreis

$$\{s \mid |s-\varepsilon| \leq t \text{ und } \sigma \geq \varepsilon\}$$

gleichmässig konvergiert. Darum lässt sich (1) zumindest in die Halbebene $\sigma > 0$ ohne die Punkte

$$s_l = 1 + \frac{2\pi i l}{\log 2} \quad (l \in \mathbb{Z})$$

holomorph fortsetzen. Sollte in einem solchen Punkt eine Singularität vorliegen, so kann es sich nur um einen Pol erster Ordnung handeln. Für $l=0$, d.h. $s=1$, trifft dies wegen

$$\sum_{n=1}^{\infty} \frac{(-1)^{n+1}}{n} > 0$$

jedenfalls zu.

4. Völlig analog lässt sich mittels

$$(1-3^{1-s})\zeta(s) = \sum_{n=1}^{\infty} \frac{1}{n^s} - 3\sum_{n=1}^{\infty} \frac{1}{(3n)^s}$$

$$= \left(\frac{1}{1^s} - \frac{1}{3^s} + \frac{1}{4^s} - \frac{1}{6^s} + \ldots\right) + \left(\frac{1}{2^s} - \frac{1}{3^s} + \frac{1}{5^s} - \frac{1}{6^s} + \ldots\right)$$

zeigen, dass (1) zumindest in $\sigma > 0$ ohne die Punkte

$$s_m = 1 + \frac{2\pi i m}{\log 3} \quad (m \in \mathbb{Z})$$

holomorph fortsetzbar ist. Da $s_l = s_m$ nur für $l = m = 0$, bedeutet dies nunmehr, dass der bereits erwähnte Pol in $s = 1$ in der Tat die *einzige Singularität* ist.

5. Nach (29.3) ist für $s \neq 1$ (dass dort μ reell ist, ist unwesentlich)

$$\sum_{n \leq t} \frac{1}{n^s} = \frac{1}{2} + \frac{1}{s-1}\left(1 - \frac{1}{t^{s-1}}\right) - \frac{\psi(t)}{t^s} - s\int_1^t \frac{\psi(u)}{u^{s+1}} du,$$

also für $\sigma > 1$

$$\zeta(s) = \frac{1}{2} + \frac{1}{s-1} - s\int_1^{\infty} \frac{\psi(u)}{u^{s+1}} du.$$

Daraus folgt nach Definition der EULERschen Konstanten (Absatz 29.6)

$$\lim_{s \to 1}\left(\zeta(s) - \frac{1}{s-1}\right) = \gamma.$$

Deshalb besteht in der Umgebung von $s = 1$ die LAURENT-*Entwicklung*

(3) $$\zeta(s) = \frac{1}{s-1} + \gamma + \sum_{m=1}^{\infty} a_m (s-1)^m.$$

6. Im Zusammenhang mit der Zetafunktion und verwandten Funktionen spielt oft die Beziehung (sog. *diskontinuierlicher Faktor*)

(4) $$\frac{1}{2\pi i} \int_{c-i\infty}^{c+i\infty} \frac{a^s}{s} ds = \begin{cases} 0, & \text{falls } 0 < a < 1 \\ 1, & \text{falls } a > 1 \end{cases}$$

eine Rolle. Dabei ist die Integration im Sinne

§ 32 Die Zetafunktion

$$\lim_{w \to +\infty} \int_{c-iw}^{c+iw}$$

zu verstehen, wobei die Integration geradlinig von der unteren nach der oberen Grenze auszuführen ist.

7. Um dies einzusehen, integriere man zunächst unbestimmt partiell:

$$\int \frac{a^s}{s} ds = \frac{a^s}{s \log a} + \frac{1}{\log a} \int \frac{a^s}{s^2} ds.$$

Daraus folgt

$$\int_{c-i\infty}^{c+i\infty} \frac{a^s}{s} ds = \frac{1}{\log a} \int_{c-i\infty}^{c+i\infty} \frac{a^s}{s^2} ds.$$

Nach dem CAUCHYschen Integralsatz ist

$$\int_{c-iw}^{c+iw} \frac{a^s}{s^2} ds = \int_{L_1} \frac{a^s}{s^2} ds,$$

wenn L_1 der positiv orientierte Halbkreis von $c-iw$ nach $c+iw$ um c mit dem Radius w ist. Für $0<a<1$ gilt auf L_1: $|a^s| \leq a^c$. Deshalb ist

$$\left| \int_{L_1} \frac{a^s}{s^2} ds \right| \leq \pi w \frac{a^c}{w^2},$$

woraus durch den Grenzübergang $w \to +\infty$ (4) im Falle $0<a<1$ folgt.

8. Ist $a>1$, so nehme man statt L_1 den entsprechenden negativ orientierten Halbkreis L_2 von $c-iw$ nach $c+iw$. Da

$$\operatorname{Res}\left(\frac{a^s}{s^2}\right)_{s=0} = \log a,$$

ist dann

$$\int_{c-iw}^{c+iw} \frac{a^s}{s^2} ds = 2\pi i \log a + \int_{L_2} \frac{a^s}{s^2} ds.$$

Wegen $a>1$ ist auf L_2 wiederum $|a^s| \leq a^c$, so dass man analog wie vorher weiterschliessen kann.

Bibliographie

Abkürzungen:

AA	Acta Arithmetica
ADM	Archiv der Mathematik
AJM	American Journal of Mathematics
AM	Annals of Mathematics
AMM	The American Mathematical Monthly
AMP	Archiv der Mathematik und Physik. Dritte Reihe
BAMS	Bulletin of the American Mathematical Society
CMB	Canadian Mathematical Bulletin
CMH	Commentarii Mathematici Helvetici
CMJ	Czechoslovak Mathematical Journal
CMUC	Commentationes Mathematicae Universitatis Carolinae
CPDE	Communications in Partial Differential Equations
DL	Soviet Mathematics (Translation of Doklady Academy of Science SSSR)
GN	Nachrichten von der Königl. Gesellschaft der Wissenschaften zu Göttingen, Math.-phys. Klasse
HMA	Abhandlungen aus dem Mathematischen Seminar der Universität Hamburg
JDMV	Jahresbericht der Deutschen Mathematiker-Vereinigung
JLMS	Journal of the London Mathematical Society
JNT	Journal of Number Theory
JRAM	Journal für die reine und angewandte Mathematik
MA	Mathematische Annalen
MC	Mathematics of Computation
MM	Monatshefte für Mathematik
MMSG	Mitteilungen aus dem Mathematischen Seminar Giessen
MN	Mathematische Nachrichten
MZ	Mathematische Zeitschrift
OJM	Osaka Journal of Mathematics
PAMS	Proceedings of the American Mathematical Society
PC	Proceedings of the Cambridge Philosophical Society
PLMS	Proceedings of the London Mathematical Society
QJMO	The Quarterly Journal of Mathematics. Oxford
TAMS	Transactions of the American Mathematical Society

Bücher werden durch das vorangestellte Symbol * gekennzeichnet

Bibliographie

ABLJALIMOV, S.B.
- [1968] Integral points in perturbed circles. DL *180* (1968), 263–265.
- [1970] Die Anzahl der Gitterpunkte in Ovalen [Russ.]. Izv. Akad. Nauk. Kazah SSR Ser. Fiz.-Mat. *1970* (No.3), 30–37.
- [1977] Ein kurzer Beweis eines Satzes über Gitterpunkte [Russ.]. Izv. Vysš. Učebn. Zaved. Matematika *1977* (No.11), 3–6.

ANKENY, N.C.
- [1957] Sums of three squares. PAMS *8* (1957), 316–319.

APOSTOL, T.M.
- *[1976] Introduction to analytic number theory. Berlin 1976.

ARENSTORF, R.F. – JOHNSON, D.
- [1979] Uniform distribution of integral points on 3-dimensional spheres via modular forms. JNT *11* (1979), 218–238.

BALTES, H.P. – DRAXL, P.K.J. – HILF, E.R.
- [1974] Quadratsummen und gewisse Randwertprobleme in der mathematischen Physik. JRAM *268/9* (1974), 410–417.

BARY, N.
- *[1964] A treatise on trigonometric series. Vol. I–II. New York 1964.

BATEMAN, P.T.
- [1951] On the representation of a number as the sum of three squares. TAMS *71* (1951), 70–101.
- [1977] The Erdös-Fuchs theorem on the square of a power series. JNT *9* (1977), 330–337.

BATEMAN, P.T. – KOHLBECKER, E.E. – TULL, J.P.
- [1963] On a theorem of Erdös-Fuchs in additive number theory. PAMS *14* (1963), 278–284.

BEHNKE, H. – SOMMER, F.
- *[1976] Theorie der analytischen Funktionen einer komplexen Veränderlichen. 3. Aufl. Berlin 1976.

BÉRARD, P.H.
- [1978] On the number of lattice points in some domains. CPDE *3* (1978), 335–347.

BERNDT, B.C.
- [1971] On the average of a class of arithemetical functions, I–II. JNT *3* (1971), 184–203 and 288–305.
- [1972] The Voronoï summation formula. Lecture Notes in Mathematics *251* (1972), 21–36.

BEUKERS, F.
- [1975] The lattice-points of n-dimensional tetrahedra. Proc. Nederl. Akad. Wet. Ser. A. *78* (1975), 365–372 = Indagationes Math. *37* (1975), 365–372.

BLANCHARD, A.
- *[1969] Initiation à la théorie analytique des nombres premiers. Paris 1969.

BLEICHER, M.N. – KNOPP, M.I.
- [1965] Lattice points in a sphere. AA *10* (1965), 369–376.

BLICHFELDT, H.F.
- [1914] A new principle in the geometry of numbers with some applications. TAMS *15* (1914), 227–235.

CAHN, R.S.
- [1973] Lattice sums of homogeneous functions. PAMS *39* (1973), 252.

CALLOWAY, A. (siehe GROSSWALD, E. – CALLOWAY, A. – CALLOWAY, J.)
CALLOWAY, J. (siehe GROSSWALD, E. – CALLOWAY, A. – CALLOWAY, J.)

CASSELS, J.W.S.
- *[1957] An introduction to diophantine approximation. Cambridge 1957.

CAUER, D.
- *[1914] Neue Anwendungen der Pfeifferschen Methode zur Abschätzung zahlentheoretischer Funktionen. Diss. Göttingen 1914.

CHAIX, H.
- [1972] Démonstration d'un théorème de van der Corput. C.R. Acad. Sci. Paris *275* (1972), Sér. A., 883–885.

CHAKRABARTI, M.C.
- [1940] On the limit points of a function connected with the three-square problem. Bull. Calcutta Math. Soc. *32* (1940), 1–6.

CHANDRASEKHARAN, K.
*[1968]   Introduction to analytic number theory. Berlin 1968.
*[1970]   Arithmetical functions. Berlin 1970.
[1973]   Exponential sums in the development of number theory. Proc. Steklov Inst. Math. *132* (1973), 3–24.

CHANDRASEKHARAN, K. – NARASIMHAN, R.
[1961]   Hecke's functional equation and the average order of arithmetical functions. AA *6* (1961), 487–503.
[1962]   Functional equations with multiple gamma factors and average order of arithmetical functions. AM *76* (1962), 93–136.

CHEN JING-RUN
[1963]   The lattice points in a circle. Sci. Sinica *12* (1963), 633–649.
[1965]   On the divisor problem for $d_3(n)$. Sci. Sinica *14* (1965), 19–29.
[1965a]   On the order of $\zeta(\frac{1}{2}+it)$. Chin. Acta Math. Sinica *15* (1965) 159–173 = Chinese Math.-Acta *6* (1965), 463–478.

CHOWLA, S. – HARTUNG, P.
[1975]   The 3-squares theorem. Indian J. Pure Appl. Math. *6* (1975), 1077–1079.

COLIN DE VERDIÈRE, Y.
[1977]   Nombres de points entiers dans une famille homothétique de domaines de $\mathbb{R}^n$. Ann. Sci. Ecole Norm. Sup. *10* (1977), Sér. 4, 559–576.

VAN DER CORPUT, J.G.
[1919]   Over roosterpunkten in het plate vlak. Diss. Groningen 1919.
[1920]   Über Gitterpunkte in der Ebene. MA *81* (1920), 1–20.
[1921]   Zahlentheoretische Abschätzungen. MA *84* (1921), 53–79.
[1921a]   Zahlentheoretische Abschätzungen nach der Piltzschen Methode. MZ *10* (1921), 105–120.
[1923]   Neue zahlentheoretische Abschätzungen. MA *89* (1923), 215–254.

CORRÁDI, K. – KÁTAI, I.
[1967]   A comment on K.S. Gangadharan's paper ... [Ung. mit engl. Zusammenfass.] Magyar Tud. Akad. mat. fiz. Oszt. Közl. *17* (1967), 89–97.

CRAMÉR, H.
[1922]   Über zwei Sätze des Herrn G.H. Hardy. MZ (1922), 201–210.

DIRICHLET, P.G. (eigentlich: LEJEUNE DIRICHLET)
[1849]   Über die Bestimmung der mittleren Werte der Zahlentheorie. Abh. Königl. Preuss. Akad. Wiss. (1849), 69–83 = Dirichlet [1897], 49–66.
[1850]   Über die Zerlegbarkeit der Zahlen in drei Quadrate. JRAM *40* (1850), 228–232 = Dirichlet [1897], 89–96.
[1856]   Sur l'équation $t^2+u^2+v^2+w^2=4m$. J. Math. pur. appl. (2) *1* (1856), 210–214 = Dirichlet [1897], 201–208.
*[1897]   Werke. Zweiter Band. Berlin 1897.

DIVIŠ, B. (vgl. die Anmerkungen zu § 22)
[1970]   Über Gitterpunkte in mehrdimensionalen Ellipsoiden. CMJ *20* (95) (1970), 130–139.
[1977]   Lattice point theory in polyhedra, JNT *9* (1977), 426–435.
[1977a]   Lattice point theory of irrational ellipsoids with an arbitrary center. MM *83* (1977), 279–307.
[1977b]   Mean value estimates in lattice point theory. MM *84* (1977), 21–28.
[1979]   Ω-estimates in lattice point theory. AA *35* (1979), 247–258.

DIVIŠ, B. – NOVÁK, B.
[1974]   On the lattice point theory of multidimensional ellipsoids. AA *25* (1974), 199–212.

DRAXL, P.K.J. (siehe BALTES, H.P. – DRAXL, P.K.J. – HILF, E.R.)

DRESSLER, A. (siehe auch MÜLLER, C. – DRESSLER, A.)
[1972]   Über die ungleichförmige Verteilung von Gitterpunkten in ebenen Bereichen. MN *52* (1972), 1–20.

EDGOROV, Ž. (siehe LAVRIK, A.F. – EDGOROV, Ž.)

ELSTRODT, J.
[1981]   Die Selbergsche Spurformel für kompakte Riemannsche Flächen. JDMV *83* (1981), 45–77.

ERDŐS, P. – FUCHS, W.H.J.
[1956]   On a problem of additive number theory. JLMS *31* (1956), 67–73.

ESTERMANN, T.
- [1928] On the divisor-problem in a class of residues. JLMS *3* (1928), 247–250.

EULER, L.
- [1773] Novae demonstrationes circa resolutionem numerorum in quadrata. Opera omnia, Ser. 1, Vol. 3. Leipzig 1937, 218–239.

FINE, B.
- [1977] A note on the two-square theorem. CMB *20* (1977), 93–94.

FISCHER, K.-H.
- [1979] Eine Bemerkung zur Verteilung der pythagoräischen Zahlentripel. MM *87* (1979), 269–271.
- [1979a] Über die Gitterpunktanzahl auf Kreisen mit quadratfreien Radien. ADM *33* (1979), 150–154.

FOMENKO, O.M.
- [1961] On the problem of Gauss. AA *6* (1961), 277–284.

FREEDEN, W.
- [1978] Über gewichtete Gitterpunktsummen in kreisförmigen Bereichen. MMSG *132* (1978), 1–22.
- [1978a] Eine Verallgemeinerung der Hardy-Landauschen Identität. Manuscr. Math. *24* (1978), 205–216.

FRICKER, F.
- [1968] Ein Gitterpunktproblem im dreidimensionalen hyperbolischen Raum. CMH *43* (1968), 402–416.
- [1977] Über die Verteilung der pythagoreischen Zahlentripel. ADM *28* (1977), 491–494.

FUCHS, W.H.J. (siehe ERDÖS, P. – FUCHS, W.H.J.)

FUJI, A.
- [1976] On the problem of divisors. AA *31* (1976), 355–360.

GANGADHARAN, K.S.
- [1961] Two classical lattice point problems. PC *57* (1961), 699–721.

GARDNER, R.S. (siehe MAXFIELD, J.E. – GARDNER, R.S.)

GAUSS, C.F.
- *[1801] Untersuchungen über die höhere Arithmetik. Berlin 1889 (Nachdruck: New York 1965) = Deutsche Ausgabe von Disquisitiones arithmeticae. Leipzig 1801.
- [1801a] Theorie der Zerlegung sowohl der Zahlen ... GAUSS [1801], 325–333.
- [1801b] Specielle Anwendung auf die Zerlegung ... GAUSS [1801], 149–152.
- [1801c] Über den Zusammenhang zwischen der Anzahl der Klassen ... GAUSS [1801], 655–677.

GELFOND, A.O. – LINNIK, Y.V.
- *[1965] Elementary methods in analytic number theory. Chicago 1965 (Russ. Original 1962).

GREAVES, G.
- [1970] On divisor-sum problem for binary quadratic forms. AA *17* (1970), 1–28.

GROSSWALD, E. – CALLOWAY, A. – CALLOWAY, J.
- [1959] The representation of integers by three positive squares. PAMS *10* (1959), 451–455.

GÜNTHER, P.
- [1977] Eine Funktionalgleichung für den Gitterrrest. MN *76* (1977), 5–27.
- [1979] Problème de réseaux dans les espaces hyperboliques. C.R. Acad. Sci. Paris *288* (1979), Sér. A–B, A49–A52.
- [1980] Gitterpunktprobleme in symmetrischen Riemannschen Räumen vom Rang 1. MN *94* (1980), 5–27.

GUPTA, H.
- *[1980] Selected topics in number theory. Tunbridge Wells 1980.

HADWIGER, H.
- [1979] Gitterpunktanzahl im Simplex und Wills'sche Vermutung. MA *239* (1979), 271–288.

HALBERSTAM, H. – ROTH, K.F.
- *[1966] Sequences, I. Oxford 1966.

HAMMER, J.
- *[1977] Unsolved problems concerning lattice points. London 1977.

HANEKE, W.
- [1962] Verschärfung der Abschätzung von $\zeta(\frac{1}{2}+it)$. AA *8* (1962/3), 357–430.

HARDY, G.H.
[1916] On Dirichlet's divisor problem. PLMS *15* (1916), 1–25 = Hardy [1967], 268–292.
[1918a] On the representation of a number as the sum ... Proc. Nat. Acad. of Sciences *4* (1918), 189–193 = HARDY [1966], 340–344.
[1920a] On the representation of a number as the sum ... TAMS *21* (1920), 255–284 = HARDY [1966], 345–373.
*[1940] Ramanujan. Cambridge 1940.
*[1966] Collected Papers. Vol.I. Oxford 1966.
*[1967] Collected Papers. Vol.II. Oxford 1967.

HARDY, G.H. – HEILBRONN, H.
[1938] Edmund Landau. JLMS *13* (1938), 302–310.

HARDY, G.H. – LITTLEWOOD, J.E.
[1920] Some problems of "partitio numerorum", I: ... GN (1920), 33–54 = HARDY [1966], 405–426.
[1921] Some problem of diophantine approximation: ... PLMS (2) *20* (1921), 15–36 = HARDY [1966], 136–157.
[1922] Some problem of diophantine approximation: ... (Second memoir). HMA *1* (1922), 212–249 = HARDY [1966], 159–196.
[1922a] The approximate functional equation in the theory of zeta-function, ... PLMS (2) *21* (1922), 39–74 = HARDY [1967], 174–209.

HARDY, G.H. – RAMANUJAN, S.
[1918] Asymptotic formulae in combinatory analysis. PLMS (2) *17* (1918), 75–115 = HARDY [1966], 306–339.

HARDY, G.H. – WRIGHT, E.M.
*[1958] Einführung in die Zahlentheorie. München 1958. (Engl. Original 1938).

HARTUNG, P. (siehe CHOWLA, S. – HARTUNG, P.)

HAYASHI, E.K.
[1975] An elementary method for estimating error terms in additive number theory. PAMS *52* (1975), 55–59.
[1981] Omega theorems for the iterated additive convolution of a nonnegative arithmetic function. JNT *13* (1981), 176–191.

HEASLET, M.A. (siehe USPENSKY, J.V. – HEASLET, M.A.)

HEATH-BROWN, D.R.
[1978] The twelfth power moment of the Riemann-function. QJMO (2) *29* (1978), 443–462.

HEILBRONN, H. (siehe HARDY, G.H. – HEILBRONN, H.)

HERRMANN, O.
[1962] Eine neue Klasse von Gitterpunktproblemen im hyperbolischen Raum I. MA *168* (1967), 105–110.

HERZ, C.S.
[1962] On the number of lattice points in a convex set. AJM *84* (1962), 126–133.

HILF, E.R. (siehe BALTES, H.P. – DRAXL, P.K.J. – HILF, E.R.)

HLAWKA, E.
[1950] Über Integrale auf konvexen Körpern I. MM *54* (1950), 1–36.
[1978] Das Werk Perrons auf dem Gebiete der diophantischen Approximationen. JDMV *80* (1978), 1–12.
*[1979] Theorie der Gleichverteilung. Mannheim 1979.
[1980] 90 Jahre Geometrie der Zahlen. Jahrbuch Überblicke Math. *1980*, 9–41.

HLAWKA, E. – SCHOISSENGEIER, J.
*[1979] Zahlentheorie. Eine Einführung. Wien 1979.

HOOLEY, C.
*[1976] Applications of sieve methods to the theory of numbers. Cambridge 1976.

HUA LOO-KENG
*[1959] Die Abschätzung von Exponentialsummen und ihre Anwendung in der Zahlentheorie. Leipzig 1959.

HUBER, H.
[1956] Über eine neue Klasse automorpher Funktionen und ein Gitterpunktproblem in der hyperbolischen Ebene. CMH *30* (1956), 20–62.

INDLEKOFER, K.-H.
*[1978] Zahlentheorie. Eine Einführung. Basel 1978.

INGHAM, A.E.
 [1940] On the classical lattice point problems. PC *36* (1940), 1931-1940.
JACOBI, C.G.
 [1829] Fundamenta nova theoriae functionum ellipticarum. JACOBI [1881], 49-239.
 [1834] De compositione numerorum e quator quadratis. JRAM *12* (1834), 167-172 = JACOBI [1891], 245-251.
 *[1881] Gesammelte Werke. Erster Band. Berlin 1881.
 *[1891] Gesammelte Werke. Sechster Band. Berlin 1891.
JARNÍK, V. (vgl. die Anmerkungen zu § 22)
 [1924] Sur les points à coordonnées entières dans le plan. Bull. internat. de l'acad. des sciences de Bohême 1924, 12p.
 [1925] Über Gitterpunkte auf konvexen Kurven. MZ *24* (1925), 500-518.
 [1928] Über Gitterpunkte in mehrdimensionalen Ellipsoiden. MA *100* (1928), 699-721.
 [1928a] Sur les points à coordonnées entières dans les ellipsoides à plusieurs dimensions. Bull. internat. de l'acad. des sciences de Bohême 1928, 10p.
 [1929] Über Gitterpunkte in mehrdimensionalen Ellipsoiden. Zweite Abh. MA *101* (1929), 136-146.
 [1929a] Über Gitterpunkte in mehrdimensionalen Ellipsoiden. The Tôhoku Math. J. *30* (1929), 354-371.
 [1931] Über die Mittelwertsätze der Gitterpunktlehre. MZ *33* (1931), 62-84.
 [1931a] Über Mittelwertsätze der Gitterpunktlehre. Zweite Abh. MZ *33* (1931), 85-97.
 [1934] Über Gitterpunkte in mehrdimensionalen Ellipsoiden: Eine Anwendung des Hausdorffschen Massbegriffs MZ *38* (1934), 217-256.
 [1934a] Sur quelques points de la théorie géométrique des nombres. Congr. Slave 1934, 26-48.
 [1940] Eine Bemerkung zur Gitterpunktlehre. Cas. pro pest. mat. a fys. *69* (1940), 57-60.
 [1940a] Über Mittelwertsätze der Gitterpunktlehre. 5. Abh. Cas. pro. pest. mat. a fys. *69* (1940), 148-179.
 [1968] Bemerkungen zu Landauschen Methoden in der Gitterpunktlehre. TURÁN [1968], 139-156.
JARNÍK, V. - WALFISZ, A.
 [1930] Über Gitterpunkte in mehrdimensionalen Ellipsoiden. MZ *32* (1930), 152-160
JOHNSON, D. (siehe ARENSTORF, R.F. - JOHNSON, D.)
KARACUBA, A.A.
 [1971] Estimates for trigonometric sums by Vinogradov's method, and some applications. Proc. Steklov Inst. Math. *112* (1971), 251-265.
 [1972] The Dirichlet divisor problem in number fields. DL *13* (1972), 697-698.
 [1972a] Uniform approximation of the remainder term in the Dirichlet divisor problem. Math. USSR Izvestija *6* (1972), 467-475.
 [1975] Some problems of contemporary analytic number theory. Math. Notes *17* (1975), 195-199.
KÁTAI, I. (siehe auch CORRÁDI, K. - KÁTAI, I.)
 [1965] The number of lattice points in a circle. [Russ.] Ann. Univ. Sci. Budap. Rolando Eötvös, Sect. Math. *8* (1965), 39-60.
KENDALL, D.G.
 [1948] On the number of lattice points inside a random oval. QJMO *19* (1948), 1-26.
KNOPP, K.
 [1950] Edmund Landau. JDMV *54* (1950), 55-62.
KNOPP, M.I. (siehe auch BLEICHER, M.N. - KNOPP, M.I.)
 *[1970] Modular functions in analytic number theory. Chicago 1970.
KOHLBECKER, E.E. (siehe BATEMAN, P.T. - KOHLBECKER, E.E. - TULL, J.P.)
KOKSMA, J.F.
 *[1936] Diophantische Approximationen. Berlin 1936.
KOLESNIK, G.A.
 [1969] An improvement of the remainder term in the divisor problem Math. Notes *6* (1969), 784-791.
 [1973] Über die Abschätzung gewisser trigonometrischer Summen [Russ.] AA *25* (1973), 7-30.
 [1980] On the order of $\Delta_3(x)$. Math.Forsch.inst. Oberwolfach. Tagungsbericht *48* (1980), 15.

KOPETZKY, H.G.
[1976] Über die Grössenordnung der Teilerfunktion in Restklassen. 82 (1976), 287–295.
KRÄTZEL, E.
[1968] Identitäten für die Anzahl der Gitterpunkte in bestimmten Bereichen. MN 36 (1968), 179–191.
[1969] Bemerkungen zu einem Gitterpunktproblem. MA 179 (1969), 90–96.
[1969a] Mittlere Darstellungen natürlicher Zahlen als Differenz zweier k-ter Potenzen. AA 16 (1969), 111–121.
[1973] Mittlere Darstellungen natürlicher Zahlen als Summe von n k-ten Potenzen. CMJ 23 (98) (1973), 57–73.
KRONECKER, L.
[1858] Werke. Fünfter Band. Leipzig 1930.
KRUPIČKA, S.
[1957] Über die Anzahl der Gitterpunkte in mehrdimensionalen konvexen Körpern [Tschech. mit deutsch. Zusammenfass.] CMJ 7 (1957), 524–552.
KRUYSWIJK, D.
[1951] On the number of lattice points in a wide convex region. Proc. Nederl. Akad. Wet. Ser. A. 54 (1951), 152–161 = Indag. Math. 13 (1951), 152–161.
KURZWEIL, J. – NOVÁK, B.
[1971] Professor Vojtěch Jarník ist gestorben. CMJ 21 (96) (1971), 493–524.
LAGRANGE, J.L.
[1770] Démonstration d'un théorème d'arithmétique. Oeuvres. Tome 3. Paris 1869, 189–201.
LANDAU, E. (vgl. die Anmerkungen zu § 22)
[1908] Über die Einteilung der positiven ganzen Zahlen in vier Klassen ... AMP 13 (1908), 305–312.
[1912] Über die Anzahl der Gitterpunkte in gewissen Bereichen. GN 1912, 687–771.
[1912a] Die Bedeutung der Pfeifferschen Methode für die analyt. Zahlentheorie. Sitzber. kais. Akad. Wiss. Wien, math.-natw. Klasse 121 (1912), 2298–2328.
[1912b] Über eine idealtheoretische Funktion. TAMS 12 (1912), 1–21.
[1915] Zur analytischen Zahlentheorie der definiten quadratischen Formen (Über die Gitterpunkte in einem mehrdimensionalen Ellipsoid). Sitzber. Preuss. Akad. Wiss. 31 (1915), 458–476 = Landau-Walfisz [1962], 11–29.
[1915a] Über die Anzahl der Gitterpunkte in gewissen Bereichen (Zweite Abhandlung). GN 1915, 209–243 = Landau-Walfisz [1962], 71–84.
[1917] Über die Anzahl der Gitterpunkte in gewissen Bereichen (Dritte Abhandlung). GN 1917, 96–101 = Landau-Walfisz [1962], 65–70.
[1923] Über die Gitterpunkte in einem Kreise (Vierte Mitteilung). GN 1923, 58–65 = Landau-Walfisz [1962], 85–92.
[1924] Über die Anzahl der Gitterpunkte in gewissen Bereichen (Vierte Abhandlung). GN 1924, 137–150 = LANDAU-WALFISZ [1962], 71–84.
[1924a] Über Gitterpunkte in mehrdimensionalen Ellipsoiden. MZ 21 (1924), 126–132 = LANDAU-WALFISZ [1962], 148–154.
[1925] Über Gitterpunkte in mehrdimensionalen Ellipsoiden. Zweite Abhandlung. MZ 24 (1925), 299–310 = LANDAU-WALFISZ [1962], 155–166.
[1925a] Die Bedeutungslosigkeit der Pfeiffer'schen Methode für die analytische Zahlentheorie. Monatsh. Math. u. Physik 34 (1925), 1–36.
*[1927] Vorlesungen über Zahlentheorie. Erster Band. Leipzig 1927. (Nachdruck in zwei Bänden, New York 1946).
*[1927a] Vorlesungen über Zahlentheorie. Zweiter Band. Leipzig 1927. (Nachdruck, New York 1946).
*[1927b] Vorlesungen über Zahlentheorie. Dritter Band. Leipzig 1927. (Nachdruck, New York 1946).
LANDAU, E. – WALFISZ, A.
*[1962] Ausgewählte Abhandlungen zur Gitterpunktlehre (herausgeg. von A. Walfisz). Berlin 1962.
LANG, S.
[1971] Transcendental numbers and diophantine approximation. BAMS 77 (1971), 635–677.
LANGMANN, K.
[1979] Eine endliche Formel für die Anzahl der Teiler von n. JNT 11 (1979), 116–127.

LAVRIK, A.F. – EDGOROV, Ž.
    [1973]   Über das Teilerproblem in arithmetischen Progressionen [Russ.]. Izv. Akad. Nauk USSR, Ser. fiz.-mat. Nauk *17* (1973), Nr.5, 14–18.

LEHMER, D.H.
    [1948]   On the partition of numbers into squares. AMM *55* (1948), 476–481.

LEKKERKER, C.G.
    *[1969]   Geometry of numbers. Groningen 1969.

LEVEQUE, W.J.
    *[1956]   Topics in number theory. Vol. II. Reading 1956.
    *[1974]   Reviews in number theory (ed. by W.J. LeVeque). Vol. 4. Providence 1974.

LINNIK, Y.V. (siehe GELFOND, A.O. – LINNIK, Y.V.)

LITTLEWOOD, J.E. (siehe HARDY, G.H. – LITTLEWOOD, J.E.)

LOMADSE, G.
    [1964]   The scientific work of Arnold Walfisz. AA *10* (1964), 227–244.

MAXFIELD, J.E. – GARDNER, R.S.
    [1955]   Note on linear hypotheses with prescribed matrix of normal equations. Ann. Math. Statistics *26* (1955), 149–150.

MAZZOLA, R.
    [1976]   Gitterpunkt und Kontrapunkt in der klassischen Oper von Mozart bis Chimani. Sitzungsber. Österr. Staatsoper Wien, math.-mus. Klasse *319* (1976), 31–35.

MINKOWSKI, H.
    [1892]   Über die Geometrie der Zahlen. JDMV *1* (1892), 64–65 = Minkowski [1911], 264–265.
    [1905]   Diskontinuitätsbereich für arithmetische Äquivalenz. JRAM *129* (1905), 220–274 = Minkowski [1911a], 53–100.
    *[1911]   Gesammelte Abhandlungen. Erster Band. Leipzig 1911 (Nachdruck zusammen mit Minkowski [1911a], New York 1967).
    *[1911a]   Gesammelte Abhandlungen. Zweiter Band. Leipzig 1911 (Nachdruck zusammen mit Minkowski [1911], New York 1967).

MIYAWAKI, I.
    [1975]   On the number of the lattice points in the area ... OJM *12* (1975), 647–671.

MORDELL, L.J.
    [1958]   On the representation of a number as a sum of three squares. Rev. Math. Pures Appl. *3* (1958), 25–27.

MOTOHASHI, Y.
    [1976]   On some additive divisor problems. J. Math. Soc. Japan *28* (1976), 772–784.
    [1973]   On the number of integers which are sums of two squares. AA *23* (1973), 401–402.

MÜLLER, C. – DRESSLER, A.
    [1972]   Über eine gewichtete Mittelung der Gitterpunkte in der Ebene. JRAM *252* (1972), 82–87.

MÜNTZ, C.H.
    [1926]   Zur Gittertheorie n-dimensionaler Ellipsoide. MZ *25* (1926), 150–165.

NEWMAN, D.J.
    [1979]   A simplified proof of the Erdös-Fuchs theorem. PAMS *75* (1979), 209–210.

NARASIMHAN, R. (siehe CHANDRASEKHARAN, K. – NARASIMHAN, R.)

NOVÁK, B. (vgl. die Anmerkungen zu § 22 und siehe auch DIVIŠ, B. – NOVÁK, B. sowie KURZWEIL, J. – NOVÁK, B.)
    [1963]   Integral points in r-dimensional ellipsoids. DL *4* (1963), 1746–1749.
    [1966]   On lattice points in high-dimensional ellipsoids (Preliminary communication). CMUC *7* (1966), 479–484.
    [1967]   A remark on the theory of lattice points in ellipsoids. CMUC *8* (1967), 219–230.
    [1967a]   Mean value theorems in the theory of lattice points with weight. CMUC *8* (1967), 711–733.
    [1967b]   Über Gitterpunkte mit Gewichten in mehrdimensionalen Ellipsoide: Mittelwertsätze. CMJ *17* (92), 609–623.
    [1968]   Verallgemeinerung eines Peterssonschen Satzes und Gitterpunkte mit Gewichten. AA *13* (1968), 423–454.
    [1968a]   On lattice points with weight in high-dimensional ellipsoids. AA *14* (1968), 371–397.
    [1968b]   A remark on the theory of lattice points in ellipsoids II. CMUC *9* (1968), 547–561.

[1968c] Über Gitterpunkte mit Gewichten in mehrdimensionalen Ellipsoiden. Colloq. Math. Soc. J. Bolyai 2 (1968), 165–179.
[1969] Mittelwertsätze der Gitterpunktlehre. CMJ 19 (94), 154–180.
[1970] Mean value theorems in the theory of lattice points with weight. II. CMUC 11 (1970), 53–81.
[1971] Lattice points in moredimensional ellipsoids. Proc. Intern. Conf. Number Theory Moscow 1971. Trudy Mat. Inst. Steklov 132 (1973), 145–150.
[1971a] Mittelwertsätze der Gitterpunktlehre II. Čas. pro pěst. mat. 96 (1971), 245–261.
[1971b] Über eine Methode der Ω-Abschätzungen. CMJ 21 (96) (1971), 257–279.
[1971c] On certain sum in number theory. CMUC 12 (1971), 669–685.
[1971d] Über Gitterpunkte in mehrdimensionalen Ellipsoiden. Ber.Math.Forsch.inst. Oberwolfach 5 (1971), 101–108.
[1972] Über Gitterpunkte in mehrdimensionalen Ellipsoiden. CMJ 22 (1972), 495–507.
[1972a] On a certain sum in number theory III. CMUC 13 (1972), 763–775.
[1973] Mittelwertsätze der Gitterpunktlehre III. CMJ 23 (98) (1973), 467–482.
[1974] On a certain sum in number theory II. TAMS 195 (1974), 357–364.
[1974a] Lattice points in high dimensional ellipsoids. Colloq. Math. Soc. J. Bolyai 13 (1974), 233–244.
[1975] Lattice points in high-dimensional ellipsoids. Math. Notes 17 (1975), 396–402.
[1976] New proofs of a theorem of Edmund Landau. AA 31 (1976), 101–105.
[1976a] On lattice points in multidimensional ellipsoids: Problems of centers. JNT 8 (1976), 12–39.
[1981] Petersson's theorem for the average order of lattice remainder term. Erscheint in Vestnik Moskov. Univ., Ser. I.
*[1981a] In Vorbereitung.

NOVÁK, B. – SCHWARZ, Š.
[1972] Vojtěch Jarník (22.12.1897–22.9.1970). AA 20 (1972), 107–123.

NOWAK, W.G.
[1978] Einige Verallgemeinerungen des Gaussschen Kreisproblems. Anz. Österr. Akad. Wiss. 115 (1978), 45–51.
[1979] Über die Anzahl der Gitterpunkte in verallgemeinerten Kreissektoren. MM 87 (1979), 297–307.
[1979a] Gitterpunkte in speziellen nicht konvexen Bereichen. Anz. Österr. Akad. Wiss. Wien 116 (1979), 43–45.
[1980] A non-convex generalization of the circle problem. JRAM 314 (1980), 136–145.
[1980a] Gitterpunkte in Bereichen $x^m + y^m \leqslant R$, $x \geqslant 0$, $y \geqslant 0$. MM 89 (1980), 223–233.
[1980b] Ein dreidimensionales Gitterpunktproblem. Manuscr. Math. 33 (1980), 63–80.
[1981] Eine zahlentheoretische Abschätzung mit Anwendung auf ein dreidimensionales Gitterpunktproblem. Erscheint in Anz. Österr. Akad. Wiss. Wien.
[1981a] Ein kurzer Beweis eines Satzes von Sierpiński. Erscheint in Ann. Univ. Sci. Budap. Rolando Eötvös, Sect. Math.

OSTROWSKI, A.
*[1967] Vorlesungen über Differential-und Integralrechnung, Bd. 3. 2. Aufl. Basel 1967.

PARSON, A. – TULL, J.
[1978] Asymptotic behavior of multiplicative functions. JNT 10 (1978), 395–420.

PATTERSON, S.J.
[1975] A lattice-point problem in hyperbolic space. Mathematika 22 (1975), 81–88.

PETERSSON, H.
[1926] Über die Anzahl der Gitterpunkte in mehrdimensionalen Ellipsoiden. HMA 5 (1926), 116–150.

PILTZ, A.
[1881] Über das Gesetz, nach welchem die mittlere Darstellbarkeit der natürlichen Zahlen als Produkte .... Diss. Berlin 1881.

POPOV, V.N.
[1975] The number of integer points under a parabola. Math. Notes (1975), 1007–1010.

RADEMACHER, H.
*[1973] Topics in analytic number theory. Berlin 1973.

RAJWADE, A.R.
[1976] Note sur le théorème des trois carrés. Ens. Math. Sér. II 22 (1976), 171–173.

RAMANUJAN, S. (siehe auch HARDY, G.H. - RAMANUJAN, S.)
- [1916] Some formulae in the analytic theory of numbers. Mess. of Math. 45 (1916), 81–84 = RAMANUJAN [1927], 133–135.
- *[1927] Collected Papers of Srinivasa Ramanujan. Cambridge 1927 (Nachdruck New York 1962).

RANDOL, B.
- [1966] A lattice-point problem. TAMS 121 (1966), 257–268.
- [1966a] A lattice-point problem. II. TAMS 125 (1966), 101–113.

RANKIN, R.A.
- [1962] On the representation of a number as the sum of any number of squares ... AA 7 (1962), 399–407.
- *[1977] Modular forms and functions. Cambridge 1977.

RICHERT, H.-E.
- [1953] Ein Gitterpunktproblem. MA 125 (1953), 467–471.
- [1961] Zur multiplikativen Zahlentheorie. JRAM 206 (1961), 31–38.

RIEGER, G.J.
- [1970] Zum Satz von Landau über die Summe aus zwei Quadraten. JRAM 244 (1970), 198–200.
- *[1976] Zahlentheorie. Göttingen 1976.

RISMAN, L.J.
- [1974] A new proof of the three squares theorem. JNT 6 (1974), 282–283.

ROGOSINSKI, W.
- *[1959] Fourier Series. (Second ed.). New York 1959.

ROTH, K.F. (siehe HALBERSTAM, H. - ROTH, K.F.)

SCHAAL, W.
- [1977] Der Satz von Erdös-Fuchs in reell-quadratischen Zahlkörpern. AA 32 (1977), 147–156.

SCHIERWAGEN, A.
- [1976] Über ein Teilerproblem. MN 72 (1976), 151–168.
- [1978] Bemerkungen zu einem Teilerproblem. Publ. Math. Debrecen 25 (1978), 41–46.

SCHMID, L.D. (siehe SHANKS, D. - SCHMID, L.D.)
SCHOISSENGEIER, J. (siehe HLAWKA, E. - SCHOISSENGEIER, J.)
SCHWARZ, Š. (siehe NOVÁK, B. - SCHWARZ, Š.)

SCHWARZ, W.
- *[1969] Einführung in Methoden und Ergebnisse der Primzahltheorie. Mannheim 1969.
- [1976] Aus der Theorie der zahlentheoretischen Funktionen. JDMV 78 (1976), 147–167.

SCHWARZ, W. - ZASSENHAUS, H.
- [1977] In memoriam Bohuslav Diviš (December 20, 1942 – July 26, 1976). JNT 9 (1977).

SHANKS, D.
- [1964] The second-order term in the asymptotic expansion of $B(x)$. MC 18 (1964), 75–76.

SHANKS, D. - SCHMID, L.D.
- [1966] Variations of a theorem of Landau. MC 20 (1966), 551–569.

SIERPIŃSKI, W.
- [1906] O pewnem zagadnieniu z rachunku funkcyi ... Prace mat.-fiz. 17 (1906), 77–118 = Sur un problème du calcul des fonctions asymptotiques. SIERPIŃSKI [1974], 73–108.
- [1908] O sumowaniu szeregu ... Prace mat.-fiz 18 (1908), 1–59 = Sur la sommation de la série ... SIERPIŃSKI [1974], 109–154.
- [1909] O pewnej summie potrónjej (= Über eine dreifache Summe). C. Rendus Soc. Sc. Lettres Varsovie (3) 2 (1909), 117–120.
- [1974] Oeuvres choisies. Tome I. Warszawa 1974.

SMIRNOW, W.I.
- *[1955] Lehrgang der höheren Mathematik. Teil III$_2$. Berlin 1955.

SMITH, R.A.
- [1968] The circle problem in an arithmetic progression. CMB 11 (1968), 175–184.

SPENCER, D.C.
- [1939] On a Hardy-Littlewood problem of diophantine approximation. PC 35 (1939), 527–547.
- [1942] The lattice points of tetrahedra. J. of Math. and Phys. 21 (1942), 189–197.

SOMMER, F. (siehe BEHNKE, H. - SOMMER, F.)

STRONINA, M.I.
[1969] Gitterpunkte auf Kreiskegeln [Russ.] Izv. vysš. učebn. Zaved Mat. *1969*, Nr. 8 (87), 112–116.

SRINIVASAN, B.R.
[1963] The lattice point problem of many-dimensional hyperboloids I, II. AA *8* (1963), 153–172 and 173–204.
[1965] The lattice point problem of many dimensional hyperboloids III. MA *160* (1965), 280–311.

SURYANARAYANA, D.
[1977] On a paper of S. Chowla and H. Walum concerning the divisor problem. J. Indian Math. Soc. *41* (1977), 293–299.

SZEGÖ, G.
[1926] Beiträge zur Theorie der Laguerreschen Polynome. II: Zahlentheoretische Anwendungen. MZ *25* (1926), 388–404.

SZEGÖ, G. – WALFISZ, A.
[1927] Über das Piltzsche Teilerproblem in algebraischen Zahlkörpern I–II. MZ *26* (1927), 138–156 und 467–486.

TARNOPOLSKA-WEISS, M.
[1978] On the number of lattice points in planar domains. PAMS *69* (1978), 308–311.

THURNHEER, P.
[1981] Zu einem hyperbolischen Gitterpunktproblem. CMH *56* (1981), 240–271.

TITCHMARSH, E.C.
*[1951] The theory of the Riemann zeta-function. Oxford 1951.

TONG KWANG-CHONG
[1953] On divisor problems. J. Chinese Math. Soc. *2* (1953), 258–266.
[1956] On divisor problems, III [Chin.] Acta Math. Sinica *6* (1956), 515–541.

TULL, J. (siehe PARSON, A. – TULL, J.)

TULL, J.P. (siehe BATEMAN, P.T. – KOHLBECKER, E.E. – TULL, J.P.)

TURÁN, P.
*[1968] Abhandlungen aus Zahlentheorie und Analysis. Zur Erinnerung an Edmund Landau (1877–1938) (Herausgeg. von P. Turán). Berlin 1968.

USPENSKY, J.V. – HEASLET, M.A.
*[1939] Elementary number theory. New York 1939.

VARBANEC, P.D.
[1970] Lattice points in a circle whose distances from the center are in an arithmetic progression. Math. Notes (1970), 917–923.

VAUGHAN, R.C.
[1972] On the addition of sequences of integers. JNT *4* (1972), 1–16.

VENKOV, B.A.
*[1970] Elementary number theory. Groningen 1970 (Russ. Original 1937).

VENUGOPAL RAO, V.
[1974] Estimates for averages involving lattice points of rational indefinite quadratic forms. Proc. Indian Acad. Sci., Sect. A *80* (1974), 223–240.

VORONOÏ, G.
[1903] Sur un problème du calcul des fonctions asymptotiques. JRAM *126* (1903), 241–282.

WAGSTAFF, S.S. jun.
[1975] The Schnirelman density of the sums of three squares. PAMS *52* (1975), 1–7.

WALFISZ, A. (vgl. die Anmerkungen zu § 22 und siehe auch JARNÍK, V. – WALFISZ, A., LANDAU, E. – WALFISZ, A., SZEGÖ, G. – WALFISZ, A.)
[1924] Über Gitterpunkte in mehrdimensionalen Ellipsoiden. MZ *19* (1924), 300–307.
[1927] Teilerprobleme. MZ *26* (1927), 66–88.
[1927a] Über Gitterpunkte in mehrdimensionalen Kugeln. MZ *27* (1927), 469–480.
[1927b] Über Gitterpunkte in mehrdimensionalen Ellipsoiden. Dritte Abhandlung. MZ *27* (1927), 245–268.
[1928] O pewnem zagadnieniu dzielków Ramanujana (=Über ein Ramanujansches Teilerproblem) Prace mat.-fiz. *35* (1928/9), 101–126.
[1928a] Über einige neuere Ergebnisse der Gitterpunktlehre. Prace mat.-fiz. *36* (1928/9), 107–135.

- [1952] On the representation of numbers by sums of squares. AMS Translations (2) *3* (1956), 163–248 [Russ. Original 1952].
- [1956] Konvergenzabszissen gewisser Dirichletscher Reihen [Russ.] Trudy Tbilissk. mat. Inst. Razmadze *22* (1956), 33–75.
- *[1957] Gitterpunkte in mehrdimensionalen Kugeln. Warszawa 1957.
- [1958] Gitterpunkte in mehrdimensionalen Kugeln. JDMV *61* (1958), 11–31.
- [1960] Über Gitterpunkte in vierdimensionalen Ellipsoiden. MZ *72* (1960), 259–278.
- *[1963] Weylsche Exponentialsummen in der neueren Zahlentheorie. Berlin 1963.

WILTON, J.R.
- [1928] The lattice points of a circle: an historical account of the problem. Mess. of Math. *48* (1928), 67–80.

WEIL, A.
- [1974] Sur les sommes de trois et quatre carrés. Ens. Math. (2) *20* (1974), 215–222 = Weil [1975], 31–38 = Weil [1979], 303–310.
- *[1975] Essais historiques sur la théorie des nombres. Genève 1975.
- *[1979] Oeuvres scientifiques. Collected Papers. Vol. III. New York 1979.

WEYL, H.
- [1916] Über die Gleichverteilung der Zahlen mod. Eins. MA *77* (1916), 313–352.

WILLS, J.M.
- [1978] Gitterzahlen und innere Volumina. CMH *53*·(1978), 502–524.

WINOGRADOW, I.M. (teilweise auch transskribiert mit »VINOGRADOV«)
- *[1947] The method of trigonometrical sums in the theory of numbers. New York 1954 (Russ. Original 1947).
- [1949] Improvement of the remainder term of some asymptotic formulas. AMS Translations (1) *2* (1962), 170–186 (Russ. Original 1949).
- *[1956] Elemente der Zahlentheorie. München 1956.
- [1960] On the number of integral points in a given domain. AMS Translations (2), *58* (1966), 93–103 (Russ. Original 1960).
- [1963] On the number of integer points in a sphere [Russ.]. Izv. Akad. Nauk SSSR Ser. Mat. *27* (1963), 957–968.
- *[1975] Trigonometrical sums in number theory. Calcutta 1975.
- *[1976] Special variants of the method of trigonometric sums [Russ.] Moscow 1976.

WOLFE, W.
- [1979] The asymptotic distribution of lattice points in hyperbolic space. J. Funct. Analysis *31* (1979), 333–340.

YAMADA, T.
- [1966] On the distribution of the hyperbolic transformations. Osaka J. Math. *3* (1966), 29–37.

WRIGHT, E.M. (siehe HARDY, G.H. – WRIGHT, E.M.)
ZASSENHAUS, H. (siehe SCHWARZ, W. – ZASSENHAUS, H.)
ZYGMUND, A.
- *[1968] Trigonometric series. Vol. I–II. New York 1968.

Sachverzeichnis

Abstiegsmethode 39
ABELsche Summation 167
Asymptotik 168ff.

Balancieren von Termen 172
BESSELfunktionen 195ff.

DIOPHANTische Approximationen 79, 91, 144, 151
diskontinuierlicher Faktor 200
Dreiquadratesatz 20

Ellipsoide, irrationale 115, 142, 144ff.
— rationale 115, 123ff.
Ellipsoidproblem 115, 140
Ellipsoidvolumen 114
EULERsche Konstante 187
EULERsche Summenformel 185ff.
Exponentialsummen 87

FAREYbrüche 181ff.
FAREYfolge 181
Formel, von GAUSS 12
— von JACOBI 29
FOURIERreihen 191ff.

Gammafunktion 176ff.
Geometrie der Zahlen 7
Gewichtsprobleme 156f.
Gitterpunkt 1
Gitterpunkte, in Dreiecken 77
— in Ellipsoiden 114, 137, 142
— mit Gewichten 72, 82, 116
— in Hyperbeldreiecken 67, 82
— in Hyperboloidsimplexen 100
— mit teilerfremden Koordinaten 72, 84
— in Kreisen 41
— in Kreisringen 74
— in Kugeln 3, 94
— in hyperbolischen Kugeln 112
— in Sektoren 91
— in Tetraedern 108
Gitterpunktlehre, analytische 112
— geometrische 112
Gitterpunktsatz von MINKOWSKI 1
Gitterrest 143
Gleichverteilung 144
Gross-O 168

halbungerade 47
HARDYsche Identität 162

Klein-o 173
konvex 1
Kreismethode 162
Kreisproblem 5, 19, 41ff.
— in arithmetischen Folgen 76
Kugel 3
Kugelproblem 5, 34ff., 94ff., 140f.
— im hyperbolischen Raum 112
Kugelvolumen 174ff.

LAMÉsche Kurve 79
less-less 169
LINDELÖFsche Vermutung 111

Mediante 183
Methode von LANDAU 52
Mittelwertsfunktion 158

Nicht-Hauptcharakter 15

Omega 173
O-Ω-Problem 174

Parabelproblem 81
PARSEVALsche Gleichung 192
PILTZsches Teilerproblem 105ff., 143
POISSONsche Summenformel 194
Primzahlsatz von DIRICHLET 184
Produkt von WALLIS 176
Punkte, ganze 113
— rationale 113

quadratische Formen, von Diagonalgestalt 145
— fast alle 151
— fast-diagonale 155
— irrationale 115, 142, 144ff.
— positiv-definite 114
— rationale 115, 123ff.
Quadratsummen 8ff.

RIEMANNsche Vermutung 111

Sätze, von DIVIŠ 155, 157, 160
— von JARNÍK 150–155, 159
— von LANDAU 142, 143
— von NOVÁK 156–158, 160–161
— von WALFISZ 144f., 157
Satz, von VAN DER CORPUT 41, 44ff.
— von ERDÖS-FUCHS 58
— von SIERPIŃSKI 41

Spezialfall 142
Sphäre 7
STIRLINGsche Formel 191
Summenumformungen 166

Teilerproblem, DIRICHLETsches 68
— in arithmetischen Folgen 86
Thetafunktionen 39, 122
Thetareihen 117
Transformationsformel für Thetafunktionen 123, 148

wahre Grössenordnung 174
wahrer Restexponent 152
wesentlich verschieden 6, 17, 33f.

zentralsymmetrisch 1
Zentrumsproblem 157
Zetafunktion 198ff.
zulässige Funktion 192
zweiter Mittelwertsatz 184f.

If you have any concerns about our products,
you can contact us on
ProductSafety@springernature.com

In case Publisher is established outside the EU,
the EU authorized representative is:
**Springer Nature Customer Service Center GmbH
Europaplatz 3, 69115 Heidelberg, Germany**

Printed by Libri Plureos GmbH
in Hamburg, Germany